JN297692

◀口絵1　麻布大学食肉工場における単身品（単一肉塊製品：ハム・ベーコン）の製造
　　　　手前の肉に刺さっている，コードのついた棒状のものは温度管理用の温度計．
　（写真提供：麻布大学食品科学研究室・坂田亮一教授）

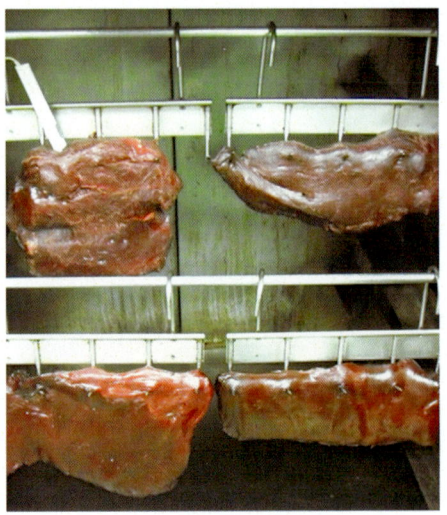

▶口絵2　麻布大学食肉加工場におけるジビエの加工
　　　　（シカ肉のベーコン）
　（写真提供：麻布大学食品科学研究室・坂田亮一教授）

▲口絵3　ドイツの各種肉製品
　（写真提供：麻布大学食品科学研究室・坂田亮一教授）

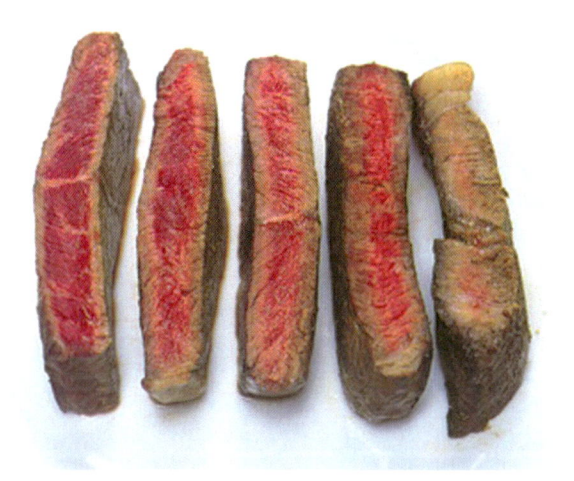

▲口絵4　ビーフステーキの加熱時間と焼き加減

フライパンの温度は200℃．加熱前の生肉の温度は13℃．左から1，2，3，4，5分間．片面を焼いて裏返し，再び同時間焼いた肉である．実験の結果，肉の中心部の温度はそれぞれ37.5℃，43.4℃，53.9℃，63.9℃，71.3℃であった．重量に関しては，200gの生肉が加熱1分後は188g．その後1分間ごとに175g，175g，150g，125gとなった．（本文p.128，図6.10参照）

▲口絵5　豚ロース肉をフライパンでそれぞれ3分間，10分間焼いた結果（本文p.111，図6.1参照）

0.5時間　　　1時間　　　3時間

▲口絵6　加熱時間による牛すね肉の外観の変化（本文p.119，図6.3参照）

食物と健康の科学シリーズ

肉の機能と科学

松石昌典
西邑隆徳
山本克博
………[編]

朝倉書店

執筆者

佐々木 輝雄	日本獣医生命科学大学教授
渡邊 彰	農業・食品産業技術総合研究機構 東北農業研究センター上席研究員
今成 麻衣	農業・食品産業技術総合研究機構 東北農業研究センター研究員
*西邑 隆徳	北海道大学大学院農学研究院教授
*松石 昌典	日本獣医生命科学大学教授
沖谷 明紘	日本獣医生命科学大学名誉教授
若松 純一	北海道大学大学院農学研究院 准教授
西村 敏英	日本獣医生命科学大学教授
江草 愛	日本獣医生命科学大学講師
畑江 敬子	昭和学院短期大学学長 お茶の水女子大学名誉教授
*山本 克博	酪農学園大学特任教授
河原 聡	宮崎大学農学部教授
押田 敏雄	麻布大学名誉教授
山手 丈至	大阪府立大学大学院生命環境科学研究科教授

(執筆順,＊は編者)

はじめに

　食肉は，栄養的価値を有すること，おいしいこと，安全であること，という食品の3要件を十分に満たすものであり，特においしいために人々に食されている，という記述が1996年に朝倉書店から出版された「肉の科学」の沖谷明紘先生による序の冒頭の一節にある．このような，食肉の食品としての優れた価値は，「肉の科学」出版以来20年を経た今も何ら変わるものではない．

　しかし，この20年の間に食肉を取りまく状況は大きく変化した．日本国内では，社会の高齢化に伴い，健康維持と疾病予防に役立つ食品に対する関心が高まっている．また，成熟した社会として，ますますおいしい食品，バラエティに富んだ食品が求められている．食肉でいえば，牛肉での霜降り肉と赤身肉，銘柄豚，地鶏，銘柄鶏，ジビエなどが相当するだろうか．安全の面では，BSE（牛海綿状脳症）の発生，病原性大腸菌O-157による食中毒の発生というような食肉の安全を根底から揺るがす事態が起こった．また，世界を見渡せば，人口のさらなる増加と新興国の経済的発展により，食肉需要がますます増加している．また，世界的な日本食ブームにより，日本の和牛肉がアジアを中心とした海外の富裕層に歓迎されている状況にある．一方で，BSE，鳥インフルエンザ，口蹄疫などの感染症のような食肉生産に対する脅威に対して世界が一緒になって取り組まなければならない場面が多く現れてきている．

　本書は，「肉の科学」の内容を踏襲しながら，上記のような環境の変化について記述するとともに，食肉科学の進歩で得られた知見を書き加えて，新たなスタイルで出版されたものである．

　構成として，新たに生体調節機能成分の項目を付け加えた上に食肉の安全性に多くのページを割いた．また，本書全体として，「肉の科学」から引き続きの執筆者に改訂をお願いした項目がある一方で，新たに執筆者をお迎えし従来とは別の視点から書き下ろしていただいた項目がある．いずれの執筆者の方もそれぞれの分野の第一線で活躍されている方である．

編者としては，本書が，大学学部生，大学院生，教育・研究者，食肉産業従事者，そして，食肉に関心を有するマスコミ関係者や一般の方々にまでご利用いただけることを願う次第である．

　最後に，出版にあたりご尽力いただいた朝倉書店の方々に厚く御礼申し上げる．

　2015 年 3 月

松 石 昌 典
西 邑 隆 徳
山 本 克 博

目　　次

1. 日本の肉食史と現代の肉食動向 〔佐々木輝雄〕 … 1
    1.1 肉食の風土的背景及び食肉のすばらしさ … 1
    1.2 日本の肉食文化史 … 2
        1.2.1 狩猟から農耕時代へ … 3
        1.2.2 殺生禁断—肉食禁止の1200年— … 3
        1.2.3 "薬喰い"の肉食文化 … 4
        1.2.4 肉食奨励の時代へ … 5
    1.3 日本人の肉食動向（1）—1960年代から1990年代前半まで— … 6
        1.3.1 1960年代以降の肉食革命とその背景 … 6
        1.3.2 日本における肉食内容と国際比較 … 8
        1.3.3 日本における肉食を流通別に見ると … 10
    1.4 日本人の肉食動向（2）—1990年代前半から2010年前後まで— … 11
        1.4.1 各食肉に対する1人あたり消費量の推移 … 11
        1.4.2 家庭における生鮮肉購入量の状況 … 12
        1.4.3 家庭における生鮮肉購入量の月別状況 … 13
        1.4.4 家庭における生鮮肉購入量の地域別状況 … 14
        1.4.5 食肉の消費方法 … 15

2. 食肉の生産 … 18
    2.1 食肉の生産動物 … 18
        2.1.1 牛 〔渡邊　彰〕… 19
        2.1.2 豚 〔渡邊　彰〕… 21
        2.1.3 鶏 〔今成麻衣〕… 21
        2.1.4 馬 〔渡邊　彰〕… 24
        2.1.5 羊 〔渡邊　彰〕… 24

2.1.6　その他……………………………………〔渡邊　　彰〕…24
　2.2　家畜から食肉になるまで………………………〔渡邊　　彰〕…27
　　2.2.1　と畜処理工程…………………………………………………27
　　2.2.2　と畜場の衛生管理……………………………………………29
　2.3　食鳥処理…………………………………………〔今成麻衣〕…30
　2.4　食肉（牛・豚）の品質評価……………………〔渡邊　　彰〕…31
　　2.4.1　枝肉取引規格…………………………………………………31
　　2.4.2　トレーサビリティ法…………………………………………34
　2.5　各部分肉（牛・豚）の特徴……………………〔渡邊　　彰〕…35
　　2.5.1　牛　肉…………………………………………………………35
　　2.5.2　豚　肉…………………………………………………………38
　　2.5.3　畜産副生物……………………………………………………40
　2.6　鶏　肉……………………………………………〔今成麻衣〕…41

3. 食肉の構造　　　　　　　　　　　　　　　　　〔西邑隆德〕…46
　3.1　骨格筋の構造………………………………………………………46
　　3.1.1　筋線維の構造…………………………………………………47
　　3.1.2　筋原線維の構造………………………………………………48
　　3.1.3　筋肉内結合組織の構造………………………………………51
　　3.1.4　骨格筋内の血管系……………………………………………53
　　3.1.5　骨格筋の形状…………………………………………………53
　3.2　心筋の構造…………………………………………………………54
　3.3　平滑筋の構造………………………………………………………55

4. 食肉のおいしさと熟成　　　　　　　　　〔松石昌典・沖谷明紘〕…57
　4.1　おいしさの構成因子と基準………………………………………57
　　4.1.1　食肉のおいしさの意義………………………………………57
　　4.1.2　形　状…………………………………………………………58
　　4.1.3　色………………………………………………………………59
　　4.1.4　テクスチャー…………………………………………………60

4.1.5	味	63
4.1.6	香り	67

4.2 熟成によるおいしさの発現 ………………………………………… 70
 4.2.1 熟成による筋肉から食肉への変換 ………………………… 70
 4.2.2 テクスチャーの変動 ………………………………………… 71
 4.2.3 味の変動 ……………………………………………………… 78
 4.2.4 香りの変動 …………………………………………………… 82
 4.2.5 色の変動 ……………………………………………………… 84
 4.2.6 と畜後の異常肉の発生 ……………………………………… 85

5. 食肉の栄養生理機能 ……………………………………………………… 89

5.1 栄養価値からみた食肉の特徴 ……………………〔若松純一〕… 89
 5.1.1 精肉の栄養的特徴 …………………………………………… 89
 5.1.2 可食副産物の栄養的特徴 …………………………………… 90

5.2 食肉の主要栄養成分 ………………………………〔若松純一〕… 91
 5.2.1 タンパク質 …………………………………………………… 91
 5.2.2 脂質 …………………………………………………………… 94
 5.2.3 糖質 …………………………………………………………… 96
 5.2.4 ミネラル（無機質） ………………………………………… 97
 5.2.5 ビタミン ……………………………………………………… 98

5.3 食肉の生体調節機能成分 ………………………〔西村敏英・江草 愛〕… 99
 5.3.1 アミノ酸 ……………………………………………………… 100
 5.3.2 ペプチド ……………………………………………………… 101
 5.3.3 脂質 …………………………………………………………… 106
 5.3.4 その他の機能成分 …………………………………………… 107

6. 食肉の調理 ………………………………………………〔畑江敬子〕… 110

6.1 食肉の加熱特性 ……………………………………………………… 110
 6.1.1 肉の収縮と重量の減少 ……………………………………… 111
 6.1.2 テクスチャーの変化 ………………………………………… 112

6.1.3　脂質の融解……………………………………………114
　　6.1.4　肉色の変化……………………………………………115
　　6.1.5　風味の変化……………………………………………116
　6.2　各種加熱操作と食肉の特性…………………………………117
　　6.2.1　乾熱加熱………………………………………………117
　　6.2.2　湿熱加熱………………………………………………119
　　6.2.3　真空調理………………………………………………120
　　6.2.4　クックチルシステムによる品質変化………………122
　　6.2.5　加熱操作と加熱肉の品質との関係…………………122
　6.3　添加材料と食肉の変化………………………………………123
　　6.3.1　調味料…………………………………………………123
　　6.3.2　プロテアーゼ…………………………………………126
　6.4　食肉の調理の種類と特徴……………………………………127
　　6.4.1　牛肉の調理……………………………………………127
　　6.4.2　豚肉の調理……………………………………………129
　　6.4.3　鶏肉の調理……………………………………………129
　　6.4.4　内臓の調理……………………………………………130
　　6.4.5　ハンバーグステーキ…………………………………130
　　6.4.6　スープストック………………………………………131

7.　食肉の加工……………………………………〔山本克博〕…134
　7.1　食肉加工の原理………………………………………………134
　　7.1.1　塩せき…………………………………………………134
　　7.1.2　細切・混和……………………………………………142
　　7.1.3　充填・結紮……………………………………………143
　　7.1.4　乾燥とくん煙…………………………………………145
　　7.1.5　加　熱…………………………………………………146
　　7.1.6　包　装…………………………………………………146
　7.2　食肉の加工法…………………………………………………146
　　7.2.1　原料肉…………………………………………………146

7.2.2　食肉製品の種類 …………………………………………… 147
　　7.2.3　食肉製品の製造法 ………………………………………… 150
　　7.2.4　新しい加工技術 …………………………………………… 158

8. 食肉および食肉製品の保蔵 ………………………………〔河原　聡〕… 161
8.1　食肉・食肉製品の劣化機構 ……………………………………… 161
　　8.1.1　腐　敗 ……………………………………………………… 161
　　8.1.2　酸　化 ……………………………………………………… 164
　　8.1.3　凍結変性 …………………………………………………… 167
8.2　貯蔵法 ……………………………………………………………… 168
　　8.2.1　冷却・冷蔵 ………………………………………………… 169
　　8.2.2　冷　凍 ……………………………………………………… 170
　　8.2.3　加熱殺菌 …………………………………………………… 171
　　8.2.4　水分活性の調節（乾燥・脱水）………………………… 172
　　8.2.5　その他の方法 ……………………………………………… 173

9. 食肉および食肉製品の安全性 ………………………………………… 175
9.1　と畜検査 ……………………………………………〔押田敏雄〕… 175
　　9.1.1　と畜検査の変遷 …………………………………………… 175
　　9.1.2　と畜検査とその流れ ……………………………………… 176
9.2　微生物に関する安全性 ……………………………〔押田敏雄〕… 181
　　9.2.1．食肉および食肉製品と微生物 …………………………… 181
　　9.2.2　枝肉の微生物汚染の制御 ………………………………… 187
　　9.2.3　食肉および食肉製品の衛生規格基準 …………………… 188
9.3　有害物質に関する安全性 …………………………〔山手丈至〕… 191
　　9.3.1　有害物質の安全性評価 …………………………………… 191
　　9.3.2　生肉に残留する恐れのある有害物質の特性 …………… 194
　　9.3.3　加工・調理中における有害物質の生成 ………………… 203
9.4　アレルギー …………………………………………〔山手丈至〕… 207
　　9.4.1　食物アレルギー …………………………………………… 207

9.4.2　食肉加工品に含まれる食品素材によるアレルギー……………208
　　9.4.3　食肉アレルギー……………………………………………………208

索　　引……………………………………………………………………………211

1 日本の肉食史と現代の肉食動向

❦ 1.1 肉食の風土的背景及び食肉のすばらしさ ❧

　食肉は味,香り,テクスチャー,滋養の逸材である.古今東西,人は肉食を喜び,栄養不足や病気に対する不安を緩和し,人生の味わいを深めてきている.
　一方,食肉を継続的に確保することには多大な労苦が伴う.狩猟には危険や不安定性が伴うし,家畜化には飼養する負担と忍耐が甚大であり,食肉の購入には代償として多大な代替物や労働が要求される.人は肉食への強い欲望と食肉供給に伴う厳粛な摂理という矛盾の中に置かれてきたが,多くの地域で肉食を選び続ける方に固執してきた.これが食肉の価値の高さを裏付ける歴史的事実である.
　すなわち人の絶えざる肉食へのこだわりが,食肉の健康に対する寄与度の研究成果によって正当化されつつある.日本に目を向けるならば,戦後の体格と体力の向上は肉食量の増加を背景にしている.脳卒中や心筋梗塞の発症リスクを低めているのも適度な肉食量の賜といえる.さらにウイルスや病原菌に対する免疫力の向上における食肉の役割も明らかにされてきている.
　肉食の役割はこうしたエネルギー源や体の働きの調整に止まらず精神の活性と安定,喜びと至福感の実現においても明らかにされてきている.さらに記憶や認識を高めるメカニズムのみならず食肉の適量摂取による役割が一層解明されていこう.
　さて,肉食は地域風土の所産である.肉食文化の形成と発展は,植生や生きもの分布に伴う地域性を背景にしている.すなわち肉食文化は植生と動物の存在を大前提にして,穀類等の農産物や魚介類等のすべての食材の中から選択的に形成されてくる[1].こうして肉の種類,食す量,食し方等において地域ごとの特殊性

が顕在化してくる．

それでは，その一例を次に示してみよう．

まず肉食量において多いのは米国，オーストラリア，フランス，デンマークなどで，いずれも枝肉ベースで日本の２倍以上の量となっている．食肉の種類別に消費量を見ると，牛肉はアメリカ，オーストラリア，カナダが，豚肉はデンマーク，ドイツ，オーストリアが，鶏肉はアメリカ，カナダ，オーストラリアが，羊肉はニュージランド，オーストラリア，ギリシャが多い．

民族との関連でいえば，クジラと日本人，ハトとフランス人，アザラシとイヌイット（エスキモー人）というように，ラクダもカンガルーもサルもネズミも地域風土の中で貴重な食料となってきているのである．

食し方においても他の食材との組み合わせの中で，干す，煮る，蒸す，焼く，熟成と多彩である[2]．さらに調理法となると，地域や民族の数だけ存在しよう．食生活は風土をカンバスにして，おいしさと栄養をモチーフに描いた地域住民の作品である．その作品の特異性を醸し出しているのが地域の食材であり，肉はしばしばその中心的役割を果たしている．

❖ 1.2 日本の肉食文化史 ❖

豊葦原の瑞穂の国・日本に目を向けるならば，いかなる肉食文化が浮かびあがってくるのか，以下明らかにしておこう．日本の肉食は長期的に見るならば，次の三つの期間に区分して捉えると理解しやすい．

① 肉食を余儀なくされたが同時に豊かに食せた期間，
② 肉食を制限されていたがそれでも食していた期間，
③ 肉食を選択しながら自由に豊かに食してきた期間，

である．

各期間の時代区分は，

① 大陸からの仏教を受容しそれを国教化する以前の古墳時代まで，
② それ以後，仏教の殺生禁止の戒律による肉食抑圧が続く江戸時代まで，
③ 肉食奨励に一変した明治時代から今日まで，

ということになる．そこで以下，順を追って各期間の肉食事情とその背景を解説

しよう．

1.2.1 狩猟から農耕時代へ

縄文時代末期からの米栽培が広く普及するまでは，狩猟による食肉確保は生活の優先課題であった．縄文時代の貝塚からの出土品を手がかりに，肉食の対象とされていた動物を列挙すると，鹿，猪，熊，兎，日本狼，狐，猿，狸をはじめとして，哺乳動物だけでも60余種にのぼっている．なかでも鹿と猪は身近な肉食の対象であり，出土した骨の形態から食肉の8割を上回る食材と推測できる．加えて鳥類の肉食も多彩であり，雉，鴨，白鳥，鶴，鳩など約30種が人の生命をつないできた．一方，魚介類や木の実も多く食しており，哺乳動物や鳥類の肉とどのように食べ併せてきたのかは想像の域を出ないが，基本的には季節の移ろいをベースにした食材摂取であったはずである．

縄文末期から生活様式を大きく変化させることになるのが，米の栽培と馬，牛の大陸からの導入である．馬，牛は食用の対象ではなく，米を中心にした農耕および運搬用の家畜であり，弥生時代から古墳時代にかけて食材調達の方法を狩猟から農耕に比重を移してきている．3世紀末からの古墳時代は階級社会であり，米と稗，粟を食する層では肉食内容も異なっていったものと思われる．飼育できる馬，牛，豚の肉食は，4世紀後半から盛んになる大陸との交流と渡来民の増加による影響である．

1.2.2 殺生禁断—肉食禁止の1200年—

宗教が人の行状を律し，食の内容に影響を及ぼすことは一般的であるが，なかでも肉食において厳かである．日本人の多くは仏教徒であり，また神を崇めているのであるが，神仏への帰依と日常の肉食内容との関連性を意識する人は近年少なくなってきている．ところが日本も長い間，宗教によって肉食を制限する国であったのである．それは仏教の教義を励行するためであり，神道でいう"けがれ"を禁忌するためであった．肉食を禁止する最初の殺生禁断令は675（天武4）年の天武天皇による詔である．すなわち「……牛，馬，犬，猿，鶏の宍（肉）を食うこと莫れ．若し犯す者有らば罰せむ」という内容であった[3] 牛，馬は農耕や運搬にかけがえがなく，犬は門番，鶏は時を告げ，猿は人に似るという理由からであ

ろう．こうして肉食の対象が制限され，大陸からの家畜導入以前の狩猟による食肉の範囲に制限されたのである．それにしても殺生禁断が一挙に肉食生活に浸透するわけではなく，やはり治世を司る層，貴族階級から一般の上層階級へと，信仰の普及とともに広がっていった．肉食文化を強く規定していく仏教であるが，加えて平安時代には神道がまず貴族階級の間で意識され，やがて仏教との習合により農民社会にまで広まっていく．平安中期の法典である「延喜式」(927 年) では，鶏肉を除く肉類を食した者は 3 日間，神社の祭事に参列できないと定めている[4]．しかし，神仏を尊信していても，肉料理の香りや味からくる，おいしさ，滋養の高さに対する庶民の欲望は根強く，必ずしも食生活を厳粛に律していたわけではなかった．これを裏づけるように，奈良時代から平安時代にかけて，多くの天皇（元正，聖武，孝謙，桓武，崇徳，後鳥羽）により殺生禁断の布令が，くり返されてきているのである．こうした布令が世代を超えてくり返されることによって，室町時代に形式化されてくる日本料理の内容が，魚と穀類で食肉を補うものになってくるのである．

1.2.3 "薬喰い"の肉食文化

戦国から安土・桃山時代にかけて，切支丹の普及と同時に牛肉賞味の気運も高まっていくが，秀吉の時代になると政治的統制の手段として切支丹を弾圧し，したがって肉食の風潮も抑圧されていく．徳川幕府も社会体制の固定化の基盤を仏教に求め，肉食を禁忌することを継承している．とくに，五代将軍綱吉が出した「生類憐みの令」(1687 年) において厳しさが極まるのであるが，こうした歴史の表の側面と現実の隔たりは大きかったようである．これを裏づけるのが，いわゆる"薬喰い"の横行である．薬喰いとは，肉のおいしさの賞味を目的とするのではなく，病人の養生，健康回復を目的とする肉食の表現である．健康的な食生活には肉食は欠かせなく，身近でおいしいとなれば，肉食行為を正当化する大義名分が必要になってくる．"薬喰い"とはまことに切実な名分で，建て前と現実のギャップが大きければこそ，川柳や俳句の格好の題材にもなるのである．「薬喰ひおぼつかなさに人誘う」とか「薬喰い隣の亭主箸持参」に，当時の肉食にまつわる心情が現れている．この江戸時代，薬喰いの対象となった食肉は鹿，猪，牛，狸，犬，熊，鳥類と広範囲にわたる．しかも，"薬喰い"が次第に公然化し，肉食の必

要性を説く儒医や蘭医の信頼性も高まり，また彦根藩主はたびたび将軍家に牛肉の味噌漬を献上しているのである．

　このように次第に形骸化していった肉食禁止の建て前であるが，その建て前が社会的意義を失う契機となるのが，1853年の黒船によるペリーの来航である．翌年，締結した日米和親条約（神奈川条約）の中で，日本側は物資の補給を約束することになるが，食物，燃料は優先物資であり，当然，牛肉を常食とするアメリカ人から牛肉の提供を迫られることになる．幕府は「人力を助くる」牛馬に対する恩から，これを強く拒絶し続ける．しかし，アメリカ側からの再三の要求に対して幕府は不承不承1856年，箱館（函館）に限り牛肉の提供を許可するに至る．こうした経緯から，幕府は日本の肉食禁止令が特異であることも思い知らされるのである．

1.2.4　肉食奨励の時代へ

　明治時代に入り，1872（明治5）年1月24日，天皇が自ら肉食を試みた様子が新聞に載る．すなわち，天皇は「……中古以来肉食を禁じ来たりしをいわれなき儀に思召し，自今肉食を遊ばさる旨定められ……」と，これが1200年にわたる肉食禁止の歴史が実質的に途絶える節目である．以後，世の風潮が肉食礼賛へと一変していくのである．このころ，肉といえば牛肉であり，街ではすきやきの原型である牛鍋店が栄え，牛肉の摂取は庶民から上流層へ，都市から農村へと広がっていった．文明開化の進展は正に肉食革命ともいうべき食の思想の転換と歩を同じくするのである．牛肉を楽しむ層が広がり，需要量が増加していくにしたがって，肥育地域が発展し，流通経路が整備されていった．兵庫，滋賀，三重などが牛の産地として肥育をスタートするのは明治10年代半ばである．三田牛，近江牛，神戸牛のブランドが形成されるのはこのころの牛肉生産，流通事情を背景としているし，明治中頃からは山形の米沢牛も人気を博してきている．こうして牛肉の消費は増加していき，総体的に不足期間が長く続くのであるが，それを補う代替財が豚肉であり，鶏肉であったのである[5]．

　明治前半の肉食革命は，食する肉の量よりは，むしろ肉食に対する思想の変化を捉えた表現である．1人あたりの肉食の量は今日と比較して極端に少ない時代が近年まで続くのである．豚肉が増加し，鶏肉も増加し，食肉の総量が飛躍的に

増加するいわば第2の肉食革命は1960年代に入ってからであり，歴史的にみるなら，いま始まったばかりである．

風土を背景にした日本の食体系の中で，これまでの長い肉食禁止の歴史を引きずりながら今後どのように肉食文化を熟成していくのか，さらに長い観察期間を要するテーマである．

1.3 日本人の肉食動向 (1) —1960年代から1990年代前半まで—

1.3.1 1960年代以降の肉食革命とその背景

日本の肉食は，表1.1で明らかなように1960年代半ばから急増している．それまでは鯨肉の消費量が多く，豚肉，鶏肉がそれを補完する程度の肉食文化であった．ところが60年代以降に豚肉に対する消費がまず増加し，それを追うように鶏

表1.1 国民1人1年あたり肉類の純供給数量の推移 （単位 kg）

内容＼年	1960	62	64	66	68	70	72	74	76
豚　　肉	1.1	2.3	2.2	4.0	4.1	5.3	6.4	7.2	7.7
鶏　　肉	0.8	1.2	1.7	2.1	2.6	3.7	4.7	5.1	5.8
牛　　肉	1.1	1.2	1.7	1.2	1.4	2.1	2.5	2.6	2.7
その他の肉	0.4	0.5	0.8	1.0	1.3	1.1	1.5	1.2	1.7
鯨　　肉	1.6	2.4	1.9	2.0	1.5	1.2	1.2	1.1	0.7
肉　類 (1)	5.2	7.6	8.4	10.2	10.9	13.4	16.3	17.2	18.7
魚介類 (2)	27.8	29.9	25.3	28.1	31.2	31.6	33.1	34.8	35.2
(1) + (2)	33.0	37.5	33.7	38.3	42.1	45.0	49.4	52.0	53.9

内容＼年	1978	80	82	84	86	88	90	92	
豚　　肉	8.8	9.6	9.5	9.7	10.7	11.4	11.5	11.5	
鶏　　肉	7.1	7.7	8.3	8.9	9.8	10.4	10.2	10.6	
牛　　肉	3.3	3.5	3.9	4.3	4.6	5.4	6.1	6.7	
その他の肉	1.7	1.2	1.2	1.1	1.0	0.9	0.7	0.7	
鯨　　肉	0.5	0.4	0.3	0.3	0.1	0.0	0.0	0.0	
肉　類 (1)	21.3	22.5	23.3	24.3	26.2	28.1	28.5	29.5	
魚介類 (2)	35.0	34.8	33.4	35.5	36.4	37.0	37.1	36.3	
(1) + (2)	56.3	57.3	56.7	59.8	62.6	65.1	65.6	65.8	

（資料）　農林水産大臣官房調査課「食料需給表（平成4年度）」農林統計協会, 1994, pp. 106-123 より作成．

1.3 日本人の肉食動向(1) ―1960年代から1990年代前半まで―

肉需要も増加を続けた．続いて牛肉が1970年代前後から徐々に増加し，1991年4月からの輸入自由化[6]で勢いづいている．

日本における肉食革命とも称すべきこの変化の背景には，次のようないくつかの理由があった．

①所得の増加：高度経済成長の最中であり，所得上昇が食肉の購入を促すことになった．

②流通の改善：流通の近代化により，食肉の品質管理と輸送が容易になった．

③生産の充実：牛馬の長い使役史を背景に，家畜の飼養体制や医療技術が整っていた．

④外食化の進展：1970年代以降，米国流のファーストフードや欧風レストランの広がりが肉食を多彩なものにしてきた．

⑤輸入自由化：肉類の輸入関税の大幅引き下げによって，外国産が低価格で購入できるようになってきた．

⑥肉食への欲望：こうした諸理由の前提に，肉食への強い欲望がなければ需要は恒常化しない．

こうした諸理由で肉食が急進展した日本であるが，和食を基礎にした食スタイルの中ではやはり欧米とは異なった肉食文化とならざるをえない．

まず肉食の量であるが，量的拡大の成熟期を迎えた1992年の時点で見ると，日本の肉食量は欧米の平均のほぼ半分にすぎない．図1.1で明らかなように，同年における日本の1人あたり消費量は45.0kg（枝肉ベース，正肉29.5

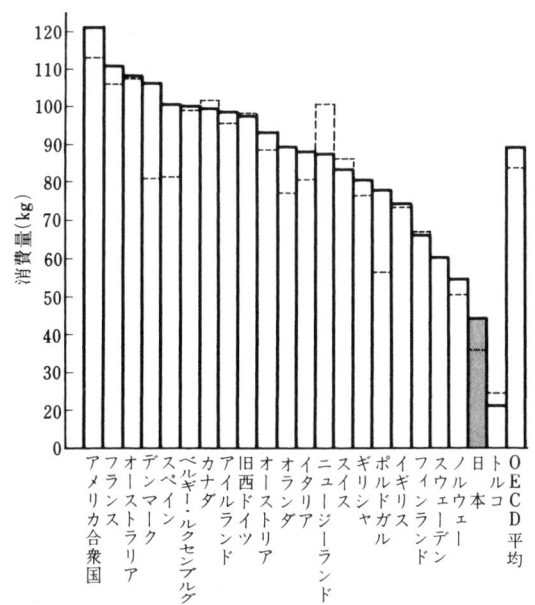

図1.1 国別・国民1人1年あたりの肉類の消費量
(注) 実線は1990，91，92年の平均値，破線は1982，83，84年の平均値．
(資料) OECD：Meat Balances in OECD Countries 1986-1992，1994，p.44より作成．

kg）であり，これに対し先進国で構成する OECD 諸国の平均量は 90.1 kg となっている．肉食量におけるこの違いの大きさは，表 1.1 で示されるように日本人の魚介類の供給量の大きさを加味すると納得のいくものになろう．これが，国際的に見た日本における肉食の地域性の一例である．

1.3.2 日本における肉食内容と国際比較

日本人の食肉の種類に目を向けて，国際比較をしておこう．

1960 年代からの 1 人あたり食肉の供給量は，表 1.1 と図 1.2 で明らかになる．これらを参考にして肉食を種類別にとらえると，次のようにまとめられよう．

1963 年までは鯨肉の供給量が最も多く，その後豚肉が，続いて鶏肉が増勢局面に入っている．豚肉供給は周期的な停滞期を繰り返し，1988 年以降に飽和状態の様相を強めてきている．鶏肉は比較的安定した増加トレンドを形成してきているが，やはり 1989 年より増勢を弱めて新たな局面を迎えている．

このような豚肉と鶏肉の需要動向のカギを握っているのが牛肉需要の強さである．図 1.2 で明らかなように，豚肉と鶏肉の飽和局面を早めているのが牛肉の増勢なのである．1991 年 4 月からの牛肉自由化（関税化）を順風にして，牛肉は豚肉，鶏肉の代替財としての意味合いも強めていくことになる．

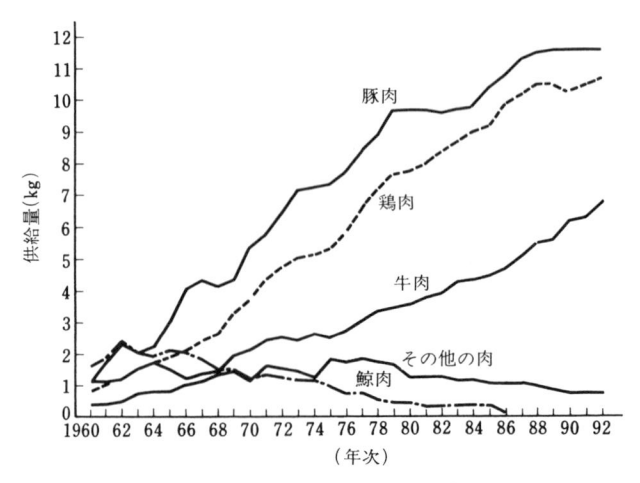

図 1.2　国民 1 人 1 年あたり食肉の種類別供給数量
　（資料）　表 1.1 に同じ，pp. 106-113 より作成．

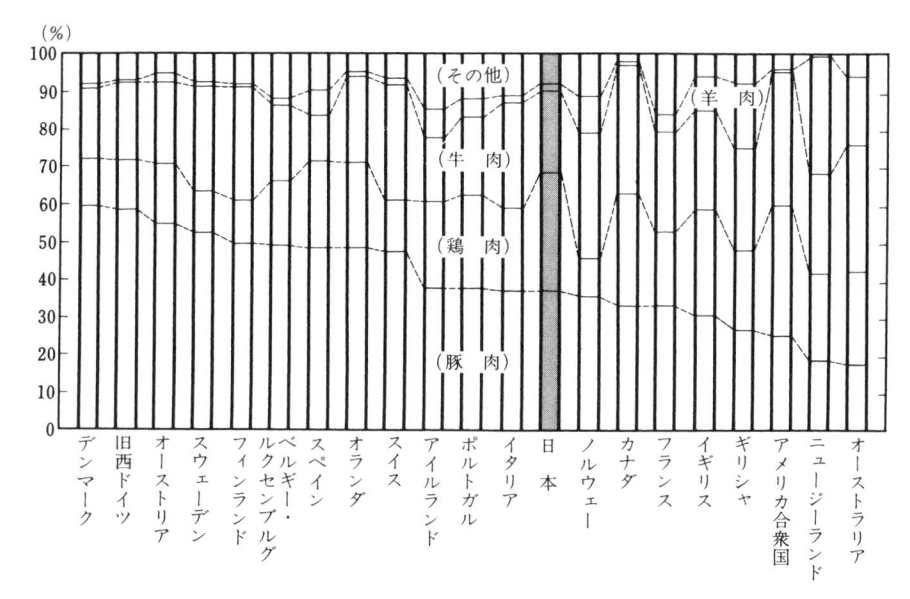

1.3 日本人の肉食動向（1）—1960年代から1990年代前半まで—

図1.3 食肉類消費割合の国際比較（1992年）
（注）羊肉は山羊肉も含む．
（資料）図1.1に同じ，pp.44-47より作成．

こうした日本人の肉食内容の特質は，OECD諸国と比較すると鮮明化しよう．

図1.3は，1992年における食肉消費の国際比較を試みたものである．ここではOECD諸国の食肉への消費量に対して，各食肉がどれほどの割合を占めるかを明らかにしてある．日本の豚肉，鶏肉，牛肉，羊肉の消費割合はおのおの37.3％，31.3％，22.2％，2.0％である．

図1.3では，まず豚肉をベースにして描いてあるが，日本における豚肉の消費割合はOECD諸国の中ではほぼ平均的である．その上に鶏肉の消費割合を積み上げてあるが，日本人の鶏肉消費の割合は明らかに高くなっている．牛肉消費の割合は比較的低く，羊肉については限られた消費になっていることが示されている．

このようにして判断すると，先進国の中で日本は，鶏肉に対する消費依存度が高い国と表せようか．豚肉はデンマーク，旧西ドイツ，オーストリア，スウェーデンなどを代表とするヨーロッパが相対的に高くなっている．同様にして，鶏肉はアメリカ，日本，カナダ，イギリスの順であり，牛肉はアメリカ，カナダ，オーストラリア，スイスの順となっている．羊肉はニュージーランドの高さが際だ

っており，以下オーストラリア，ギリシャ，ノルウエーと続いている．

こうして，日本の肉食を 1992 年における個別依存度から総評するなら，先進諸国の中では鶏肉において高く，豚肉では平均的であり，牛肉がやや低めということになる．

1.3.3　日本における肉食を流通別に見ると

日本における食肉の利用の仕方を，流通別に明らかにしておこう．

図 1.4 は，1992 年における豚肉，鶏肉，牛肉の消費方法を示すものである．ここから明らかなことは，家計において消費割合が高いのは牛肉であり，豚肉は加工仕向，鶏肉は業務用・外食・総菜としての消費割合が高い．

同図に表 1.2 を加えて注目するならば，すべての肉種において 1970 年代以降，家計消費の割合が急速に低下してきていることが確認できよう．反対に，同期間において業務用・外食・総菜からの消費割合が高まってきている．

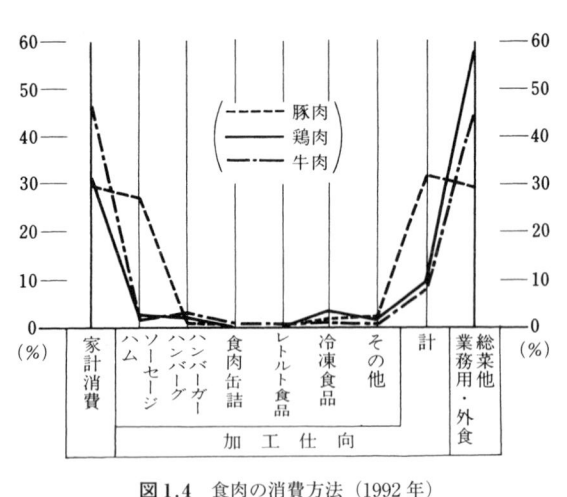

1970 年代からの外食ブームが食肉の調理法，食し方，食スタイルを変えてきたのである．豚肉，鶏肉，牛肉のいずれも外食を進展させてきた中心的食材であり，1990 年代に入るまではほぼ一貫して家庭外での利用割合を高めてきた．こうした増勢の勢いを増すのが総じて 1980 年代半ばであり，すなわち 1983 年からは牛肉が，1984 年からは豚肉であり，1987 年からは鶏肉が家庭外での利用割合を大きく高めてきたのである．

こうしてほぼ 20 年間，外食化の進行とともに肉食スタイルを変え，肉食量を増加させてきたのであるが，1990 年代に入りそれまでの勢いを弱めてきている．日

図 1.4　食肉の消費方法（1992 年）
（資料）農林水産省畜産局食肉鶏卵課の推定値より作成．

表1.2 食肉の消費方法 (単位:％)

| 肉種 | 構成年 | 家計消費 | 加工仕向 ||||||| 業務用・外食・総菜,他 | 総消費量 |
			ハム・ソーセージ	ハンバーグ・ハンバーガー	食肉缶詰	レトルト食品	冷凍食品	その他	計		
豚肉	1975	59.1	17.1	1.0	0.2	0.0	1.0	—	19.4	21.5	100
	1980	51.7	22.4	0.7	0.2	0.0	1.3	—	24.6	23.7	100
	1985	46.5	24.3	0.7	0.1	0.2	1.4	—	26.7	26.8	100
	1990	40.3	25.7	0.8	0.1	0.1	1.3	2.3	30.3	29.3	100
鶏肉	1975	51.9	0.2	1.3	0.4	0.0	1.1	—	3.0	45.1	100
	1980	46.7	0.7	1.7	0.4	0.1	1.2	—	4.1	49.2	100
	1985	40.2	2.3	2.7	0.2	0.3	1.7	—	7.3	52.5	100
	1990	32.3	2.0	1.7	0.0	0.3	2.5	1.3	7.8	59.9	100
牛肉	1975	69.5	2.6	4.2	3.1	1.7	1.7	—	13.3	17.2	100
	1980	61.1	2.8	4.7	2.9	1.2	1.9	—	13.5	25.4	100
	1985	55.7	3.4	5.1	2.2	1.7	1.9	—	14.2	30.1	100
	1990	48.1	2.3	2.3	1.2	1.0	1.3	0.6	8.6	43.3	100

(注) 1989年より加工仕向の推計方法を変更したため,1990年の加工仕向は参考数値である.
(資料) 図1.4に同じ.

本における肉食をリードしてきた外食産業であるが,国民の肉食に対する価値意識の向上とともに食し方も変化してきたと見なすことができる.日本の食文化の中における肉食様式の熟成化局面を迎えたのである.

1.4 日本人の肉食動向 (2) —1990年代前半から2010年前後まで—

1.4.1 各食肉に対する1人あたり消費量の推移 (内食,外食等すべてから)

それでは,1990年代以降の1人あたり肉食量の推移を見てみよう.

図1.5で明らかであるが,前節で記したとおり豚肉と鶏肉の増勢が鈍りだしている.ところが牛肉消費については,自由化による価格低下が追い風となり,消費の増加傾向は1990年代を通して続いていく.

2000年代に入り,牛肉需要は引き続き強含みで推移すると予想された矢先に,すなわち2001年9月にまず国産牛においてBSE[7]が確認され,2003年12月,2005年6月と米国でも発生してしまった.これによって,牛肉消費の過半を米国産に依存していた日本の食肉需要に激変が生じる.

消費者の選択肢の中では，オーストラリア産牛肉と 2003 年 12 月以降のトレーサビリティ・システムの中で供給される国産牛肉への代替か，豚肉，鶏肉を代替財にしていくといった肉食対象の分散化が起こり始める．こうして，一たん消費の増勢が止まりかけた豚肉と鶏肉が，米国産牛肉の代替財として再浮上したのである．

1.4.2 家庭における生鮮肉購入量の状況（2 人以上世帯）

食肉需要を「2 人以上世帯の購入量」の中で明らかにしてみよう．

まず図 1.6 において，牛肉の購入量の推移を見ていきたい．家庭においては，日本における BSE 発生が牛肉消費量を大きく減らしていることが確認できる．これに拍車をかけたのが米国における BSE の発生とその後の特定危険部位の混入事件[8]であり，牛肉への需要を低迷させることになった．

先に BSE の発生によって牛肉の代替財としての様相を強める豚肉と鶏肉と記したが，図 1.6 によってまず豚肉が選ばれ，続いて鶏肉が増加してきていることが明らかになろう．鶏肉は 2003 年 12 月に香港，韓国，ベトナムで鳥インフルエンザが問題になっており，日本でも 2004 年 1 月に感染例があり被害を被っている．同年 3 月には農林水産省が「鶏肉や鶏卵を食べることによって，人に感染したという事例報告はない」と公表して消費者の不安を鎮めている．こうした不安要素のために短期間ではあるが鶏肉需要が落ち込んだのである．

2 人以上世帯の生鮮肉消費について注目されるのは，1988 年から購入量の全体において減少局面に入っていることである．2000 年代半ばにこの傾向は止まっているが，やはり家庭における肉食量の飽和期にさしかかっていることを示唆する現象と言えよう．今後，牛肉の消費が回復していくものと予想されるが，その場

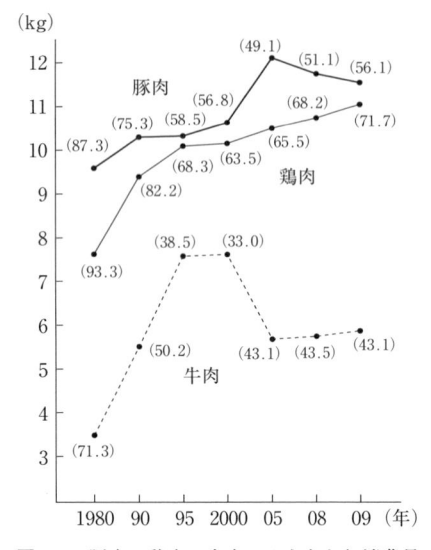

図 1.5 豚肉，鶏肉，牛肉の 1 人あたり消費量（カッコ内は自給率）
（資料）農林水産省「畜産統計」，「食料需給表」より作成．

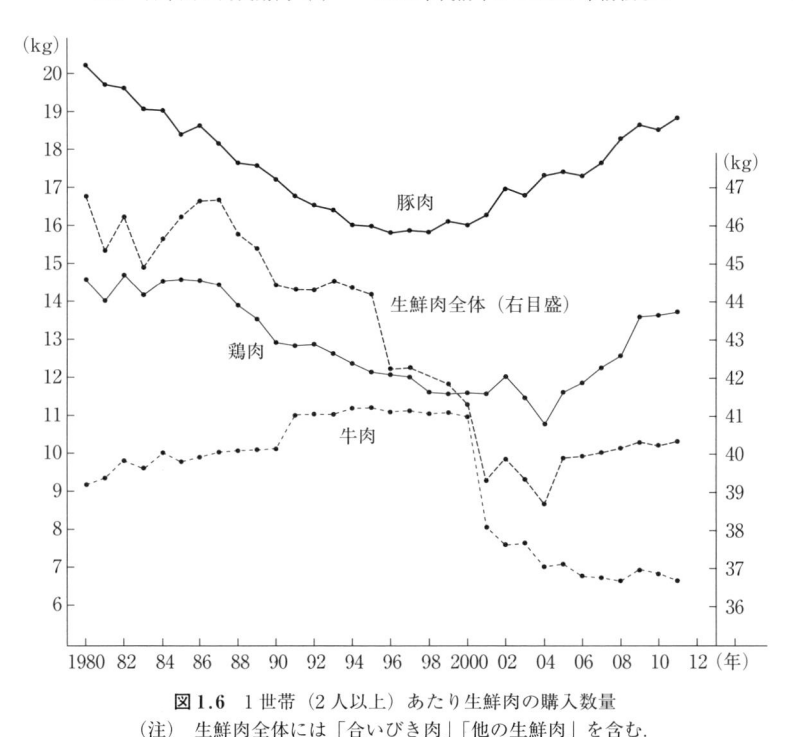

1.4 日本人の肉食動向（2）—1990 年代前半から 2010 年前後まで—

図 1.6 1 世帯（2 人以上）あたり生鮮肉の購入数量
(注) 生鮮肉全体には「合いびき肉」「他の生鮮肉」を含む．
(資料) 総務省「家計調査年報」各年版より作成．

合には代替財としての様相を強めていた豚肉の需要がまず減少していくものと思われる．

1.4.3 家庭における生鮮肉購入量の月別状況（2 人以上世帯，2011 年）

食肉購入量を 1 年間の中でとらえると，肉食の季節変動が比較的大きいことが明らかになる．

まず豚肉，鶏肉，牛肉の生鮮肉全体（合いびき肉を除く）で見ると，図 1.7 で示されるように，購入量が多いのは 10 月，11 月，12 月である．なかでも 12 月は最多であり，鶏肉と牛肉の購入量が特段に多くなる．季節の影響で鍋料理が多くなったり，忘年会やお歳暮，行事で肉食の購入量が増加するのである．

逆に肉食量が減少するのは，豚肉，鶏肉において 4 月からであり，豚肉は 7 月から盛り返しているが，鶏肉は 9 月まで低迷を続ける．牛肉は 2 月と 7 月におい

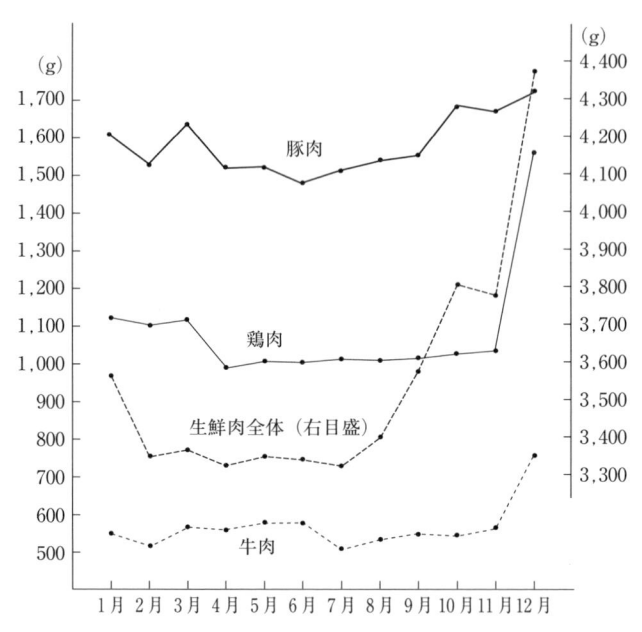

図 1.7 1世帯（2人以上）あたり生鮮肉の月別購入量（2011年）
(注) 生鮮肉全体には「合いびき肉」「他の生鮮肉」を含む.
(資料) 総務省「家計調査年報」より作成.

て消費量がやや減り気味であるが，どちらかというと猛暑の時期に消費が落ちている．

肉食の地域性の強さについてはすでに冒頭で言及したが，もう1つ季節変動が大きい食品であることも付記しておかなければならない．こうした実態を踏まえて，新たな肉食方法やマーケティングが生み出されてこよう．

1.4.4　家庭における生鮮肉購入量の地域別状況（2人以上世帯，2011年）

肉食の地域性について，日本国内の広い地域区分において見ておこう．

図1.8がそれを示しているのであるが，やはり地域性の強さと地域間をまたぐ嗜好の連続性を確認することができる．

まず生鮮肉全体であるが，1世帯あたり購入量の多い近畿および九州と，少ない四国との差は大きなものになっている．市単位で見ると静岡市，和歌山市，大分市，大津市，神戸市が多くなっている．

豚肉については，四国までは明確な東高西低であり，九州と沖縄で多くなっている．市単位では青森市，静岡市，秋田市，新潟市，札幌市という順位である．

鶏肉の購入量は，これとは逆に東低西高であるが，沖縄においてやや低めになっている．市単位で見ても福岡市，大分市，鹿児島市，北九州市，宮崎市の順になっており，九州の多さが目立っている．

牛肉については，北海道から東海までは購入量が少なく，近畿から沖縄までは多くなっている．同様に和歌山市，大津市，神戸市が多く福岡市，山口市，奈良市，京都市と続いている．

このように，肉食における地域性の大きさを購入量で確認で

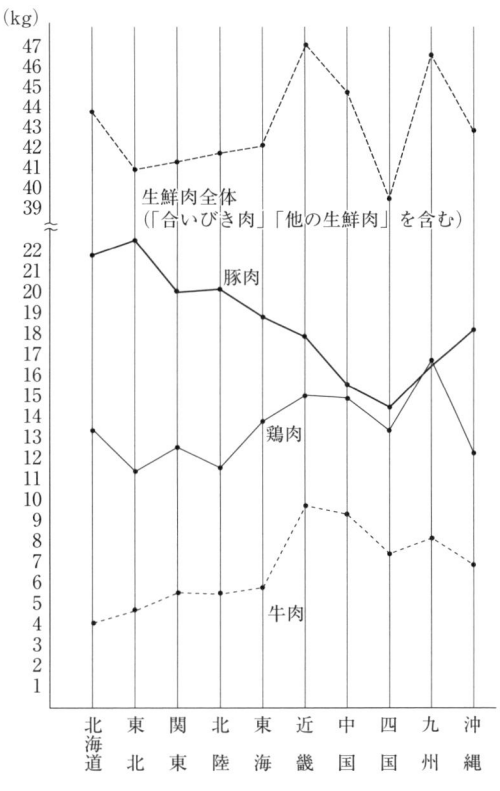

図1.8 生鮮肉の1世帯（2人以上）あたり地域別購入量（2011年）
（資料）前掲図に同じ

きるのであるが，食し方まで視野を広げると肉食の進展過程や歴史的事情にまで思いを馳せることができよう．

1.4.5 食肉の消費方法（1990年～2009年）

食肉の食し方を，次の3つの区分で確認しておこう．
① 家庭調理で消費，② 外食等から消費，③ 食品製造企業の加工から消費，の3つである．

図1.9は，これら3つの視点からの消費推移を表している．

まず①の「家計消費」であるが，1990年代において牛肉の比重が低下し，豚肉

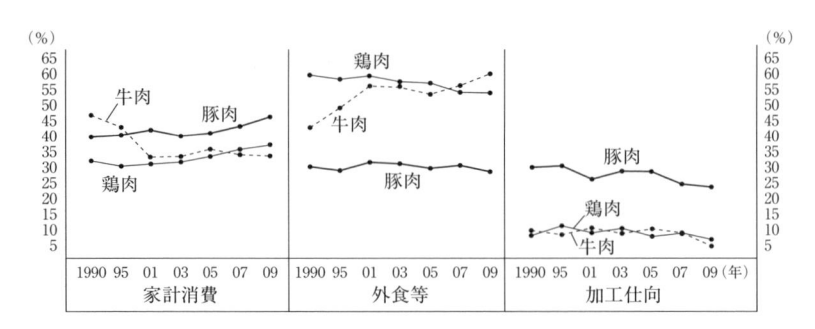

図1.9 食肉の消費方法（1990〜2009年）
（資料） 農林水産省生産局畜産部推計より作成.

と鶏肉が伸びていることを示している．先に1.3.3で記したように1970年代に入ってからの外食化の進行で，家庭における肉食の割合が低下傾向にあった．それでも牛肉は家庭において人気が高かったのであるが1990年代に様相が変化してきたのである．

同図によって「外食等からの消費」に目を移すと，牛肉が次第にウエイトを高めて2000年代後半には外食等での人気肉種に躍り出ている．逆に，豚肉が外食から家庭へと消費を移行しつつある．豚肉の利用度が高いのは「加工仕向」なのであるが，2000年代後半に低下してきている．

鶏肉に注目すると，「外食等での消費」と「加工仕向」で消費割合を低下させるが「家庭」において高めてきている．このように，食肉の消費を流通別に見てみると，牛肉に対する消費の変化が肉食全体に大きな影響を及ぼしていることが推測される．牛肉は日本における食肉の中では選択性が強く，上級財としての特質を併せもつ．

上級財とは，所得が増加すると消費が増えていく財を指すのであるが，この関係性は牛肉消費において顕著である[9]．所得と消費の関係からとらえるならば，豚肉，鶏肉，牛肉のいずれもが経済成長・発展という中・長期的変化の中で増加傾向を示している．経済成長・発展が所得上昇をもたらし，これが食品購入の内容において必需品から選択財へと多様化させるのが共通現象となっている．近年においては中国が好例であり，経済成長・発展が肉食量を増加し，肉食内容の多様化を推し進めている．

逆に，日本のような経済成熟国においては，食肉量を増加させる局面はすでに終えて，消費の選択性を強めて肉食内容の多様性を進展させていく．すなわち肉食においてもおいしさ追求から，栄養や健康をも考慮した新しい肉食様式を確立していくのである．

食肉は多くの民族に喜びをもたらす．このことを共通認識として，経済変動が肉食文化の形成にどのような影響を及ぼしていくのか，これは地球レベルで「人口と食料」を問うときには見落とせない視点となってきている．〔佐々木輝雄〕

文　献

1) 食文化形成の背景を植生や動物分布の側面から詳論するものに次がある．
   ジャレド・ダイヤモンド著，倉骨　彰訳（2000），銃・病原菌・鉄（上），草思社．
2) 日本国内においても食肉の種類，肉食量，食し方等に肉食の地域性が色濃く表れている．次を参照のこと．
   佐々木輝雄（1994），食からの経済学，pp. 104-110，勁草書房．
3) 宇治谷　孟訳（1998），全現代語訳　日本書紀（下），pp. 104-110，講談社学術文庫．
4) 加茂儀一（1976），日本畜産史～食肉・乳酪篇～，法政大学出版局．
5) 日本の食肉利用の歴史を詳論するものに次がある．
   宮崎　昭（1987），食卓を変えた肉食，日本経済評論社．
   宮崎　昭（1991.6-1995.11），食肉利用の歴史～食文化との関連で～（連載1-10），食肉の科学，**32**(1) － **36**(2)．
   牛肉の食文化史と近江牛の銘柄確立史を明らかにするものとして次がある．
   吉田　忠（1992），牛肉と日本人，農山漁村文化協会．
   古代から現代まで食肉利用の歴史をわかりやすくまとめてあり，巻末に日本食肉史年表が添付されているものに次がある．
   伊藤記念財団編（1991），日本食肉文化史，農山漁村文化協会．
6) 牛肉の自由化とはそれまでの〔輸入枠39.4万トン＋関税25％〕を撤廃し，すべて関税化にしたことをいう．
   関税率は段階的に下げることとなり，2000年4月からは38.5％になっている．
7) BSEとはBovine Spongiform Encephalopathyで牛海綿状脳症．日本では2008年3月までに35頭確認されているが，この対策のために2003年12月にトレーサビリティ法が施行されている．
8) 特定危険部位の混入事件とは，米国産牛肉の輸入再開後に脊椎などの特定危険部位が輸入肉の梱包の中に混入していたことであり，2006年1月や2008年4月に起こっている．
9) 牛肉が上級財の特質を強く有することは，次の資料で確認できる．
   総務省『家計消費調査年報』（各年版）における「年間収入別の購入量」の欄を参照のこと．

2 食肉の生産

◀ 2.1 食肉の生産動物 ▶

　私たちが食肉として消費する動物は，家畜（鳥類の場合「家禽」）がほとんどである．これらは「人間が利用する目的で飼養し，その管理下で繁殖可能な動物」と定義されている．代表的な食用家畜について，その動物学的分類を表2.1に示した．また，量的には少ないが狩猟により得られた動物も食肉として利用される．フランス料理として有名なジビエ料理のジビエ（gibier）とはフランス語で「（狩

表2.1　代表的家畜の動物学的分類[1,2]

門	綱	目		科	属	家畜名
脊椎動物門	哺乳動物綱	偶蹄目	反芻亜目	ウシ科	ウシ属 ヤギ属 ヒツジ属	ウシ ヤギ ヒツジ
				シカ科	シカ属	ニホンジカ，アカシカなど
			非反芻亜目	イノシシ科	イノシシ属	ブタ
		奇蹄目		ウマ科	ウマ属	ウマ
		ウサギ目（重歯目）		ウサギ科	アナウサギ属	ウサギ
	鳥綱	キジ目		キジ科	キジ属 ヤケイ属(ニワトリ属) シチメンチョウ属 ウズラ属	キジ（ニッポンキジ） ニワトリ シチメンチョウ ウズラ
					ホロホロチョウ属	ホロホロチョウ
		ガンカモ目		ガンカモ科	マガモ属 マガン属	アヒル ガチョウ
		ダチョウ目		ダチョウ科	ダチョウ属	ダチョウ

表 2.2 世界の食肉生産動物の年間処理頭数と生産量（2010年）

	処理頭数*	生産量（千トン）
豚	1,379,894	109,370
鶏	55,975,186	86,854
牛	303,665	64,276
羊	514,195	8,242
七面鳥	645,265	5,386
ヤギ	424,933	5,217
アヒル	2,874,748	4,190
水牛	24,103	3,500
ガチョウ・ホロホロ鳥	645,282	2,550
ゲームミート	—	1,937
ウサギ	1,122,840	1,683
馬	4,605	713
ラクダ	1,883	385
ロバ	2,487	196
ラバ	562	57
食肉生産総量		296,107

FAOによる統計試料（FAOSTST)[3] より
* 単位は千頭または千羽

表 2.3 日本における食肉生産動物の年間処理頭数と生産量（2010年）

	処理頭数*	生産量（トン）
鶏	732,729	1,416,870
豚	16,807	1,292,450
牛	1,219	514,959
馬	14	5,880
羊	5	150
ヤギ	3	43
七面鳥	5	15
総量		3,234,367

FAOによる統計試料（FAOSTST)[3] より
* 単位は千頭または千羽

猟の）獲物」という意味であり，この種の料理は狩猟により得た動物由来の肉を使ったものである．家畜の年間処理頭数は世界的には，表2.2に示すように豚，鶏，牛，羊，七面鳥，ヤギ，アヒル，水牛などが報告されている．このうち，豚，鶏，牛，羊で世界の食肉総生産量の約9割を占めている．表2.2にあるゲームミート（game meat）とは，狩猟によって得られた野生動物に由来する肉のことである．また，表2.3に示すように日本国内においては鶏，豚，牛の順に食肉生産量が多く，これだけで国内生産量の99.7%を占めている．

2.1.1 牛

動物学的分類では，脊椎動物門，哺乳動物綱，偶蹄目，反芻亜科，ウシ科，ウシ属に属する（表2.1）．用途別に品種を分類すると乳用種，肉用種，役用種，兼用種に分けられるが，現在，日本では役用としての利用がなく，乳生産は乳用種に限られているので，乳用種と肉用種に分けられるのみである．

a. 乳用種

国内ではホルスタイン種がほとんどで，一部でジャージー種が飼養されている．乳用種であっても雄は去勢し肥育され食肉として利用される．雌も産乳能力が低

下したものは乳廃牛と呼ばれ，食肉用として利用される．表2.4に示すように飼養頭数の44%は乳用種で，年間のと畜頭数も42万頭（35%）であり食肉生産の大きな割合を占めていることがわかる．

b. 肉用種

日本の在来牛に外国種を導入し，当初は役肉兼用種として改良されたが，その後，肉専用種へ改良方向が切り替えられた．最初に，黒毛和種，褐毛和種，無角和種が和牛として認定され，その後，遅れて日本短角種が成立し，現在ではこの4品種が和牛として登録されている[1]．また，これら和牛同士の交雑種やホルスタインとの交雑種も肉用として利用されている．

表2.4 国内における牛の飼養頭数とと畜頭数

品種名	飼養頭数	と畜頭数
ホルスタイン種	1,860,500	418,901
ジャージー種	13,712	2,768
その他乳用種	5,911	1,205
交雑種（肉用種×乳用種）	492,209	218,740
黒毛和種	1,789,724	514,256
褐毛和種	23,350	7,908
日本短角種	9,655	2,329
無角和種	196	42
黒毛和種×褐毛和種	1,193	473
和牛間交雑種	1,070	
その他肉専用種	28,801	17,244
その他	157	11
総計	4,226,478	1,184,531

家畜改良センターHP「都道府県別・牛の種別・性別の飼養頭数（平成23年9月末時点）」および平成23年度の「全国の牛の種別・性別のと畜頭数」より[4]

①**黒毛和種**：　日本の中国地方に在来していた牛に外国種を交配し，当初は改良和種の名のもとに役肉兼用種として改良された．その後，全国を統一した登録事業が行われ，1944年に褐毛和種，無角和種とともに黒毛和種という名称で認定された[1]．1955年から肉専用種として改良され，現在では極めて脂肪交雑度（霜降り）の高い牛肉を生産することができる品種となっている．2011年の統計では全国で約180万頭が飼養され（表2.4），和牛飼養頭数の98%を占めていることから，一般的に市場で和牛という場合ほとんどが黒毛和種のことである．

②**褐毛和種**：　「あかげわしゅ」の名称で呼ばれている．熊本県及び高知県に在来の朝鮮牛にシンメンタール種や朝鮮牛を交配して改良された．高知県では朝鮮牛の影響が強く改良朝鮮牛とも呼ばれた[1]．1944年に褐毛和種として認定され，かつては和牛の10%程度を占めていたが，現在では2万頭（0.5%）程度（表2.4）になっている．

③**無角和種**：　山口県阿武郡で在来の牛にアバーディンアンガス種を交配して改良し，1944年に無角和種として認定された[1]．飼養頭数は200頭程度（表2.4）

であり品種の維持が困難な状況になっている．

④**日本短角種**：　北東北（旧南部藩領）で役畜として飼養されていた南部牛に乳用ショートホーンや肉用ショートホーンなどが交配され短角系種と称されていた．1957年に日本短角種登録協会が設立し和牛として登録された．交配された乳用種の影響があり泌乳量が多く親子で放牧しても子牛を育成できる特徴をもつ．主に北東北で飼養され，厳しい自然に適応した品種であるが，日本人が好む霜降り牛肉の生産には不向きである．輸入牛肉自由化以後に飼養頭数が激減したが，脂肪含量の低い牛肉への需要もあり，現在，飼養頭数は9,000頭（0.2％）程度を維持している．

2.1.2　豚

動物分類学では偶蹄目まではウシと同じで，非反芻亜目，イノシシ科，イノシシ属に分類される（表2.1）．世界中に広く生息していたイノシシのうち，ヨーロッパ系と東南アジア系のイノシシを起源として世界の主要な豚が成立したと考えられている．豚は食肉用として改良されてきたが，用途によりラードタイプ（脂肪型），ベーコンタイプ（加工型），ミートタイプ（精肉型）に分類される[1]．しかし，近年，消費者の需要は脂肪を忌避する傾向にあることからラードタイプ需要は低下している．品種の数は多く世界的には30種類程度の品種が普及している．日本で良く利用されるのは，英国品種である大ヨークシャー，バークシャー，ヨーロッパ品種のランドレース，北米のデュロック，ハンプシャー，アジア品種の金華豚，梅山豚などである．純粋種を直接，食肉生産に用いられることは限られ，ほとんどが雑種利用によるものである．とくに繁殖能力を重視した一代雑種の母豚に止め雄と称する肉質重視の雄を交配した三元交配が主流となっている．なお，国内で人気の高い黒豚と呼ばれるものは純粋のバークシャー種である．また，豚肉の生産量を見ると，1億900万tと世界の食肉生産量の約37％を占め，豚肉が世界で最も多く生産されている食肉である（表2.2）．　　〔渡邊　彰〕

2.1.3　鶏

動物学的分類では脊椎動物門，鳥綱，キジ目，キジ科，ヤケイ（ニワトリ）属に分類される（表2.1）．鶏は，東南アジアからインド地方にかけて分布している

ヤケイ（野鶏）が家畜化されてできたものであると考えられている．セキショクヤケイ，ハイイロヤケイ，セイロンヤケイおよびアオエリヤケイの4種があげられるが，繁殖能力や分布域から，セキショクヤケイが原種であるという単原説が有力である[1]．用途別に品種を分類すると，肉用種，卵用種，卵肉兼用種，愛玩用種に分けられる．また，我が国では肉用に供される鶏（食鶏）は，生産方式により肉用目的で生産される「肉用鶏」と採卵鶏または種鶏を廃用した「廃鶏」に分類される．さらに，肉用鶏については，ふ化後3ヵ月未満の「肉用若鶏」と，ふ化後3ヵ月以上の「その他の肉用鶏」に分けることができる．後者の中には「地鶏」や「銘柄鶏」といわれるものが含まれる．平成23年に我が国で処理された食鳥は，肉用若鶏が6億1718万羽，廃鶏が8888万羽，その他の肉用鶏が801万羽となっている[5]．

a. 品種による分類

① **肉用種**： 肉用目的で生産される品種を指す．白色コーニッシュ種，赤色コーニッシュ種，名古屋種などがあげられる．白色コーニッシュ種は，増体性の改良が最も進んだ品種であり，現在生産されているブロイラー（我が国では効率よく大量生産される肉用若鶏の総称）の雄系として用いられている．赤色コーニッシュ種については，後述の銘柄鶏のための鶏種を作出するために用いられることがある．名古屋種については，この品種自身が地鶏として生産されることに加え，銘柄鶏を作出するためにも用いられている．

② **卵用種**： 卵用目的で生産される品種を指す．代表的な白色レグホーン種に加え，褐色レグホーン種，黒色ミノルカ種，カリフォルニアグレイ種などがあげられる．白色レグホーン種は，イタリアで成立した品種であり，年間産卵数（初年度）は250〜290個で，卵殻は白色である．

③ **卵肉兼用種**： 産卵能に加え，増体性や肉質がよいとされる品種で，肉用及び卵用目的に生産される．アメリカ原産の白色プリマスロック種，横斑プリマスロック種，ロードアイランドレッド種，ニューハンプシャー種などがあげられる．品種によっては，肉用タイプまたは卵用タイプに分けられて改良が進められている．白色プリマスロック種の肉用タイプは，増体性が良く，白色コーニッシュ種より産卵性が優れていることから，ブロイラー生産のための雌系として用いられている．横斑プリマスロック種やロードアイランドレッド種は銘柄鶏の作出

のために用いられている．

④ **愛玩用種**：　容姿，鳴き声，闘鶏などのために飼育される品種をさす．我が国で飼育されている愛玩用種は主に日本鶏であり，尾長鶏（おながどり），小国（しょうこく），蓑曳（みのひき），蜀鶏（とうまる），声良（こえよし），薩摩鶏，軍鶏（しゃも），黒柏，矮小鶏などがあげられる．このうち，在来種と呼ばれるものについては，地鶏を作出するための種鶏として用いられることがある．

b. 生産方式による食鶏の分類

① **肉用若鶏**：　ふ化後3ヵ月未満の鶏をいう．肉用若鶏として生産されるのは，主に，ブロイラーと呼ばれる産肉性に優れ，短期間での出荷が可能な品種である．一般的なブロイラーには，増体性の改良が最も進んだ品種である白色コーニッシュ種の雄と，白色コーニッシュ種よりも産卵性が優れる白色プリマスロック種の雌を交配したものが主流である．現在，国内で流通している主なブロイラーは，チャンキー，コッブ，ハーバードの商品名で呼ばれるものである．

② **地鶏**：　地鶏とは日本農林規格（特定JAS）[7]により定められるもので，在来種（表2.5）由来の血液百分率が50％以上のものであり，出生の証明ができるものを素びなとする．生産方法は，ふ化日から80日以上飼育することに加え，28日齢以降は平飼いで，1 m^2 当たり10羽以下での飼育が必要である．現在50種類以上の地鶏が商標登録され全国各地で生産されている．

表2.5　我が国の在来種[7]

会津地鶏，伊勢地鶏，岩手地鶏，インギー鶏，烏骨鶏（うこっけい），鶉矮鶏（うずらちゃぼ），ウタイチャーン，エーコク，横斑プリマスロック，沖縄髯地鶏，尾長鶏，河内奴鶏（かわちやっこどり），雁鶏，岐阜地鶏，熊本種，久連子鶏（くれこどり），黒柏鶏，コーチン，声良鶏（こえよしどり），薩摩鶏，佐渡髯地鶏，地頭鶏（じどっこ），芝鶏（しばっとり），軍鶏（しゃも），小国鶏（しょうこくどり），矮鶏（ちゃぼ），東天紅鶏，蜀鶏（とうまる），土佐九斤（とさくきん），土佐地鶏，対馬地鶏，名古屋種，比内鶏（ひないどり），三河種，蓑曳矮鶏（みのひきちゃぼ），蓑曳鶏（みのひきどり），宮地鶏，ロードアイランドレッド

※在来種とは，明治時代までに国内で成立し，または導入され定着した鶏の品種をいう．

③ **銘柄鶏**：　銘柄鶏とはブロイラーなどの増体に優れた鶏を用い，通常の飼養方法（飼料や飼育期間等）とは異なり工夫を加えて飼養し商標登録されたものである．

〔今成麻衣〕

2.1.4 馬

動物学的分類では，哺乳動物綱，奇蹄目，ウマ科，ウマ属に分類される（表2.1）．国内での食肉生産量は全体の 0.2% と少ないが，鶏，豚，牛に次ぐ量である．国内において戦前は約 150 万頭が飼養されていたが，戦後，軍馬としての利用がなくなり，さらに農業の機械化により使役利用が低下したため，現在では，乗馬，競走馬，肥育馬などを含めて約 10 万頭が飼養されている．農水省の資料[8]によれば平成 22 年のと畜頭数は 14,169 頭で，約半数の 7,714 頭が九州で処理されている．これは熊本県を中心に馬刺しとしての利用が多いためである．2010 年の FAO 資料によれば日本の馬肉生産量は 5,880 t（表 2.3）で輸入量は 5,034 t となっている．馬肉の特徴は肉色が濃く暗赤色でグリコーゲン含量が高い．

2.1.5 羊

動物学的分類ではウシ科，ヒツジ属に分類される（表 2.1）．用途により毛用種，毛・肉兼用種，肉用種，乳用種などがあり，世界の羊の品種は細かく分けると 3,000 種をこえるといわれる[1]．食肉として供する場合，国内では一般的に 1 歳未満でと畜される子羊の肉のことをラム（lamb）とし，1 歳以上でと畜される羊の肉をマトンとしている．しかし，ニュージーランドやオーストラリア国内では 1～2 歳の若い羊肉をホゲット（hogget）と呼びマトンと区別している．オーストラリアの輸出規程では永久歯の門歯の数が 0 個の子羊の肉をラム，1 から 8 個のものをマトンとして輸出している[2]．ラム肉は軟らかく臭みが少ないので世界各国で好まれ，マトンには分枝脂肪酸由来と考えられる特有のにおいがあり日本ではあまり好まれない．国内において 150 t の生産量（表 2.3）があるが，同年の輸入量が 18,913 t であり，99％以上をオーストラリア，ニュージーランドから輸入している．なお，去勢していない雄羊をラム（ram）と言い，去勢していない子羊を lamb と言う．

2.1.6 その他

前述の牛，豚，鶏，馬，羊による食肉で日本の生産量の 99.9% を占めている（表 2.3）．したがって，以下に述べるその他の動物については生産量が極めて少なく店頭で見かけることはほとんどない．しかし飲食店や地域特産物の食材とし

て利用されることがある．その生産方式は家畜だけでなく，動物によっては狩猟により得られるもの，捕獲後に飼養されるものなどがあり正確な意味でのジビエとの区別は難しい．

ヤギ： 動物学的分類ではウシ科まではウシと同じで，ヤギ亜科，ヤギ属に属する（表2.1）．乳用ヤギが北ヨーロッパでチーズなどの加工に利用されている．ヤギ肉としての利用は世界の生産量521万t（表2.2）の約半分を人口の多い中国とインドで占めている．パキスタン，バングラデッシュやアフリカ諸国でも重要な産業となっている．日本での生産量は2010年において43t（表2.3）で，消費地は沖縄県を中心とする南西諸島に限定されている．

シカ： 動物学的に偶蹄目シカ科にはシカ属，ヘラジカ属，ダマジカ属，トナカイ属など十数種類の属があり，日本に生息するのはシカ属に分類されるニホンジカである．ニホンジカは地域により亜種に分かれ，エゾシカ，ホンシュウジカ，キュウシュウジカ，マゲシカ，ヤクシカ，ケラマジカ，ツシマジカの7亜種に分類されている[1]．国内では野生鹿を捕獲して飼養（養鹿）が始められ1999年には5千頭程度まで増加したが2004年には2千頭程度に減少した[9]．畜産的な用途としては鹿肉，鹿茸（ろくじょう），毛皮などがある．鹿肉はベニソン（venison）と呼ばれ脂肪の少ない肉である．最大の消費地はヨーロッパであるが，主な供給源はニュージーランドで2010年にアカシカを中心に112万頭が飼養され約2万3千tを生産している[10]．日本のエゾシカは近年保護施策によって頭数が増加し，農作物への被害が増えているため，捕獲・狩猟による肉利用も推進されている．

七面鳥： キジ科シチメンチョウ属に分類され，家禽として利用されている．起源はメキシコの野生シチメンチョウである．品種はブロンズ，ブロードブレステッドブロンズ，ラージホワイト，ベルツビルスモールホワイト種などがある[1]．日本ではなじみが少ないが，米国では一般的で，世界の生産量538万6千t（表2.2）のうち，約48％が米国で生産されている．日本国内でも年間5千羽が処理され約15tが生産されている（表2.3）．ニワトリと比較して大型で肉量も多い．米国ではローストターキーとして利用されることが多い．脂肪分が少なくヘルシーな肉であるが，脂質酸化が速いと報告されている．

アヒル： 野生のマガモを家禽化したもので北京アヒル種（北京ダック）は世界的に有名である．その他大阪アヒル種，バリケン種，採卵用のカーキー・キャ

ンベル種などがある[1]．また，マガモとアヒルの雑種が合鴨（あいがも）で高品質な食肉として流通している[2]．

ガチョウ： 渡り鳥である雁（ガン）を家禽化したものである．祖先はヨーロッパや中北部アジアのハイイロガンと中国のサカツラガンの2系統に分かれる．品種としてはエムデン種，ツールーズ種，支那ガチョウ，アフリカ種などがある[1]．また，高級食材として利用されるフォアグラの生産にはランド種やツールーズ種が用いられている．

ホロホロ鳥： キジ目キジ科，ホロホロチョウ属に分類される（表2.6）．ヤセイホロホロチョウや白色ホロホロチョウがあり後者は原産地アフリカでヤセイホロホロチョウから家禽化されたものである[11]．FAOの統計資料ではガチョウ+ホロホロ鳥で報告されており表2.2の生産量の約95%が中国で生産されている．イタリアなどヨーロッパでも養殖されている．肉質がキジに似てしかも臭みがないため外国ではレストランだけでなく家庭でも多く料理される．

キジ： 日本におけるキジ類はキジとコウライキジである．キジは日本固有の鳥で国鳥に指定され，ほかのキジ類と区別するためにニッポンキジとも呼ばれることもある[1]．雑種化防止のためコウライキジは北海道と対馬などに限られ放鳥されてきた．ジビエの食材としてフランス料理でも利用され，日本では燻製や味噌漬，キジ蕎麦などの利用がある[12]．

ウズラ： キジ科ウズラ属ウズラ種に分類され日本に生息するものをニホンウズラという．野生ウズラは日本全土に分布している．家禽ウズラは野生ウズラを捕獲して啼き声をたのしむために飼育していた啼きウズラを原種として育種されたものである[1]．ウズラ卵としての利用が一般的であるが，肉の味も良いとされる．しかし，小型で量が少ないので骨付きのまま焼き鳥にしたり，炊込みご飯にも良いとされる[12]．

ウサギ： 野生のものを野兎，飼養されているものを家兎というが，国内の家兎には日本白色種やニュージーランドホワイト種などがある[1]．肉は結着性が高いため加工原料とされていたが現在ではほとんど利用されていない[2]．ヨーロッパでは伝統的料理の素材として利用されている．世界的には2010年のFAOの資料[3]で人口の多い中国で67万tの生産量があるが，イタリアやベネズエラでも25万tと生産量が多い．

ダチョウ： 鳥綱，ダチョウ目，ダチョウ科，ダチョウ属に分類され，アフリカ原産で南アフリカにおいて家畜化された．品種としてはアメリカンブラック種が一般的である．日本への本格的導入は平成7年で平成16年には全国で8,338羽が飼養されるようになった．環境温度への順応性が高く雑食性で粗飼料の利用率も高いことから，家畜としての利用が期待される[13]．ダチョウの皮は品質が良くオストリッチとして有名である．肉は赤身で鉄分が多く脂肪が少ない[12]．

〔渡邊　彰〕

2.2　家畜から食肉になるまで

2.2.1　と畜処理工程

と畜処理は，「食肉処理場」，「食肉工場」，「食肉流通センター」などの名称で呼ばれる施設で実施される．これらの施設は法律上「と畜場」として定められ，「と

① スタニング
⑥ はく皮作業
⑩ 背割り作業
⑫ 冷蔵保管

スタニングの位置[14]

（撮影協力：岩手県食肉流通センター）

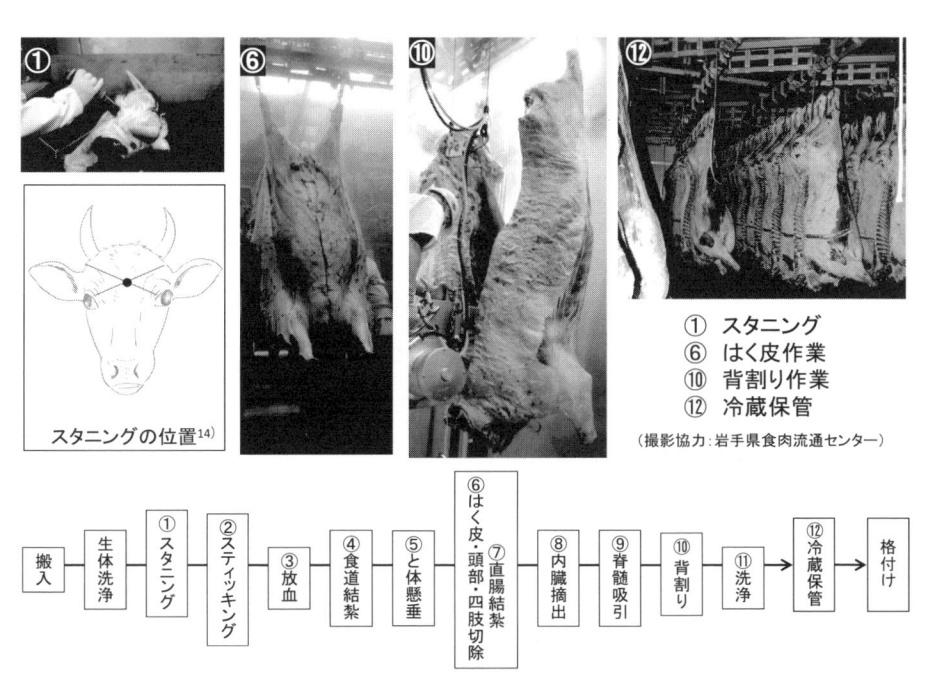

搬入 → 生体洗浄 → ①スタニング → ②スティッキング → ③放血 → ④食道結紮 → ⑤と体懸垂 → ⑥はく皮・頭部・四肢切除 → ⑦直腸結紮 → ⑧内臓摘出 → ⑨脊髄吸引 → ⑩背割り → ⑪洗浄 → ⑫冷蔵保管 → 格付け

図2.1　食肉処理場における牛のと畜・解体の工程

表2.6 家畜の失神方法 (Devine, 1989)[15]

失神方法	原理	対象動物	備考
キャプティブボルト	圧搾空気または火薬を利用してスチールボルトを頭部に発射する.	牛, 鹿など 豚には不可	頭蓋骨が大きい物に限られる. 的を正確に発射すれば, 信頼性が高く人道的. 初期投資が安い.
パーカッション	原理はキャプティブボルトと同じであるが, ボルトの頭部がマッシュルーム状であるために頭蓋骨を貫通しない.		ハラルフードに適合.
電撃	頭部のみに50 Hzの電流を通すことで, てんかんと同じ症状となる. 刺殺による放血をしなければ覚醒する.	羊, 牛, 豚, 鶏など	ただちに刺殺による放血をしなければ覚醒する. 再度電流を流して不動化する方法もある. ブラッドスポットが発生することがある. ハラルフードに適合.
電撃	頭部から胴体にかけて50 Hzの電流を流す. 心臓停止をともなう.	羊, 牛, 豚, 鶏など	刺殺を急ぐ必要はない. ブラッドスポットが発生することがある. ハラルフードに適合.
二酸化炭素	60-70%濃度のCO_2による麻酔効果	豚のみ(鶏においても50% CO_2やアルゴンガスによる方法がある)	ブラッドスポットやPSEの発生が少ない. 初期投資費用が高い.

畜場法」及び「と畜場法施行規則」により衛生的処理ができるよう実施されている. 牛についてのと畜処理工程を図2.1に示した. 家畜の種類が異なっても共通することは「①スタニング(失神)」後に「③放血」により命を絶つことである. この放血が十分でないと食肉としての品質を著しく低下することになる. 家畜の失神方法には表2.6に示した手法が適応される[15]. それぞれ長所・短所があるが, 日本国内においては, 牛はキャプティブボルトピストル(図2.2), 豚は電撃ショックによるものが一般的である. 失神後は急速に血圧が上昇し毛細血管の破裂による血斑が筋肉中に生じることがあるので, 速やか

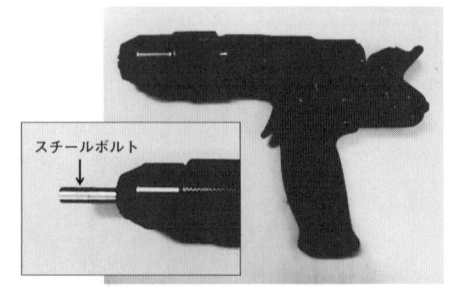

火薬を利用してスチールボルトを頭部に貫通させる. 図2.1のようなスティクタイプもある.

図2.2 キャプティブボルトピストル

に「②スティキング（のど刺し）」により心臓近くの大動静脈を切断し放血する必要がある．放血後に行われる食道結紮（④），その後の直腸結紮（⑦）は作業中に内容物が漏れないようにするうえで重要な作業である．と体懸垂（⑤）時に国外では電気刺激により筋肉中に残存する ATP を消失させる処理を行うことがある．これは冷蔵貯蔵中に起こる筋肉の収縮（cold shortening）により食肉が硬くなるのを防ぐためである．内臓摘出（⑧）後に実施される脊髄吸引（⑨）は背割り（⑩）作業中に脊髄が飛散しないようにするためである．

2.2.2 と畜場の衛生管理

岡山県や大阪府において 1996 年に起きた出血性大腸菌 O-157 による集団食中毒をきっかけに，1997 年にと畜場法が改正され，と畜場の衛生管理が大きく改善された．前述の食道結紮や直腸結紮もこの時に定められ，確実に実施されるようになった．また衛生管理の運営においては HACCP（hazard analysis critical control point: 危害分析重要管理点）に基づく管理が実施されるようになった．HACCP システムはハサップとも呼ばれ，NASA（アメリカ航空宇宙局）が考案した食品汚染を防止するための衛生管理システムである．本システムの導入においては SSOP（sanitation standard operating procedures: 衛生標準作業手順）を定め文書化しておくことが重要である．また，2001 年における国内初の BSE（bovine spongiform ecephalopathy: 牛海綿状脳症）感染牛の発生に伴い，原因と考えられる異常プリオンを食品から排除するために，と畜場法施行規則の改正（平成 13 年）と，牛海綿状脳症対策特別措置法（平成 14 年）及び施行規則（平成 14 年）が新たに制定された．これにより，と畜処理工程における脊髄の吸引が実施されるようになり，蓄積の危険性がある部分（舌および頬肉を除く頭部，脊髄，回腸遠位部）については，特定部位として全頭を対象に適切な除去・焼却が義務づけられた．その後，世界における BSE 牛の発症が極めて少なくなったため，安全性を考慮したうえで特定部位の適応範囲については緩和されつつある．これらと畜場における衛生的管理を行うために，衛生管理責任者（と畜場の衛生管理）及び作業衛生責任者（と殺又は解体の衛生管理）を置くようにと畜場法により定められている．

〔渡邊　彰〕

❰ 2.3 食 鳥 処 理 ❱

食鳥処理（と畜から内臓摘出までの作業）は，「食鳥処理の事業の規制及び食鳥検査に関する法律（以下「食鳥処理法」）」に基づいて実施される．食鳥処理法は，鶏，アヒルおよび七面鳥を対象とし，これらの食鳥は，都道府県知事が認可した食鳥処理場にて図2.3の工程で処理される．各工程における要点は以下の通りである．

運搬前： 農場からの出荷時に腸の内容物を減らし糞便汚染を最小限とする目的で絶食させる．食鶏は輸送用容器（一般的には穴の空いた籠）に数羽ずつ入れられ運搬される．

と畜前： 運搬されてきた食鳥は，生体受入施設に搬入される．ロット（1鶏舎から1回の出荷分）ごとに食鳥検査員による生体検査が行われる．疾患や異常が認められないものについては，懸鳥（逆さに吊す）され，食鳥処理施設に移動する．懸鳥時，食鳥は激しく羽ばたき周囲が汚染されるため，処理場によってはCO_2ガス等で休眠させてから行う場合もある．

と畜・放血： 頸動脈を切断し，放血してと畜する．湯漬時に静止している状態が望ましいため，電撃やガスなどで失神させて放血処理する場合もある（表2.6）．

湯漬： 放血後，短時間，脱羽を容易にするために湯（60℃程度）に漬ける．

脱羽： 脱羽機等を使用して羽毛を除去する．その後，洗浄し，食鳥処理衛生管理者および食鳥検査員による脱羽後検査が行われる．と体ごとに，大きさ，関節，体表等を観察し，疾病や異常の有無を確認する．

内臓摘出： 食鳥処理場内の清浄区画（中ぬき室）に移動し，内臓摘出機等を

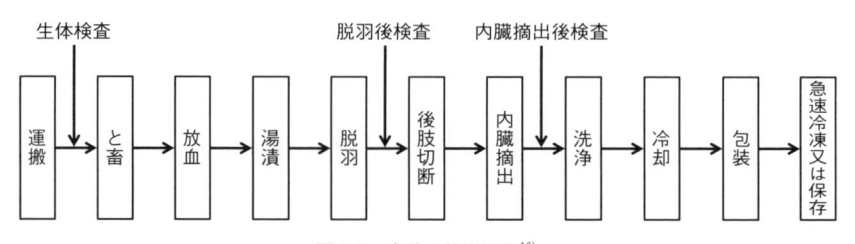

運搬 → と畜（生体検査）→ 放血 → 湯漬 → 脱羽 → 後肢切断（脱羽後検査）→ 内臓摘出（内臓摘出後検査）→ 洗浄 → 冷却 → 包装 → 急速冷凍又は保存

図2.3 食鶏の処理工程[16]

使用して内臓を摘出する．この工程は，腸管等の内臓を扱うため，衛生管理上，最も重要なポイントである．腸管の破損等による，と体，機械，作業者への汚染の防止に努める必要がある．中ぬきと体とその内臓は，同一の食鳥に由来するものであることが確認できるように扱い，食鳥処理衛生管理者および食鳥検査員による内臓摘出後検査に供する．

洗浄： 中ぬきと体は，内外を十分に洗浄する．

冷却： 冷却槽に投入し流水中で冷却し，と体の内部温度が4℃以下となるようにする．と体の汚染を除去するため，冷却槽への消毒・殺菌剤の添加やシャワーリングを行う場合もある．中ぬきと体は，水切り後，そのままの状態または分割されてから包装され，冷蔵または冷凍保存される．

処理場内の衛生管理は，食鳥処理業者が設置した食鳥処理衛生管理者の責任の下に行う．生体，脱羽後および内臓摘出後の3段階（図2.3）で，食鳥処理衛生管理者による「異常の有無の確認」および食鳥検査員（公的機関または都道府県知事が指定した検査機関に属する獣医師）による食鳥検査が行われる．なお，認定小規模食鳥処理業者（年間30万羽以下，都道府県知事の認定を受けたもの）については，食鳥検査を免除される．3段階における確認および検査で疾病や異常が認められなかったもののみが，食肉として持ち出しを許可される．食鳥処理後の分割細切等の作業については，食品衛生法で規定が設けられている．

〔今成麻衣〕

2.4 食肉（牛・豚）の品質評価

図2.1で示したと畜・解体が終了した状態の牛，豚を枝肉（通称"丸"と言う）と称し，背割りにより右および左半丸に分けられる．食肉検査員（獣医師）の検査により食肉として流通が認められると，枝肉は公益社団法人日本格付協会により左半丸を用いて枝肉取引規格[17]に従って格付けされる．

2.4.1 枝肉取引規格

牛枝肉については牛枝肉取引規格により格付けされる．格付けは「歩留等級」と「肉質等級」に分けて評価される．

歩留等級は左半丸枝肉の第6～第7肋骨間で切開し，切開面（図2.4）における胸最長筋（ロース芯）面積（cm²），ばらの厚さ（cm），皮下脂肪の厚さ（cm）および半丸枝肉重量（kg）の4項目の数値を以下の数式に入れて，歩留基準値を算出することになっている．

歩留基準値＝67.37＋〔(0.130×胸最長筋面積（cm²）〕
　　　　　＋〔0.667×「ばら」の厚さ（cm）〕
　　　　　－〔0.025×冷と体重量（半丸枝肉（kg）〕
　　　　　－〔0.896×皮下脂肪の厚さ（cm）〕

ただし，肉用種枝肉の場合には2.049を加算する．また，筋間脂肪が枝肉重量，胸最長筋面積に比べてかなり厚いとか，「もも」の厚みに欠け，かつ，「まえ」と「もも」の釣合いが著しく欠けるものは，歩留等級が1等級下になる場合がある．等級の区分は「A：歩留基準値72以上」「B：69以上72未満」「C：69未満」の3等級で，「B」を中心に正規分布するように定められている．

肉質等級は同切開面（図2.5）における脂肪交雑の程度を図2.5の模型〔ビーフ・マーブリング・スタンダード（B.M.S）〕および平成26年から追加された写真に

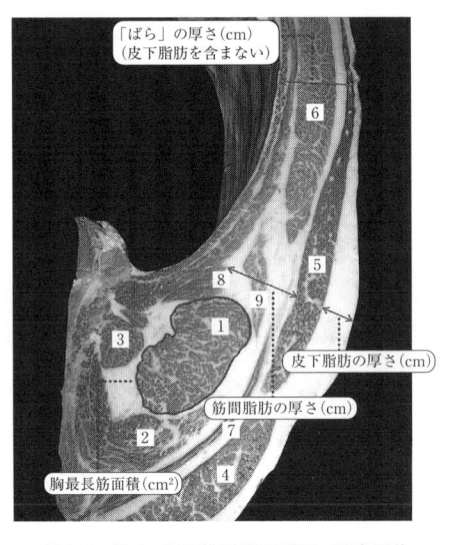

図2.4　第6～第7肋骨間切開面の測定部位
牛枝肉取引規格の概要（公益社団法人 日本食肉格付協会）より
1；胸最長筋　2；背半棘筋　3；頭半棘筋　4；僧帽筋　5；広背筋　6；腹鋸筋　7；菱形筋　8；腸肋筋　9；前背鋸筋

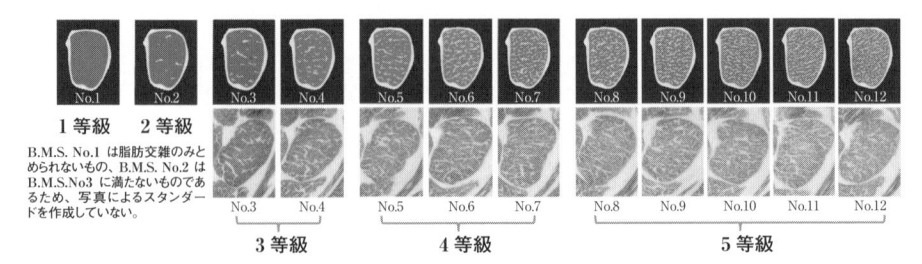

B.M.S. No.1は脂肪交雑のみとめられないもの，B.M.S. No.2はB.M.S. No.3に満たないものであるため，写真によるスタンダードを作成していない．

図2.5　牛脂肪交雑基準（B.M.S）と等級区分
牛枝肉取引規格の概要（公益社団法人 日本食肉格付協会）より

2.4 食肉（牛・豚）の品質評価

従い「1等級：ないもの」〜「5等級：かなり多いもの」を判定し，加えて「肉の色沢」，「肉の締まり及びきめ」，「脂肪の色沢と質」を「1等級：劣るもの」〜「5等級：かなり良いもの」で評価する．したがって歩留等級と合わせて評価の最も高いA5から最も低いC1までの15段階の評価が行われ等級表示され，瑕疵のあるものはその種類によりア〜カまでの表示を行う（図2.6）．

豚枝肉については豚枝肉取引規格による．豚では「湯はぎ」という獣毛を落として皮付きで処理する方法もあるが，国内ではと畜処理工程ではく皮する「皮はぎ」が一般的である．枝肉はその重量と皮下脂肪の厚さのバランスで「極上」から「並」の等級に評価される（表2.7）．このバランスは，生産および流通の状況に応じて数回の改訂が行われており，表に示したのは平成8年に改訂されたものである．さらに，外観として「均称」「肉づき」「脂肪付着」「仕上げ」の項目，肉質として「肉の締まり及びきめ」「肉の色沢」「脂肪の色沢と質」「脂肪の付着」の項目についても「極上」から「並」の等級で評価される．これらバランス，外観，肉質の3者について，その等級を同時に具備しているものを当該等級に格付けすることになっている．どの等級にも該当しないものや牡臭その他異臭のあるものなどは等外とし，

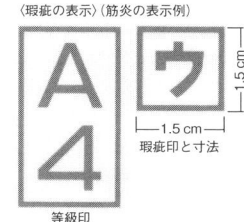

瑕疵の種類区分と表示	
瑕疵の種類	表示
多発性筋出血（シミ）	ア
水腫（ズル）	イ
筋炎（シコリ）	ウ
外傷（アタリ）	エ
割除（カツジョ）	オ
その他	カ

図 2.6　牛枝肉の等級表示[17]

表 2.7　枝肉と背脂肪のバランス

等級	重量 (cm)		背脂肪 (cm)	
	以上	以下	以上	以下
「極上」	35.0 〜	39.0	1.5 〜	2.1
	以上	以下	以上	以下
「上」	32.5 〜	40.0	1.3 〜	2.4
	以上	未満	以上	以下
「中」	30.0 〜	39.0	0.9 〜	2.7
	以下			
	39.0 〜	42.5	1.0 〜	3.0
「並」	未満 30.0			
	以上	未満	未満	超過
	30.0 〜	39.0	0.9	2.7
	以下			
	39.0 〜	42.5	1.0 〜	3.0
	42.5 超過			

半丸重量と背脂肪の厚さの範囲（皮はぎ用）[17]

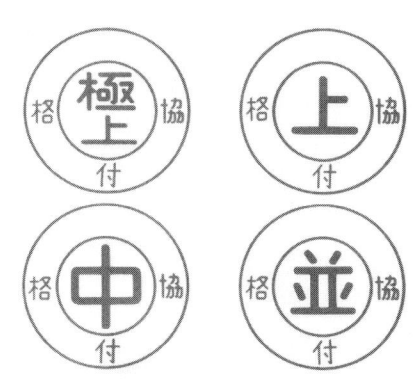

図 2.7　豚枝肉の等級表示[17]

極上，上，中，並，等外の5段階で評価され図（2.7）のようなラベルが付けられる．

2.4.2 トレーサビリティ法

平成13年（2001年）における国内初の牛海綿状脳症（BSE）の発生や食肉の表示偽装問題などにより，平成14年に国内で飼養されるすべての牛に10桁の個体識別番号を記入した耳標が付けられることになった（図2.8）．これを受けて消費者に対する国産牛肉の安全・安心を確保するために平成16年12月から「牛の個体識別のための情報の管理及び伝達に関する法律（牛肉トレーサビリティ法）」に基づき流通する牛肉への牛個体識別番号の表示等が義務化された（図2.9）．この情報は（独）家畜改良センターにより管理され，誰でもインターネット（http//www.nlbc.go.jp/）により10桁番号から販売されている牛肉の履歴を入手することが可能となった．豚や鶏では牛のような個体識別は困難なため，牛肉のような法律による規定はない．しかし，国の食品トレーサビリティに関する支援を受けて飼養ロットが追跡できるような「豚肉トレーサビリティシステム」や「鶏肉トレーサビリティシステム」の導入が進められている．

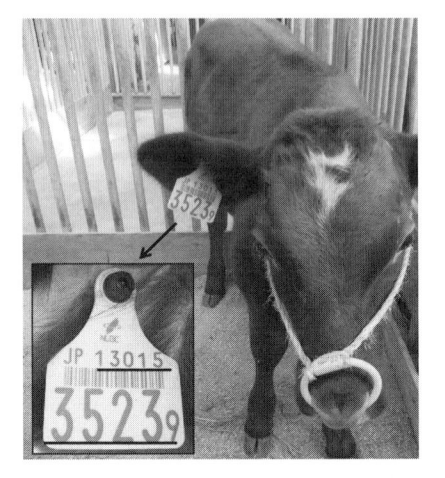

図2.8 牛に付与される個体識別番号（10桁番号）

図2.9 牛肉にラベルされた個体識別番号

2.5 各部分肉（牛・豚）の特徴

牛および豚枝肉は格付け終了後にセリにより落札され，流通のために分割される．分割区分については利用者側の用途に応じて多様化している．また，部分肉名については関東と関西で異なる場合があるため，現状と一致していないところもあるが，ここでは財団法人日本食肉流通センターが平成14年にとりまとめた「牛・豚コマーシャル規格書」[18]に沿って解説する．

2.5.1 牛　肉

生体から見た各部分肉はおおよそ図2.10に示す場所に位置する．と畜解体後，図2.11に示すように，半丸枝肉は大分割規格に従い「骨付まえ」と「骨付とも」に2分割されさらに「骨付とも」は「骨付ばら」「骨付ロイン」「骨付もも」に分割される．これらはさらに部分肉に分割され，表2.8に示したようなコマーシャル規格で流通する．表には各部分肉名に対応する主な筋肉名を示した．

a.　骨付まえ

「ネック」「かたロース」「かたばら」「かた」「まえずね」に分けられる．「ネッ

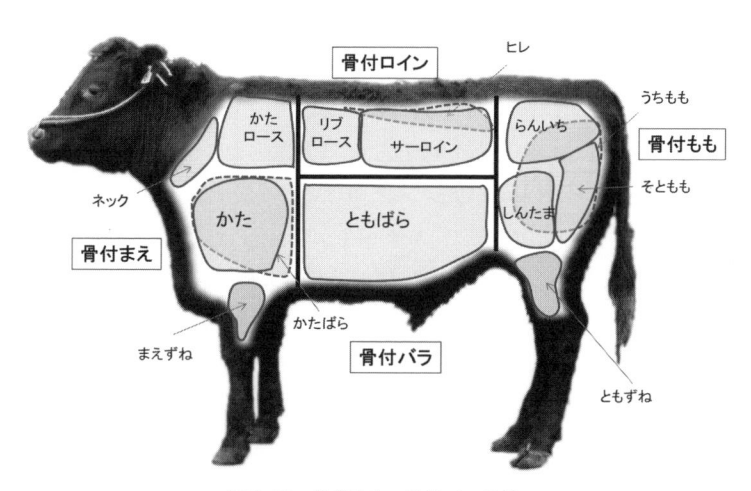

図2.10　各部分肉の生体での位置

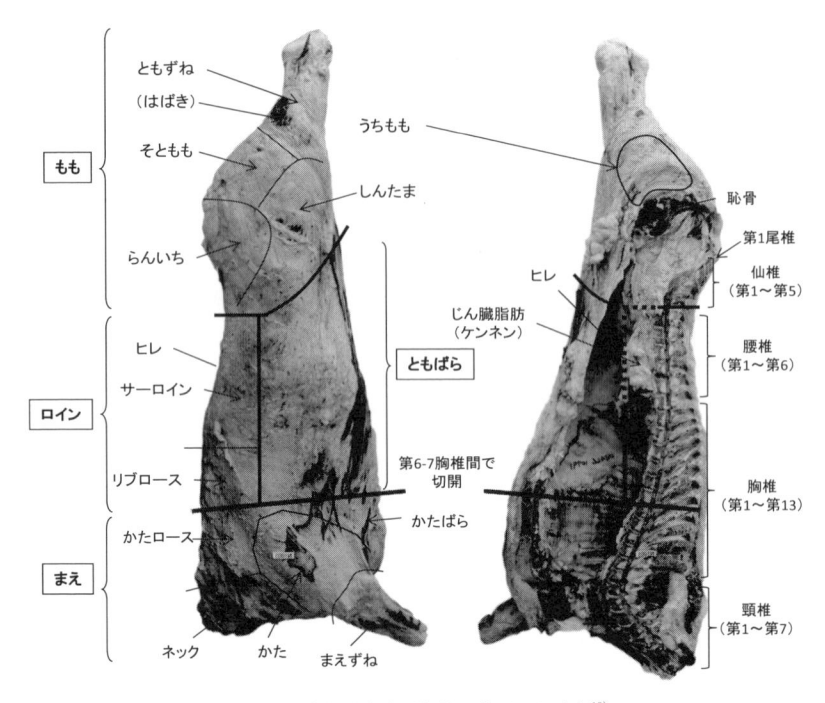

図 2.11　牛部分肉取引規格に基づいた分割[18]

ク」や「まえずね」は小さな筋肉が集まっているため結合組織が多い．そのため煮込み料理やシチューなどに利用される．「かたロース」にはロース芯である胸最長筋や僧帽筋の一部が含まれるためすき焼き，しゃぶしゃぶ，ステーキとして利用される．「かたばら」は薄くスライスして焼肉やしゃぶしゃぶ用として利用される．「かた」は「かたS」と「とうがらし」に分けられ，前者はさらに「こさんかく」「かたさんかく」「ほんみすじ」「うわみすじ」「こま材」に分けられる．「ほんみすじ」「うわみすじ」はブレードステーキ（blade stake）として商品化される場合がある．風味は良いとされているがスジがあり硬い．「とうがらし」はその形状に由来する名称で，外国ではチャックテンダー（chuck tender）と呼ばれ風味が良いとされている．名称にテンダーとあるが結合組織が多く硬い．機械によるスジの切断（テンダライザー）などが必要である．

b. 骨付ともばら

「うちばら」「そとばら」「かいのみ」「フランク（ささみ）」に分けられる．さら

2.5 各部分肉（牛・豚）の特徴

表2.8 牛部分肉の名称[2.18]

	コマーシャル規格		主な筋肉
骨付まえ	ネック	ネックS ネックA	頸最長筋，胸骨下顎筋など約20種
	かたロース （くらした）[*1]	かたロースS かたロースA かたロースB，C	胸最長筋，頸最長筋，背鋸筋，僧帽筋，広背筋など約15種
	からばら	かたばらA かたばらB（ブリスケット） かたばらC，D	胸腹鋸筋 深胸筋
	かた	かたS とうがらし（チャックテンダー）	棘上筋
	まえずね	まえずねS	上腕二頭筋，尺側手根伸筋，尺側手根屈筋など約15種
骨付ともばら	ともばら	うちばら 　ともばらA 　ともばらB そとばら 　ともばらC，D かいのみ（フラップミート） フランク（ささみ）	第7〜9肋骨背側　外腹斜筋 第10〜13肋骨背側　外腹斜筋 第7〜13肋骨腹側　腹直筋 内腹斜筋 腹直筋
骨付ロイン	リブロース	リブロースS リブロース芯（リブアイロール） リブロースかぶり（リブキャップ）	第7胸椎〜第10胸椎部分 　胸最長筋 　僧帽筋，広背筋
	サーロイン	サーロインS サーロインA サーロインB	第11胸椎〜第6腰椎部分 　腰最長筋（第11胸椎〜第1腰椎） 　腰最長筋（第2腰椎〜第6腰椎）
	ヒレ	ヒレS ヒレA，B	大腰筋，小腰筋，腸骨筋
骨付もも	うちもも	うちももS 　うちももA，B うちももかぶり	半膜様筋，内転筋 大腿薄筋
	しんたま	しんたまS ともさんかく（トライチップ）	大腿四頭筋 大腿筋膜張筋
	らんいち	らんぷ いちぼ（クーレット）	中殿筋，副殿筋 大腿二頭筋（近位部）
	そともも[*2]	そとももS[*3] しきんぼ（アイラウンド）	大腿二頭筋（遠位部） 半腱様筋
	ともずね[*4]	ともずねS	深趾屈筋，浅趾屈筋，下腿三頭筋など約10種
	はばき	はばき（ヒール）	腓腹筋

*1「ネック付かたロース」とする場合もある．
*2「はばき付き」または「はばきなし」．
*3 関東名で「なかにく」と呼ばれることもある．
*4「はばき付き」となる場合もある．

に「うちばら」と「そとばら」はそれぞれ「ともばら A, B」と「ともばら C, D」となる．「かたばら」より脂肪含量が少なく結合組織が多いため薄くスライスするか煮込み料理として用いられる場合が多い．

####　c．骨付ロイン

最も市場価値の高い部位で，第10肋骨より頭側が「リブロース」，尾側が「サーロイン」となる．リブロース部分は僧帽筋と広背筋が胸最長筋（ロース芯）にかぶさるように存在するので，この部分を分離してリブキャップとリブアイロールにして利用される．ステーキ，しゃぶしゃぶ，すき焼き，焼肉などに利用される．「ヒレ」は枝肉ではじん臓周囲脂肪の下に位置する．最も軟らかい部分でテンダーロインとも呼ばれ市場価値が高い．ステーキとして利用されることが多い．

####　d．骨付もも

「うちもも」「しんたま」「らんいち」「そともも」「ともずね」に分けられ，「はばき」は「そともも」または「ともずね」に付けられる．「はばき」「ともずね」は「まえずね」と同様に小さな筋肉が集まっているため結合組織が多く，煮込み料理やシチューなどに利用されゼラチン化した結合組織が好ましい食感を与える．その他の部分肉は半膜様筋（うちもも），大腿四頭筋（しんたま），中殿筋（らんぷ），大腿二頭筋（いちぼ，なかにく），半腱様筋（しきんぼ）といった大きな塊をもった筋肉で構成されている．胸最長筋と比較して脂肪の混入も少ないが，ステーキやローストビーフとしての利用が可能である．

2.5.2 豚　肉

各部分肉の生体におけるおおよその位置を図2.12に示した．豚枝肉の分割は「骨付かた」「骨付ロース」「骨付ばら」「骨付もも」に4分割される（図2.13）．「骨付ロース・ばら」と区分する場合もある．これらは，さらに豚コマーシャル規格により表2.9のように部分肉に分けられる．部分肉の等級は枝肉評価とは別の肉質等級Ⅰ（良いもの）とⅡ（難のあるもの）に分けられ，さらに重量によりS, M, Lに分けて流通する．

####　a．骨付かた

牛枝肉の「骨付まえ」に相当する．「骨付かた」から骨を除いた「かた」が作られ，さらに「うで」や「かたロース」が作られ，さらに分割される．あるいは

2.5 各部分肉（牛・豚）の特徴

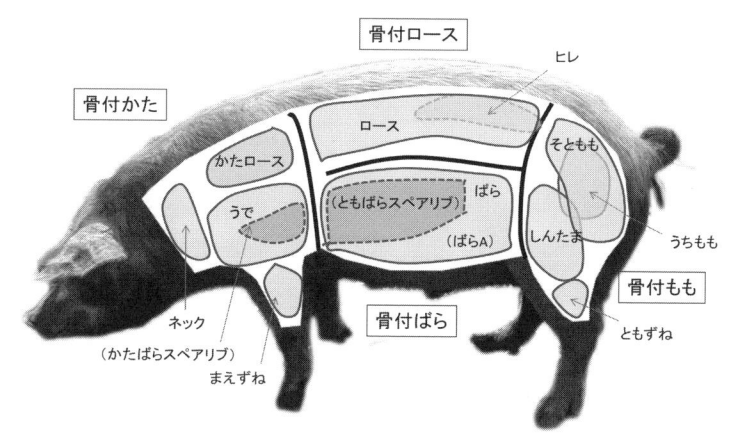

図 2.12 各部分肉の生体での位置

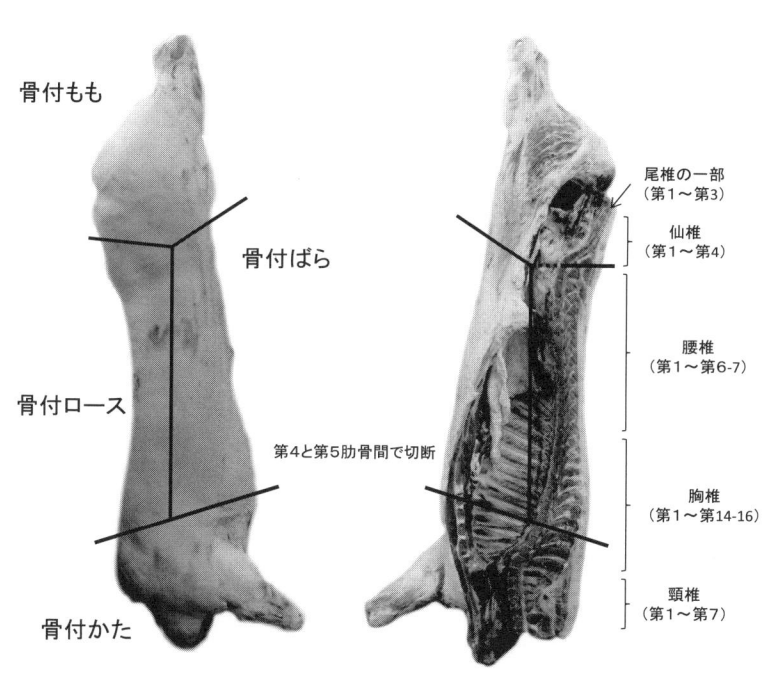

図 2.13 豚部分肉取引規格に基づいた分割[18]
（写真提供：岩手県農業研究センター 佐々木康仁氏）

「骨付かた」から肋骨（第1〜第4）のついた「かたばらスペアリブ」に分割する場合もある．牛と異なりネックの部分は薄くスライスしてトントロとして焼肉に利用される．

b. 骨付ロース

除骨されたロース部分は最終肋骨付近で切断され頭側のリブと尾側のサーロインに分けられる．リブ側はスライスしてしゃぶしゃぶ，生姜焼用など，サーロイン側はロースカツ用などに利用される．ヒレ肉は「骨付ロース・ばら」より分離されヒレカツ用として利用される．

c. 骨付ばら

「ともばらスペアリブ」と「ばらA」に分離され，スペアリブはバーベキュー用などに利用される．また，スペアリブを作らずにロックやスライスで流通し，シチュー，焼肉，切り落とし炒め物用などに用いられる場合もある．

d. 骨付もも

「うちもも」「しんたま」「そともも」「ともずね」に分けられる．しゃぶしゃぶ，焼肉，ミニカツなどの他，大きな筋肉の塊であるため，ゆで豚や煮豚用として用いられる．なお，アメリカやカナダではこの部分をハム（ham）と称する．大きな塊のまま塩漬したものが骨付きハムやボンレスハムで，その後，使用する部位によりロースハムやショルダーハムなどと呼ばれる商品が作られるようになった．

2.5.3 畜産副生物

枝肉と皮（原皮）を除いた，内臓，頭肉，脚，骨，血液などの総称を畜産副生

表2.9 豚コマーシャル規格の名称[18]

コマーシャル規格		
骨付かた	かた	かたS ネック まえずね （ネックなしかた） （すねなしかた） （ネック・すねなしかた）
	うで	うでS かたばらスペアリブ （ネックなしうで） （すねなしうで） （ネック・すねなしうで）
	かたロース	
骨付ばら*	ばら	ともばらスペアリブ ばらA
骨付ロース*		ロース ヒレ
骨付もも	もも	（すねなしもも） うちもも しんたま そともも ともずね

＊「骨付ロース・ばら」と区分されることもある．

物と呼ぶ[2]．このうち可食部内臓は「もつ」とも呼ばれ，外見から赤物と白物に分けられる．赤物は横隔膜筋部，頬筋，舌，食道，気管，心臓，肝臓などで，白物は胃，子宮，大腸，小腸などである．これらは市場では表2.10に示すように独特の名称で呼ばれている．

〔渡邊　彰〕

表2.10　可食部内臓の名称

部位	牛	豚
頭肉	カシラニク	カシラニク
耳		ミミ
舌	タン	タン
心臓	ハツ	ハツ
下行大動脈	ハツモト	
肝臓	レバー	レバー
横隔膜筋部[*1]	ハラミ及びサガリ	ハラミ及びサガリ
腎臓	マメ	マメ
内臓周囲脂肪	ハラアブラ	ハラアブラ
肺臓	フワ	フワ
胃		ガツ
第1胃[*2]	ミノ及び上ミノ	
第2胃	ハチノス	
第3胃	センマイ	
第4胃	ギアラ（アカセンマイ）	
小腸	ヒモ（ホソ）	ヒモ
盲腸	モウチョウ	モウチョウ
大腸	シマチョウ	ダイチョウ
直腸	テッポウ	テッポウ
脾臓	タチギモ	タチギモ
胸腺	ノドシビレ（リードボー）	
気管	フエガラミ	フエガラミ
食道	ノドスジ	ノドスジ
脳[*3]	ブレンズ	ブレンズ
乳腺	チチカブ	チチカブ
子宮	コブクロ	コブクロ
尾	テール	テール
アキレス腱	アキレス	
豚足		トンソク

畜生物協会HP（http://www.jlba.or.jp/con06_1.html）および食肉用語事典[2]をもとに編集．
[*1] 横隔膜筋部のうち腰椎に接する部分をサガリ，肋骨に接する部分をハラミと称する．
[*2] 筋肉が厚い部分を取り出したものを上ミノと呼び軟らかい．
[*3] BSEに関連して牛では危険部位とされる場合がある．

2.6　鶏　肉

ブロイラーの改良や流通の多様化により実態と合わない部分もあるが，農林水産省では食鶏取引規格及び食鶏小売規格[19]において取引や小売における定義，格付要件，処理加工要件，袋詰め及び箱詰規格などを定めている．このうち食鶏規格に関する定義を表2.11にまとめた．格付要件については，「若どり」についてのみ適用され，生体，と体，中ぬき及び解体品のそれぞれの段階において，重量区分および品質標準が定められている．さらに，解体品については図2.14にまとめたように主品目，副品目および二次品目を合わせて32部位が設けられている．この小売規格は，「若どり」および「親」について適用される．これらの部位

2. 食肉の生産

表 2.11 食鶏に関する名称[19]

名称	定義
若どり	3ヵ月齢未満の食鶏
肥育鶏	3ヵ月齢以上5ヵ月齢未満の食鶏
親	5ヵ月齢以上の食鶏
と体	食鶏を放血・脱羽したもの
中ぬき	と体から内臓(腎臓を除く),総排泄腔,気管及び食道を除去したもの 中ぬきの型によって5種類に分かれる
解体品	と体又は中ぬきから分割又は採取したもの(「胸腺,甲状腺及び尾腺を除去したものに限る」)
骨つき肉	解体品で骨つきのもの
正肉類	解体品で骨を除去した皮つきのもの(「ささみ」,「こにく」及び「あぶら」を除く)
生鮮品	鮮度が良く凍結していないと体,中ぬき及び解体品(湯槽中の鮮度保持のために表面のみが氷結状態になっているものを含む)
凍結品	生鮮品を速やかに凍結し,その中心温度をマイナス15℃以下に下げ,以降平均品温をマイナス18℃以下に保持するように凍結貯蔵したものをいう

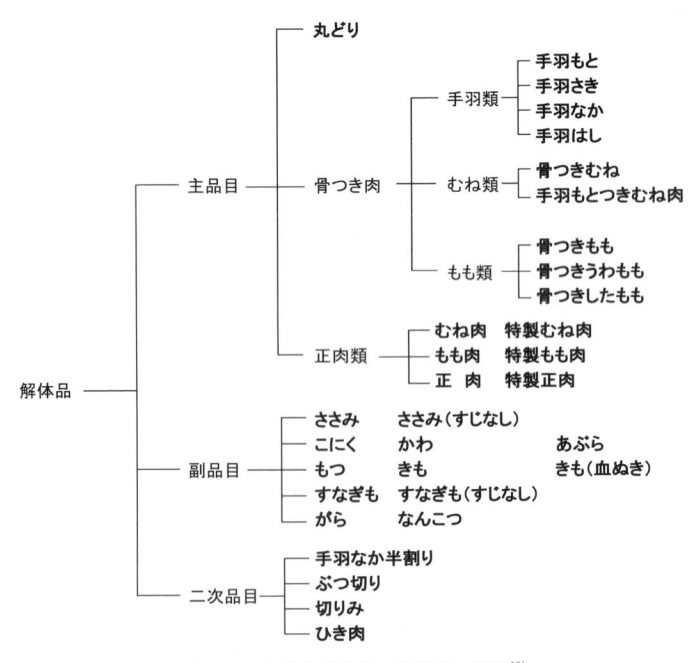

図 2.14 食鶏小売規格の解体品の部位[19]

解体品
- 主品目
  - 丸どり
  - 骨つき肉
    - 手羽類
      - 手羽もと
      - 手羽さき
      - 手羽なか
      - 手羽はし
    - むね類
      - 骨つきむね
      - 手羽もとつきむね肉
    - もも類
      - 骨つきもも
      - 骨つきうわもも
      - 骨つきしたもも
  - 正肉類
    - むね肉　特製むね肉
    - もも肉　特製もも肉
    - 正肉　　特製正肉
- 副品目
  - ささみ　　ささみ(すじなし)
  - こにく　　かわ　　　あぶら
  - もつ　　　きも　　　きも(血ぬき)
  - すなぎも　すなぎも(すじなし)
  - がら　　　なんこつ
- 二次品目
  - 手羽なか半割り
  - ぶつ切り
  - 切りみ
  - ひき肉

「解体品」の部位は太字で示した32部位

注:親の「解体品」の部位は,丸どり,むね肉,もも肉,正肉,かわ,きも,きも(血ぬき),すなぎも及びすなぎも(すじなし)の9種類とする.部位名の前に「親」を冠する.

の中で，小売店等で良く見られる「むね肉」，「もも肉」，「手羽」，「ささみ」について生体での位置を図2.15に示し，これらの特徴につて解説する．

a. むね肉

小売規格としては，骨つきむね，手羽もとつきむね肉，むね肉および特製むね肉が設けられている．「骨つきむね」は胸椎および胸椎に付随する肋骨を除去した胸部で，手羽を含むものであり，「手羽も

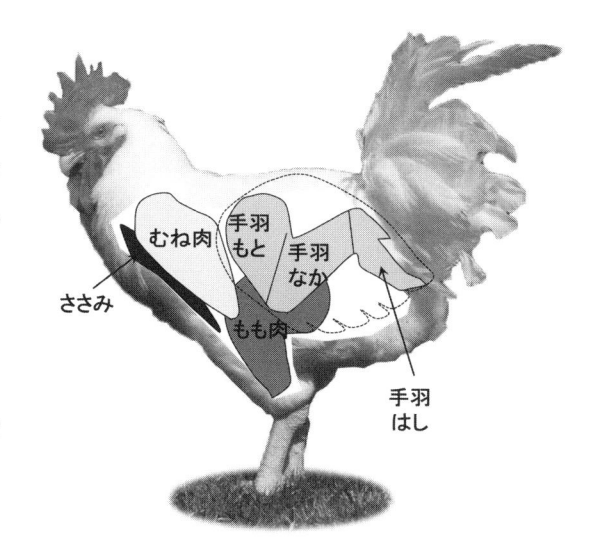

図2.15 鶏肉の生体での位置

とつきむね肉」は手羽もとがついた胸部の正肉類を指す．しかし，一般的には，骨，手羽および頸皮を除去した正肉である「むね肉」や，これを整形した「特製むね肉」がむね肉として小売りされていることが多い．浅胸筋が主体であり，筋肉間脂肪はほとんどない．調理例としては，から揚げ，フライ等，照り焼き，焼き鳥，いため物，煮物，蒸し物等があげられる[20]．

b. もも肉

小売規格としては，骨つきもも，骨つきうわもも，骨つきしたもも，もも肉および特製もも肉が設けられている．「骨つきもも」は大腿関節で分割し，けづめの直上で切断したものO脚部であり，これをひざ関節で分割した大腿部が「骨つきうわもも」，下腿部が「骨つきしたもも」である．また，骨を除去した正肉としては「もも肉」やこれを整形した「特製もも肉」がある．複数の筋肉からなり，筋肉間に脂肪があるため，むね肉とは食感が異なる．調理例としては，照り焼き，ローストチキン，フライ，から揚げ，カレー，シチュー等があげられる．骨つきのもののぶつ切りは煮込み料理に使われる[20]．

c. 手羽

上腕部分は「手羽もと」，手羽もとを除去した残部の「手羽さき」と言う．手羽

さきは，先端部分「手羽はし」とその残部である「手羽なか」に分けることもある．手羽さきは，スープ，カレー，煮物，揚げ物などが調理例としてあげられる．手羽もとは炒め物，揚げ物，水炊きなどに使われる．手羽なかは，橈骨を除去し，骨に付着している肉をはずし，皮を内側にして丸めて整形したものをチューリップまたはチェリーボールと称し，揚げ物に使われることがある[20]．

d. ささみ

浅胸筋の深部にある深胸筋を指し，名称は形が笹の葉に似ていることに由来する．真ん中に白い筋があるので，これを除いてから調理する．酒蒸しやサラダ，あえ物などが調理例としてあげられる[20]．

e. 内臓，その他

かわ，きも，すなぎも等があげられる．「かわ」は黄色の脂肪を除去し，下ゆでして，余分な脂や臭いを洗い流してから，から揚げや網焼き，炒め物，煮物，あえ物，串焼きなどに使われる．「きも」は肝臓（レバー）と心臓（ハート）を指す．肝臓は血抜きをして臭みをとった後，焼きとり，煮物，揚げ物，炒め物，レバーペーストなどに調理される．心臓は脂肪や血のかたまりを除去し，血抜きをしてから，串焼き，煮物，揚げ物，炒め物などに調理される．「すなぎも」は腺胃と内層を除去した筋胃を指す．砂を蓄え食べた餌をすりつぶす働きをするため，筋肉が発達している．煮物，から揚げ，串焼き，炒め物などに使われる[20]．

〔今成麻衣〕

文　献

1) 田崎威和夫監修（1996）．新編畜産大辞典，養賢堂．
2) 日本食肉研究会編（2010）．食肉用語事典新改訂版，食肉通信社．
3) FAOSTAT, http://faostat.fao.org/site/291/default.aspx.
4) （独）家畜改良センター．https://www.id.nlbc.go.jp/top.html.
5) 農林水産省，畜産物流通統計（2011）．http://www.maff.go.jp/j/tokei/kouhyou/tikusan_ryutu/
6) （独）農研機構（2006）．最新農業技術事典，農文協．
7) 農林水産省，地鶏肉の日本農林規格，http://www.maff.go.jp/j/jas/jas_kikaku/kikaku_itiran.html
8) 農林水産省．平成22年と畜場統計調査．
9) 丹治藤治（2007）．畜産の研究，**61**（2）：312-317．
10) Statistics New Zealand, http://www.stats.govt.nz/
11) 日本食肉協議会（1987）．世界家畜図鑑．
12) 農文協編（2010）．地域食材大百科〈第4巻〉，（社）農産漁村文化協会．
13) 日本農業研究所（2008）．ダチョウ飼養管理マニュアル，日本農業研究所．

14) Shaw F. D. (2004). Stunning in Encyclopedia of Meat Science. Volume Ⅲ, p. 1338, Elsevier, Academic Press.
15) Devine, C. E., (1989). Meat Production and Processing (Ourchas, R. W., et al., eds), p. 197, New Zealand Society of Animal Production.
16) 日本食品衛生協会 (2012). 食鳥処理衛生ハンドブック第3版, 日本食品衛生協会.
17) 日本食肉格付協会 (1996). 牛・豚枝肉, 牛・豚部分肉 取引規格解説書.
18) 日本食肉流通センター (2002). 牛・豚コマーシャル規格書.
19) 日本食鳥協会 (2010). 食鶏取引規格 食鶏小売規格.
20) 日本食肉消費総合センター 平成6年度食肉消費改善推進事業. ミート・マニュアル, 食肉の栄養成分と調理による変化.

3 食肉の構造

食肉として利用されている家畜・家禽の筋肉には骨格筋，平滑筋及び心筋がある．骨格筋は骨格に付着して体の支持や運動を司る運動器官であり，心筋は心臓を構成する．平滑筋は食道・胃・小腸・大腸などの消化器官壁，子宮壁，血管壁などにあり，これらの器官の不随意的な収縮に関与している．骨格筋は精肉あるいは食肉加工製品の主原料として，心筋は焼肉のハツとして，また，消化器官壁などを構成する平滑筋はホルモンとして広く利用されている．本章では，骨格筋の構造について詳述するとともに，心筋及び平滑筋の構造について概説する．

3.1 骨格筋の構造

動物の体には解剖学的に 600 種以上の骨格筋が存在し，その形や大きさ，機能（収縮特性や方向性）は様々である．骨格筋は筋収縮を担う骨格筋細胞の集合体で，これを結合組織が支持している．骨格筋細胞は多核の細胞で細長く線維状を呈していることから筋線維と呼ばれる．筋線維内にはアクチンやミオシンなど筋収縮を担うタンパク質が規則正しく配列した筋原線維が多数存在している．筋線維は集合して筋線維束を構成し，筋線維束が集合して骨格筋となる（図 3.1）．個々の筋線維は筋内膜に，筋線維束は筋周膜によって被われ，骨格筋全体は筋上膜によって被われている．

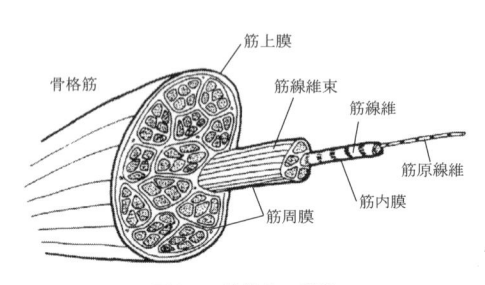

図 3.1 骨格筋の構造
（文献 4）p. 37, 図 2.1 より一部改変）

3.1.1 筋線維の構造

筋線維は線維状の巨大な細胞で，その大きさは家畜種や骨格筋の種類などによって大きく異なるが，直径は 20-150 μm，長さは数 cm から数十 cm に及ぶ．筋線維の細胞膜の外側は基底膜に被われ，さらにその外側を筋内膜が取り囲んでいる．筋線維内には筋原線維が筋線維の長軸方向に平行に筋線維全長にわたって多数走行している．筋線維は単核の筋芽細胞が多数融合して形成されているので多くの核を含むが，これらの核は筋線維周縁部の細胞膜直下に局在している．筋線維の細胞質には，筋原線維のほかにミトコンドリア，筋小胞体，ゴルジ装置，リソソームなどの細胞小器官が分布し，細胞骨格系を成す微小管や中間系フィラメントなどの線維成分が存在する．筋線維の細胞質（筋漿あるいは筋形質という）ゾルにはミオグロビンや解糖系酵素などのタンパク質が溶存し，グリコーゲン粒子などが分散している．

筋線維内には筋原線維を取り巻くように2種類の膜系がある（図3.2）．1つは，細胞膜が貫入してできた平たい管状の膜構造で横行小管（T管）と呼ばれる．もう1つの膜系は，筋原線維に沿って網目状に発達した筋小胞体である．筋小胞体は筋線維において高度に特殊化した滑面小胞体で，膜で囲まれた袋状の構造をしており，その一部は終末槽と呼ばれるふくらみを形成する．T管は隣り合う2つの終末槽の間に挟まれるように走行し，筋原線維のサルコメアそれぞれに届いている．2つの終末槽とその間のT管の3つの要素から成る構造を三つ組という．

これら2つの膜系は骨格筋の収縮弛緩の制御に重要な役割を果たしている．骨格筋の収縮弛緩はカルシウムイオン（Ca^{2+}）濃度によって制御さ

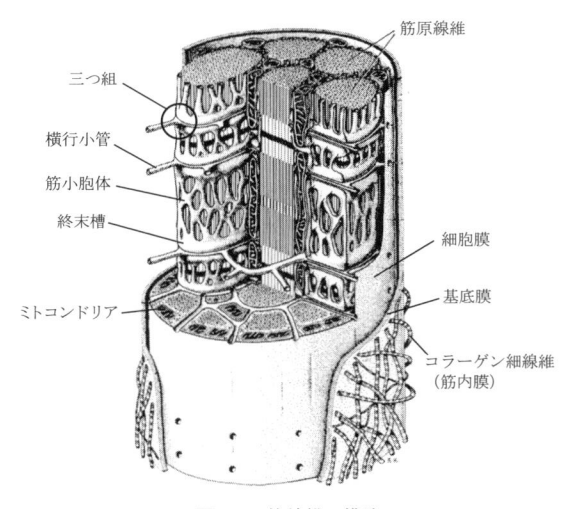

図 3.2 筋線維の構造
（文献 2）p. 265，図版 129 より一部改変）

れており，筋小胞体は Ca^{2+} を放出したり汲み上げたりして細胞質内の Ca^{2+} 濃度を調節している．細胞膜上を伝わってきた電気的刺激はT管を通して筋線維内部に達し，三つ組部分で終末槽を刺激すると筋小胞体膜上のカルシウムチャネルが開き，Ca^{2+} は筋小胞体から放出され，細胞質内の Ca^{2+} 濃度は弛緩時の約 10^{-7} M から 10^{-5} M 程度に上昇する．細胞質の Ca^{2+} 濃度の上昇は筋原線維を収縮させる一連の生化学反応を引き起こし骨格筋は収縮する．興奮が引くと筋小胞体の膜内在性タンパク質であるカルシウムポンプが働き，細胞質から筋小胞体内部へ Ca^{2+} を汲み上げ，細胞質内の Ca^{2+} 濃度は弛緩時の濃度に戻る．

3.1.2 筋原線維の構造

骨格筋の収縮装置である筋原線維は円柱状を呈し，直径 1～3 μm で筋線維の全長にわたって走行している．筋原線維は筋線維の体積の 75～85％ を占めている．筋原線維を顕微鏡で観察すると一定の周期で明暗の縞模様が見られる．筋線維に横紋が見られるのは，この明暗の繰り返しをもった筋原線維が筋線維内で規則正しく並んでいることによる．位相差顕微鏡で観察すると明るい部分は等方性（Isotrophic），暗い部分は複屈折性（Anisotrophic）を示すので，それぞれ I 帯，A 帯と呼ばれている．筋原線維の微細構造を透過型電子顕微鏡で観察すると I 帯の中央には Z 線と呼ばれる電子密度の高い濃い線が見られる（図 3.3）．筋原線維上の Z 線から Z 線までを筋節（サルコメア）と呼び，これが収縮の基本単位となる．

筋原線維を長軸方向に垂直な面で切断し透過型電子顕微鏡で観察すると，I 帯の断面には直径約 6 nm の細いフィ

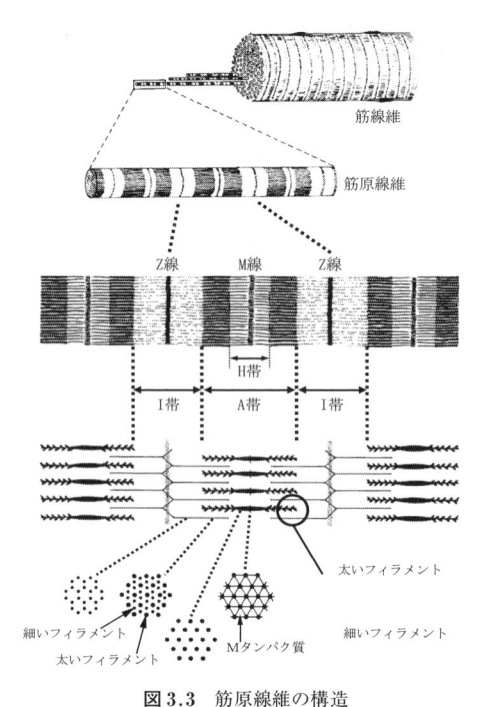

図 3.3 筋原線維の構造
（文献 1) p. 16 Fig. 2.7., p. 17 Fig. 2.8. および文献 2) p. 269 図版 131 より改変）

ラメント（Iフィラメント）が，H帯の断面では直径約 15 nm の太いフィラメント（Aフィラメント）が六角形格子構造をとって規則正しく並んでいるのが見られる．また，A帯の電子密度の高い部分の断面では6本の細いフィラメントが1本の太いフィラメントを取り囲むように配列している．太いフィラメントはミオシンを主成分とし，A帯の端から端まで約 1.6 μm の長さをもち，A帯の中央でM線にあるMタンパク質によって支えられている．細いフィラメントはアクチンを主成分とし，Z線を基点として左右のA帯に向かって伸び，その一部は太いフィラメント間に入り込んでいる．A帯の中で太いフィラメントと細いフィラメントが重なり合っている部分は電子密度が高く電子顕微鏡下で濃く見えるが，A帯の中央部分（H帯）は細いフィラメントが入り込んでいないので太いフィラメントだけが存在している．このためH帯の電子密度は低く電子顕微鏡下では薄く見える．

a. 太いフィラメントの構造

ミオシン分子は洋ナシ型の頭部と糸状の尾部からなり，生理的環境下では 300 程度の分子が自己集合し太いフィラメントを形成する（図 3.4）．太いフィラメント内では中央部から両端に向いミオシン分子が頭部を逆方向に向けて配列しているので非対称性の構造（双極性フィラメント）を示す．ミオシン分子の頭部は太いフィラメントの表面から突き出るように配置しており，この頭部がアクチンから成る細いフィラメントとの間で架橋結合（クロスブリッジ）を作り，両フィラメントが滑りこむようにして筋収縮が起こる．太いフィラメントにはCタンパク質がフィラメントを束ねるタガのように結合している．また，A帯の中央部に見られるM線には，太いフィラメント間を横断的に連結するM橋（M-ブリッジ）と呼ばれる構造がある．M線を構成するタンパク質としてはMタンパク質やミオメシンがあり，太いフィラメントの構造安定化に寄与していると考えられている．

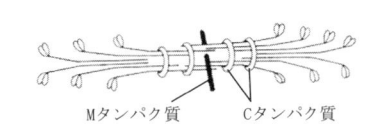

図 3.4 ミオシン分子と太いフィラメントの構造
（文献 5) p. 69 図 3-2, p. 71 図 3-5 より一部改変）

b. 細いフィラメントの構造

I 帯を構成する細いフィラメントは太さ約 6 nm，長さ約 1 μm で，主にアクチンから成っている．球状のアクチン分子（G-アクチン）が数珠状に連なった糸が 2 本らせん状にねじれ合ってアクチン重合体（F-アクチン）を形成する（図 3.5）．F-アクチンには ATP のない状態でミオシンが強く結合するが，ATP があるとミオシンの結合は弱まるので，ミオシンと F-アクチンは解離・結合をくり返す．細いフィラメントには方向性があり，筋原線維内で Z 線に入り込んで固定されている一端を反矢尻端（barbed end），A 帯に入り込んでいる方の一端を矢尻端（pointed end）という．細いフィラメントにはトロポミオシンおよびトロポニンが結合している．これらは，ミオシンとアクチンの相互作用を制御する機能をもつことから調節タンパク質と呼ばれている．トロポミオシンは細長い線維状の分子で，F-アクチンの二重らせんの溝にそって局在している．トロポニンは T，C 及び I の 3 つのサブユニットから成っており，トロポミオシンを介して細いフィラメントに結合している．トロポニン I はアクチンに直接結合してアクチンとミオシンとの相互作用を阻害するが，トロポニン C に Ca^{2+} が結合するとトロポニン I によるアクチン-ミオシン間相互作用の阻害が打ち消される．筋線維の細胞質内の Ca^{2+} 濃度が低くトロポニン C に Ca^{2+} が結合していないときには，アクチン-ミオシン間の相互作用はトロポニン I によって阻害されていて筋収縮は起こらない．神経の興奮が横行小管を通して筋小胞体の終末槽を刺激すると，筋小胞体内部に蓄えられていた Ca^{2+} が細胞質に放出され Ca^{2+} 濃度が上昇し，トロポニン C に Ca^{2+} が結合しトロポニン I によるアクチン-ミオシン間相互作用の阻害が解かれるので，筋肉は収縮する．

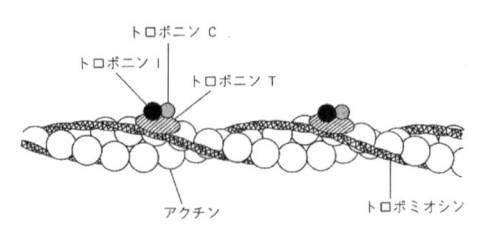

図 3.5 細いフィラメントの構造
（文献 5）p. 85，図 3-15）

c. Z 線の構造

Z 線は筋収縮の単位であるサルコメアを区切る円盤状構造で，Z 盤あるいは Z 帯とも呼ばれる．Z 線は α アクチニンなどから成る Z フィラメントとその間を埋める無定形基質から構成されており，無定形基質の構成成分にはリン脂質などが

ある．Z線両側に位置するサルコメアの細いフィラメントはZ線内でαアクチニンに結合しZフィラメントに連結されている．Z線の幅は筋線維型によって異なり，速筋では約30 nmと狭く，遅筋では約100 nmと広い．

d. 骨格タンパク質

サルコメア内で太いフィラメントと細いフィラメントの構造維持を担っているのがコネクチン（タイチン）とネブリンであり，これらは骨格タンパク質（cytoskeletal proteins）と呼ばれている（図3.6）．コネクチンは分子量約300万で，長さ1 μm以上ある巨大な弾性タンパク質であり，1分子でZ線からA帯中央のM線にまで及ぶ．A帯部分では太いフィラメントと強固に結合しているため弾性がないが，I帯にはゴムのように伸び縮みする部分がある．太いフィラメントの構造を維持するほか，太いフィラメントを両側からバネのように支えサルコメアの中央に保持することで，筋収縮の際に細いフィラメントと太いフィラメントが相互作用し滑りこむ環境を維持する役割をもつと考えられている．ネブリンは分子量約80万の細長いタンパク質で，細いフィラメント全長にわたって側面会合している．ネブリンは細いフィラメントの構造安定性に寄与するとともに，細いフィラメントの長さを規定する物差しの役割をもつのではないかと考えられている．

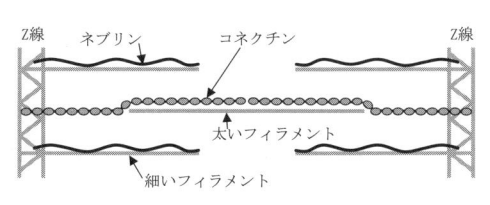

図3.6 サルコメアにおけるコネクチンとネブリンの局在を示す模式図

3.1.3 筋肉内結合組織の構造

骨格筋を支持しているのが筋肉内結合組織である．筋線維は筋内膜に，筋線維束は筋周膜に被われ，骨格筋全体は筋上膜によって被われている．これらの筋肉内結合組織は骨格筋端で集合し筋腱接合部を経て連続的に腱につながっており，筋線維内で発生した張力は段階的に筋肉内結合組織を通じて腱や骨に伝播する．

筋肉内結合組織を構成する主成分はコラーゲンであり，主にI型，III型などの線維を形成するコラーゲンから成っている．筋内膜，筋周膜及び筋上膜は，それぞれの機能に応じた特徴的な形態をしており，これは各筋肉内結合組織を構築しているコラーゲン細線維の3次元的配列の違いによっている．骨格筋組織からア

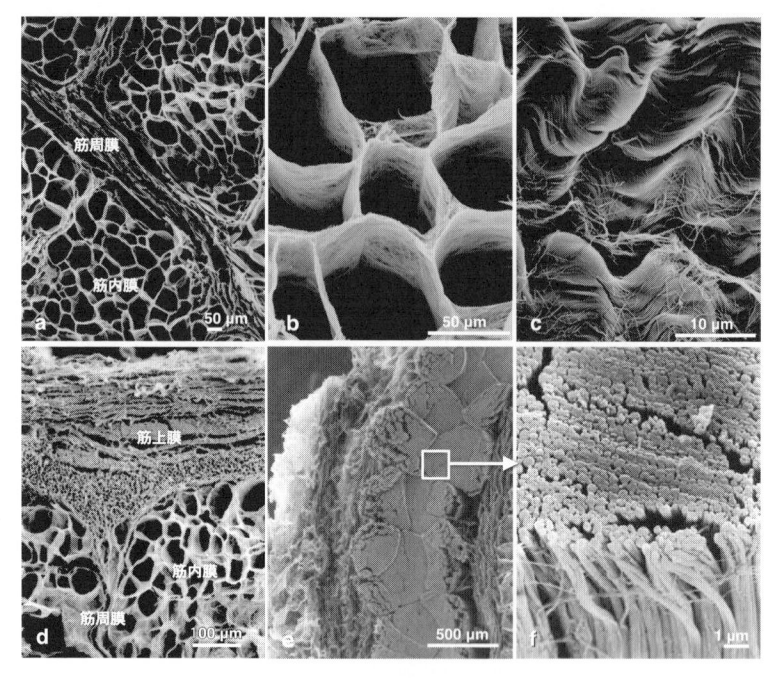

図 3.7 筋肉内結合組織の構造
牛半腱様筋から切り出した試料から細胞消化法により筋線維成分を除去した後，走査型電子顕微鏡で観察した．a, 蜂の巣状の筋内膜とそれを取り囲む筋周膜．b, 筋内膜．c, 筋周膜．d, 筋上膜．e, 腱膜．f, e の拡大像．コラーゲン細線維が緻密に束ねられてきている．

ルカリ処理により筋線維成分を除去して得られる筋肉内結合組織を走査型電子顕微鏡で観察すると，蜂の巣状の筋内膜とこれを取り囲むように走行する筋周膜が認められる（図 3.7a）．高倍率で観察すると，筋内膜はコラーゲン細線維で編まれた円筒形の篭のような構造をしており（図 3.7b），生筋ではこの中に基底膜で被われた筋線維が保持されている．筋周膜はコラーゲン細線維が集合して形成された太い束（コラーゲン線維）で構築されている（図 3.7c）．筋上膜はコラーゲン線維が緻密かつ複雑に配列し分厚い隔壁を形成している（図 3.7d）．骨格筋表面や内部に白い膜として観察される腱組織（腱膜）は，太いコラーゲン線維が緻密に集合してできており（図 3.7e, f），非常に丈夫である．筋肉内結合組織の性状は家畜の種や年齢，骨格筋の種類によって異なり，筋線維や筋線維束の太さとともに，食肉のテクスチャーに大きく影響する．

3.1.4 骨格筋内の血管系

骨格筋内の血管は常に動脈と静脈が並走する伴走血管である．筋上膜から骨格筋内に入った小血管（小動脈および小静脈）は分枝して細血管（細動脈および細静脈）になる．細血管の太さは50-300 mmである．細血管は筋線維束間，すなわち筋周膜部分を走行している．細血管は筋線維束内で多数の毛細血管に分枝し筋線維の周りを取り巻き毛細血管床を形成する．骨格筋内の脂肪組織は主に細血管の周囲に形成される．一次筋線維束（筋小束とも呼ばれる）及び二次筋線維束（筋束とも呼ばれる）を取り囲む筋周膜に細血管がよく発達し，これらの細血管の周囲に脂肪組織が形成されると脂肪交雑の良い霜降り肉となる（図3.8）．

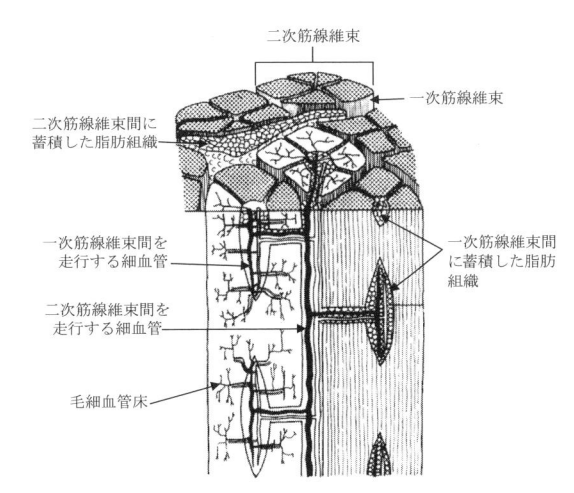

図3.8 筋肉内脂肪と血管の走行
（文献3）p.59，図2.17より一部改変）

3.1.5 骨格筋の形状

これまで骨格筋を構成する筋線維や筋原線維，筋肉内結合組織の構造について述べてきた．これらの基本構造は動物種や骨格筋の種類を超えて普遍性をもつが，骨格筋の形状は同じ動物種でもその位置によって大きく異なっている．筋線維束内で筋線維は同じ方向に配列しているが，腱組織に対する筋線維束の配置や腱組織の形状は骨格筋によって様々であり，それぞれの骨格筋の機能特性を決定づけるとともに，食肉のテクスチャーに大きく影響する．

骨格筋は，その筋線維束の配向や腱組織の形状から，平行筋，紡錘状筋，羽状筋，板状筋，輪状筋などに区分できる（図3.9）．また，複数の筋が融合した形状をもつものや，筋尾を同じくして2〜4個の筋がつながる多頭筋（上腕二頭筋，上腕三頭筋，大腿四頭筋など）がある．

平行筋の場合，筋線維束はその大部分が骨格筋の長軸方向に対して平行に配列

しているが，羽状筋では筋線維束がある角度をもって斜めに配列している．ロース部における主要骨格筋である胸最長筋は単羽状筋であり，その筋線維束の方向は，頭側では骨格筋の長軸方向に対して平行に近い角度で配列しているが，尾側では骨格筋の長軸方向に対して垂直に近い角度で配列している．

3.2 心筋の構造

心筋を構成する心筋線維は枝分かれして網目状につながっており，これを豊富な毛細血管と疎性結合組織が取り巻いている．骨格筋を構成する筋線維は多核の細胞であるのに対して，心筋線維は単核の心筋細胞が介在版を介してつながった構造をしている（図3.10）．また，骨格筋の筋線維では，核は骨格筋細胞の周辺部に位置しているのに対して，心筋細胞の核は中央に位置している．しかし，心筋細胞内には筋原線維が整然と配列しているので顕微鏡で観察すると骨格筋と同じように横紋構造が認められる．心筋細胞内にはATPを再生する代謝系をもつミトコンドリアが筋原線維の間に非常に多くみられる．心筋細胞にも横行小管や筋小胞体はあるが，その位置や発達の仕方が骨格筋細胞とは異なる．哺乳動物の骨格筋では横行小管は筋原線維のA帯とI帯の境界にあるが，心筋ではZ線上にある．また，心筋の筋小胞体の終末槽は骨格筋ほど発達していない．筋原線維内の太いフィラメントや細いフィラメントの配列は骨格筋と同じであるが，心筋の筋原線維では細いフィラメントがかなり深く太いフィラメントの間に入り込んでいるので，静止長のサルコメアは心筋の

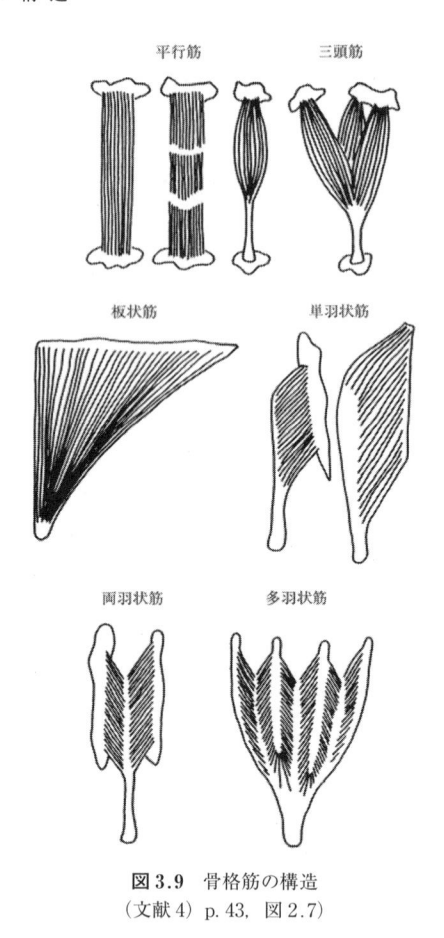

図3.9 骨格筋の構造
（文献4）p. 43, 図2.7）

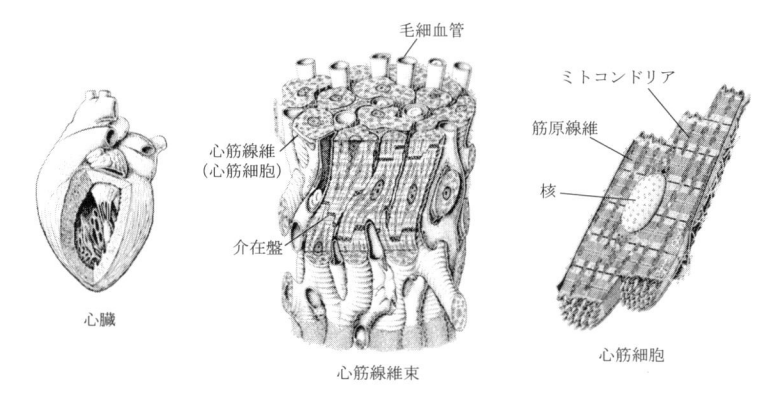

図 3.10 心臓および心筋組織
（文献 2），p. 27，図版 134, 135, 137 より一部改変）

方が骨格筋に比べて短い．

❖ 3.3 平滑筋の構造 ❖

　平滑筋は食道・胃・小腸・大腸などの消化器官壁や子宮壁などに分布しており，その構造は各器官によって大きく異なるが，いずれも中空性器官の筋層を形成している．たとえば，小腸の内面は粘膜層で，その表面には微絨毛がみられる．粘膜下層の外側に平滑筋細胞から成る 2 層の筋層があり，その外側は結合組織で構成される層がある（図 3.11）．私たちがホルモンとして利用するのは粘膜層を洗いとったあとの平滑筋層と結合組織層を含む部分である．また，ソーセージのケーシングとして利用するのは粘膜層と平滑筋層を除去した結合組織層である．

　平滑筋細胞は単核の細胞で，長さ 20〜200 μm，太さ約 5 μm の紡錘形をしている．平滑筋細胞はその長軸方向に収縮するが，各器官における細胞配列は様々である．小腸では，腸管を取り巻くように環状に配列した平滑筋（輪状筋）と腸管の方向に沿って配列したもの（縦走筋）の 2 層になっており，蠕動によって内容物を輸送するのに適した形態となっている．子宮や膀胱のように全体的に縮む必要がある器官では，平滑筋は壁面に沿って不規則に配列している．

　平滑筋細胞にもミオシンで構成される太いフィラメントやアクチンで構成される細いフィラメントは存在するが，骨格筋や心筋の筋原線維のように規則的に配

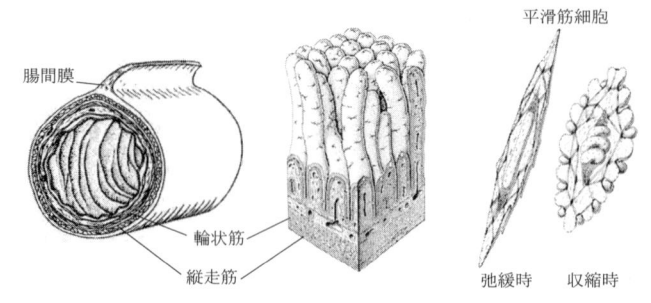

図 3.11 小腸断面の平滑筋層の位置と平滑筋細胞
(文献 5), p. 27 図 1-15, 文献 2), p. 243, 図版 118, p. 249, 図版 121 より一部改変)

列していない．このため，骨格筋や心筋でみられる横紋はみられない．平滑筋細胞にはデンスボディーと呼ばれる電子密度の高い構造物が認められる．これは，骨格筋や心筋細胞のZ線に相当するもので，その両端から細いフィラメントが伸びている（図3.12）．2つのデンスボディーの間には太いフィラメントがあり，骨格筋や心筋細胞の筋原線維と同じように収縮する．デンスボディーの周りには，デスミンやビメンチンなどのタンパク質からできている直径約10 nmの中間径フィラメントが存在する．この中間径フィラメントは収縮には直接関与しておらず，細胞骨格としてデンスボディーの細胞内での位置を保つ機能をもつと考えられている．

〔西邑隆徳〕

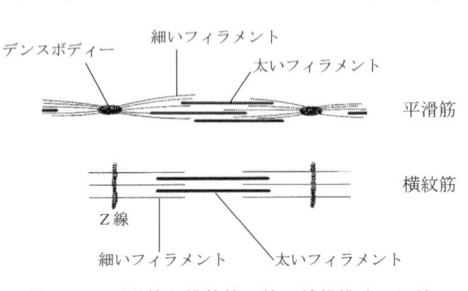

図 3.12 平滑筋と横紋筋の筋原線維構造の比較
(筋肉，化学同人，p. 54, 図 2-14)[5]

文　献

1) Aberle, E. D. et al. (2001). Principle of Meat Science (4th ed.), Kendall/Hund Publishing.
2) 藤田恒夫監訳 (1981). R.クルスティッチ，立体組織図譜 II 組織篇，西村書店.
3) 星野忠彦 (1990). 畜産のための形態学，川島書店.
4) 川上泰雄 (2002). 筋の科学事典―構造・機能・運動―（福永哲夫編），pp. 37-64, 朝倉書店.
5) 山本啓一・丸山工作 (1986). 筋肉，化学同人.

4 食肉のおいしさと熟成

4.1 おいしさの構成因子と基準

4.1.1 食肉のおいしさの意義

　ある食品がおいしいということは，それを食べたいという意欲つまり食欲を持たせることである．そしてそれを食べることによって生命は維持され，しかも性欲との併存で種の連続がなされるのである．また，おいしいものを食べることによって，人生の楽しさの日常性が維持されるのである．このように，おいしさには生命維持にかかわる本能的な面と，生きることを楽しくさせる重要な文化であるという2つの面がある．後者は先人が本能的なものを基礎にして創造してきた食文化であり，これは他人からの指導や本人の学習によって認識できるようになるおいしさである．食肉のおいしさも，当然このように両面から論じられねばならない．

　食肉のおいしさを構成する因子には，ほかの食品と同様，食べる前に視覚で認識できるもの，つまり，形状・色・光沢と，食べてはじめて認識できるもの，つまり味・香り・テクスチャー（食感）・温度がある．香りには口に入れなくても知覚できるもの（鼻先香という）があるが，食肉では口中でそしゃくしてはじめて知覚できる香り（口中香という）がとくに重要である．

　視覚で認識できる因子のおいしいと判定される基準は，本能的に定まったものではなく，学習によって定めてきたものである．つまり食べておいしかったものが，食べる前に示していた視覚情報をその基準にしたのである．

　味と香りのおいしさの基準には，本能的に定められたものと，学習によって定められたものがある．テクスチャーでのおいしさの基準は，本能的に定められた

ものは少ないであろう．硬くて歯がたたなく，しかも溶けないものはおいしくないとする程度であろうか．あとは食文化として作られた多様な基準がある．

4.1.2 形　状

食肉のおいしさと密接に結びついているおもな形状は，きめ，さし，締まりである．これらは食肉を格付評価するときの重要項目にもなっている．

きめは，骨格筋を線維方向と直角に切ったときの切口で，筋束同士がつくっている模様である．同じ品種で，同じ筋肉の同じ位置で比較した場合，きめが細かいほど肉質は軟らかくておいしいとされる．きめが細かいというのは個々の筋束の直径が小さい（細い）ことを示す．筋束が細いと筋線維を束ねている筋周膜も薄く，物理的強度が小さいため加熱調理した肉も軟らかい．

よく運動したり，強い力を出す筋肉は一般にきめが粗いが，固有のきめは筋肉の種類ごとに異なるため，きめのみでは全筋肉間での軟らかさの判定はできない．しかし同種の筋肉で比較した場合，肥育牛のように運動量が抑えられたものや，幼齢期，雌では相対的にきめは細かい．

さしは脂肪交雑のことをいう．筋肉の脂肪は筋肉間，筋束間，筋線維間に沈着する．筋束間と筋線維間，つまり筋周膜内と筋内膜間で肥大化した脂肪細胞の集団である脂肪組織が，筋肉全体によく分散して存在していることを筋線維（赤身）との脂肪交雑が良好であるという．この良好な状態のものが霜降り肉であり，おいしい食肉として高く評価される．肉眼で見えるのは筋周膜の脂肪である．霜降り肉は小ざし（細かく入った脂肪）がよく入った肉ということから，さしは交雑脂肪のことを指す語として用いるべきではないかと思う．

さしが入るほど肉質は軟らかくなる．脂肪組織の方が他の構造体より物理的な強度が小さいためである．分散した脂肪は肉質に滑らかさを与え口ざわりをよくし，さらに脂肪由来のこくを与える．これらの理由でさしが重要視されている．

牛肉は，豚肉や鶏肉に比べて筋線維は硬いので，さしを入れることで軟らかさを増すことが行われ，格付でも最も重視される．豚肉も牛肉ほどの小ざしではないが，脂肪が沈着するので格付では評価の対象になり，過度ではなく適度の沈着がよいとされている．鶏肉ではさしは入りにくいが元来軟らかいのでさしを評価の対象としていない．脂肪はおもに皮下に沈着するので，皮なしで加熱すると，

とくに鶏胸肉は滑らかさに欠ける．牛肉のさしは肥育によって入れており，黒毛和牛で最も入りやすい．しかし，そのメカニズムは不明であり，今後の肉質の改良においては，その解明は最重要課題の1つである．

締まりは，肉の切口の肉質の締まり状態のことを指し，水分が浮いたようになっておらず，赤身と脂肪がしっかりとつまったようになっている状態を「よく締まっている」として高く評価する．良好な脂肪交雑と異常に融点が低い脂肪を含まないことなどが締まりをよくする．

4.1.3 色

食肉の品質で評価されるのは，赤身の色と脂肪の色である．赤身の色は，筋線維内のミオグロビンが呈する赤色である．牛肉の場合には，放血後にも毛細血管に一部残ることがあるヘモグロビンの赤色も寄与する．全赤色色素量に占めるヘモグロビンの寄与は，多くても10～20%である．純粋な脂肪は白色であるが，飼料に由来する，おもにカロテノイド系色素が脂肪に溶けこんで沈着するため肉中の脂肪は，白色から黄色の範囲の色を呈する．

これらの色素自身が，食肉の味や香りに直接関わっているか否かについての研究はまだなされていないが，おいしさの因子との間接的な関連から重要視されている．

食肉のミオグロビン含量は，赤色筋で多く，白色筋で少ない．白色筋においても動物種で含量が異なり，胸最長筋（ロイン部）では牛が豚より多い（表4.1）．鶏浅胸筋（むね肉）では豚ロインよりも少ない．加齢に伴ってミオグロビン含量は増加するため，成獣ほど肉食は濃い．

表 4.1 畜種別にみた食肉のミオグロビン含量と赤色度合[1]
（部位：胸最長筋）

畜　種	ミオグロビン含量（%）	赤色度合
豚	0.06	淡色
羊（ラム）	0.25	↓
牛	0.50	
馬	0.80	濃赤色

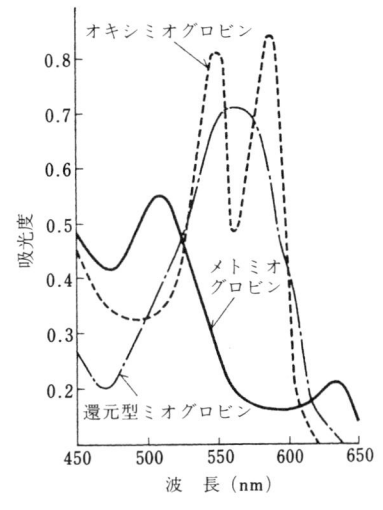

図 4.1　ミオグロビン誘導体の吸収スペクトル[2]

ミオグロビンは，と（屠）畜直後の無酸素状態の筋肉では還元型ミオグロビンとして存在し，暗赤色を呈している．格付評価するとき牛や豚でロイン部を切り出して空気に触れさせておくと，酸素分子が付加したオキシミオグロビンとなり，鮮紅色を呈する．それらの可視光吸収スペクトルを図4.1に示した．この反応は通常15〜30分で完了する．この現象を花の蕾が色づくことになぞらえてブルーミング（blooming）と呼んでいる．正常な肥育牛，肥育豚の示すこのときの赤色度を望ましい色としている．より濃い赤色は老齢と結びつき肉質が硬いとして低く評価される．老齢牛でもないのに濃い赤色を示すものは，DFD肉と称する異常肉であり好まれない．豚肉では赤色が極端に薄いものが発生することがあるが，これもPSE肉と称する異常肉であり好まれない．老齢牛の肉色はと畜後の電気刺激でいくぶん薄くできることが示されている．

 脂肪の色は，豚で白色，牛ではクリーム色であることが高く評価される．黄色の濃いものは，老齢を示すとして低く評価される．

 生の牛肉や豚肉製品で，筋肉を鋭利な刃物で切った横断面にときおり現れる玉虫色は鱗光またはイリデッセンス（iridescence）と呼ばれる．これは，筋線維では平円盤状の筋節が多層になっているために引き起こされる光の干渉作用によるとするなど諸説がある[3]．

4.1.4 テクスチャー

 食肉のテクスチャーとは歯ざわりと口ざわりである．歯ざわりは，かんだときに感じられる硬軟，弾力性，もろさなどである．口ざわりは舌や口蓋の上皮細胞が感知する接触感覚であり，滑らか，ざらざら，ねばねばした感じとか，みずみずしい（多汁性に富んだ，ジューシーな）感じなどである．食肉の望ましいテクスチャーとは，適度な軟らかさ（硬さ）ともろさ，滑らかな口ざわりおよび豊かな多汁性である．人はと畜直後の食肉の示すテクスチャーを本能的には可食の基準としているのであろうが，熟成したものを食べるようになってからは，熟成肉の示すテクスチャーをおいしいとするようになった．つまり，この基準は学習によって形成されたものである．

 a. 硬 さ

 食肉の硬さを決めているのは，筋線維とそれらを包んでいる各種の膜である結

4.1 おいしさの構成因子と基準

合組織ならびにそれらの膜中あるいは膜間に存在する脂肪組織（さし）である．

筋上膜は調理する前に除去されるので，筋周膜と筋内膜の厚さ（量）と丈夫さ（質）が硬さに影響する．これらの膜の主構造物であるコラーゲン線維が多いほど，膜は厚くなって食肉は硬くなる（副構造物のエラスチン線維の寄与については確定していない）．コラーゲン線維は複数の細長いコラーゲン分子が束ねられてできているが，束内の分子同士が，ところどころに共有結合で架橋を作ると線維は丈夫になり，食肉はさらに硬くなる．コラーゲン分子内でも架橋が作られると，分子は丈夫になる（図4.2）．個体サイズが大きい動物ほど体を支える骨格筋は大きな力を出す必要があるため，筋線維を保持するコラーゲン線維は丈夫になる．したがって，牛肉が硬く，次に豚，鶏の順となる．

動物は幼獣から成獣になるまでに筋肉のコラーゲン線維の量は増加し，成獣になってからはあまり変化しない．架橋結合も成獣になるまで急速に増加する．これらのことが成獣よりも幼獣の肉が軟らかい理由である．成獣では，加齢に伴って架橋結合が増え続けるので，老齢獣がより硬くなる．現状ではこの結合の増加は抑えられないし，もとにもどすこともできない．ブロイラーや豚は成熟前にと畜しているので，成熟してからと畜している牛に比べて，この点からも肉質はより軟らかいものとなっている．

脂肪組織は，線維状のタンパク質が作っている周囲の構造体（膜，筋線維）よりはもろいので，脂肪交雑が著しいほど肉は軟らかくなる．さらには，タンパク質は加熱すると不可逆的に凝固してさらに硬くなるが，脂肪は融解して軟らかくなり，冷却後はもとの硬さにもどるという違いも重要である．

筋線維は筋原線維の集団が細胞膜で包まれたものである．細胞膜は，リン脂質を主成分とするので，極めて軟らかくもろいため，筋線維の示す硬さは大部分が

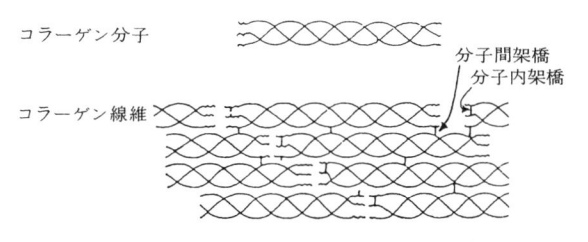

図4.2 コラーゲン分子とコラーゲン線維[4]

筋原線維に由来する．細胞膜の外側をおおう基底膜の食肉の硬さへの寄与度は不明である．

筋原線維を構築しているAフィラメント，Iフィラメント，Z線，M線，コネクチンなどの構造体はそれぞれ固有の硬さ（その値は不明である）を持っており，さらにそれらが結合して作る筋原線維の硬さには，先の固有の硬さに加えて構造体間の結合の強さが大きく寄与する．AフィラメントとIフィラメントの間に結合が生じていない，と畜直後の休止筋の示す硬さが，おいしいとされる筋原線維の硬さであろう．したがって，AフィラメントとIフィラメントの間に結合が生じた死後硬直筋では硬すぎるため，熟成によって解硬させるのである．

b. 口ざわり

脂肪組織は，食肉に滑らかな口ざわりを与えるのに大いに貢献している．しかし，さしが多いほど食肉の総合的なおいしさが増すとはいえない．表4.2のように牛肉ではさしが多いほど軟らかくはなるが，風味（味と香り）や総合評価ではそうならない．各調理方法に適するさしの程度があるのであろう．

表4.2 市販牛肉の官能評価値[5]

等級	項目	軟らかさ	多汁性	風味	総合評価
黒毛和種	特選	5.5	5.0	4.7	4.9
	極上	5.3	5.0	5.0	5.0
	上	5.5	5.2	5.0	5.2
	中	5.2	4.9	5.0	5.0
	並	5.1	4.8	4.8	4.9
ホルスタイン種	上	4.7	4.6	4.7	4.7
	中	4.7	4.5	4.6	4.7
	並	4.3	4.3	4.3	4.3

ロイン部をローストビーフにして，15～20人のパネリストが7点尺度（7点が最高）で評価したときの平均点．

主成分であるタンパク質も，食肉の滑らかな口ざわりに寄与している．それは凍結貯蔵によって筋原線維タンパク質が変性した肉では口ざわりがざらつくことからいえる．筋原線維の凍結変性はそのMg-ATPase活性の挙動からも判定できる[6]．

筋原線維タンパク質中で，最も変性しやすいミオシンは，アクチンと結合すると著しく安定化される．したがって，正常な熟成中（0～4℃）や冷蔵中ではほとんど変性しないため食肉全体の口ざわりも変化しない．

c. 多汁性

食肉は約70％の水分を含むが，この水は加熱時に食肉から離れることなく，かんだときにはじめて知覚され，それも凍豆腐中の水のようではなく，組織と結合

4.1 おいしさの構成因子と基準

していてかみ続けたときに徐々ににじみ出るような状態にあることが望ましい．このような状態にあることを多汁性に富んでいるという．

これらの水の多くは，タンパク質に静電気力（極性）で直接結合した結合水とその結合水に静電気力で結合した準結合水，タンパク質が作る種々の構造体のもつ間隙に物理的に保持される準結合水や自由水である．これらの水を保持する能力を保水力という．保水力は，と畜後の時間経過で著しく変動し，通常食する熟成肉ではと畜直後よりはかなり低い（図4.9参照）．しかし，この程度の値でおいしいと判断されている．

4.1.5 味

a. 基本味

味は舌表面の細胞に食品中の成分が接触することで知覚される．食肉成分で舌の細胞に接触するのは水分，タンパク質，脂肪，水溶性非タンパク態化合物であ

表 4.3 死後硬直後で熟成前の哺乳動物成体の骨格筋の成分組成（%湿重量）[7]

水分		75.5
タンパク質		18.0
脂質		3.0
水溶性非タンパク態化合物		3.5
窒素化合物	クレアチン	0.55
	イノシン酸（IMP）	0.30
	NAD＋NADP	0.07
	アミノ酸	0.35
	カルノシン＋アンセリン	0.30
炭水化物	乳酸	0.90
	グルコース6-リン酸	0.17
	グリコーゲン	0.10
	グルコース	0.01
無機質	全可溶性リン	0.20
	カリウム	0.35
	ナトリウム	0.05
	マグネシウム	0.02
	カルシウム	0.007
	亜鉛	0.005
	その他の解糖中間生成物，金属，ビタミン，その他	約0.10

り，そのおおよその含量は表4.3のようである．水溶性非タンパク態化合物は窒素化合物，糖質，有機酸，無機質およびその他のものに分けられ，その細目は表4.3のようである．

水とタンパク質は無味である．脂肪も無味であるが味への影響がある．食肉の味の大部分を決めているのは水溶性非タンパク態化合物である．

食品の代表的な味には，酸味，甘味，苦味，塩味，うま味の5つの基本味と，辛味，渋味がある．これら7種の味は，人間が生命維持のためにその食品を摂取すべきか否かを判定するためのサインになっているようである．それは，本能に基づく味覚だけを有し，まだ学習による味覚形成ができていない幼児における7種の味に対する反応からも十分うなずけることである．

甘味はエネルギーを供給する糖質のサインである．うま味は摂取すべきタンパク質を含む物質のサインである．タンパク質自体は無味であるが，これらが存在する細胞内には必ず遊離アミノ酸とペプチドがある．生物の体内ではタンパク質は常に分解し，分解した分がまた新たに合成されており（タンパク質の代謝回転という），その原料としてのアミノ酸と分解物としてのペプチド，アミノ酸がある一定量プールされているからである．アミノ酸とプールのサイズはタンパク質の代謝回転の速い，つまり寿命の短い動物ほど大きく，また成長期に大きい．そのアミノ酸のうち，グルタミン酸とアスパラギン酸（うま味はグルタミン酸より弱い）がうま味を示すのである．

食肉の味は，おもに甘味，酸味，うま味，塩味，苦味，肉様の味，こく（酷）から成り立っている．とくにうま味と肉様の味が食肉のおいしい味の主体であり，生命維持のためのタンパク質源としてのサインとなっている．

熟成した鶏肉，豚肉，牛肉からスープをとり，これらの味の強度を官能テストで評価すると，図4.3のようである．鶏肉スープは甘味は最も弱いが，その他の味は最も強く，次いで豚肉スープとなり牛肉スープが最も弱い．

酸味はおもに乳酸に由来する（表4.3）．と畜直後の食肉は中性であり，酸味は知覚されないはずである．熟成肉がpH 5.6付近であるのは約1%含まれる乳酸から解離した水素イオンのためであり，これが酸味の主因物質である．

甘味は主に単糖に由来する．解糖系でグリコーゲンから生成する各種のリン酸化糖のうち，グルコース6-リン酸が0.2%ほど残っており，これが単糖の大部分

4.1 おいしさの構成因子と基準

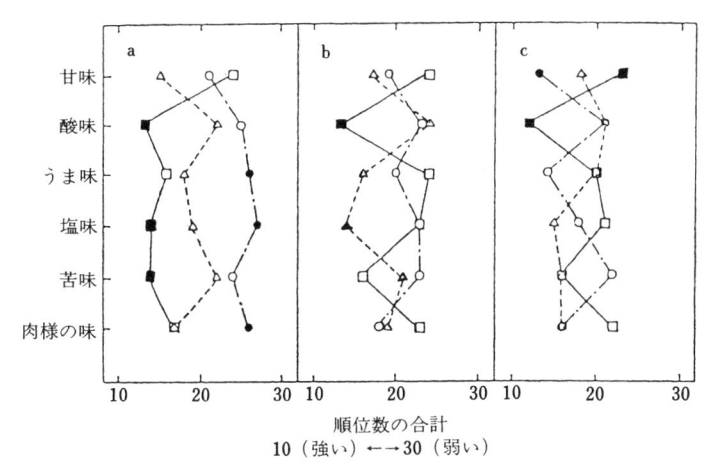

図 4.3 3種の食肉スープの官能評価[8]
a：3種の食肉の天然スープ．
b：牛肉と豚肉スープに鶏肉スープのレベルまでグルタミン酸を添加．
c：bにさらにIMPを鶏肉スープのレベルまで添加．
○ 牛肉スープ，△ 豚肉スープ，□ 鶏肉スープ．
黒く塗りつぶした印は有意差あり（危険率5%以下）．
NaCl濃度は0.508%に調整した．
順位は，味の最も強いものが1位，中間を2位，最も弱いものを3位として，10人のパネリストが判定した．

を占める．グリシン，アラニン，セリン，スレオニン，グルタミン酸などのアミノ酸も甘味を示すが，濃度が低いので寄与度は不明である．

　苦味は，バリン，ロイシン，イソロイシンなどの疎水性アミノ酸や，これらが結合した苦味ペプチド，0.6%ほど含まれるクレアチンなどに由来する．

　塩味は0.35%ほど含まれるカリウムイオンと塩素イオンとの塩が最も寄与する．ほかにも多種の微量の塩があり，これらも寄与しているかもしれない．図4.3のスープでは食塩が加えられており，塩味はこれらからも得られている．食塩を加えたのは，こうするとうま味が強く感じられ，しかも実際の料理に近いものになるためである．

　うま味には，グルタミン酸と5'-イノシン酸（IMP）の寄与が大きい．図4.3のスープでは鶏肉スープが最もグルタミン酸とIMPが多いが，豚肉と牛肉スープに鶏肉スープの濃度までグルタミン酸を添加すると，3種のスープのうま味と肉様の味は有意差がない程度に接近する（図4.3）．この両味の接近した豚肉スープと

牛肉スープにさらにIMPを鶏肉スープのレベルまで添加しても，3者間の両味の接近度はあまり変わらない．したがって，牛肉スープのIMPのレベルで十分うま味に貢献しているとみられる．

グルタミン酸を含むペプチドもうま味を示すが，これに関する食肉での知見はまだない．

b. 肉様の味とこく

肉様の味を形成する必須成分の全部は，まだ明らかになっていない．グルタミン酸とIMPが必須であることはまず間違いないであろう．この2つはうま味の相乗効果を示す代表的なものである．ほかにはグルタミン酸以外のアミノ酸やペプチド，塩類の寄与が推測されるが，今後合成スープを用いたアディションテストやオミッションテストによって解明する必要がある．

鶏肉・豚肉・牛肉スープは肉様の味を示すため，野菜スープとは鼻をつまんで味わってもはっきりと識別できる．しかし，鶏肉，豚肉，牛肉の識別は鼻をつまんだらできず，鼻孔を開けて，つまり香りによって可能となる[9]．したがって，食肉の味には動物種特異性のないことがわかる．動物が生命維持に必須とする共通した成分のみが味に関与しているからである．そして，鶏肉，豚肉，牛肉をスープの味だけで評価すれば，うま味と肉様の味の最も強い鶏肉が最もおいしく，次いで豚肉，牛肉の順になる．IMPは植物性食品にはほとんど含まれないので，これが示す味の質が動物性食品を示すサインの1つになっているのかもしれない．

甘味やうま味などの味の種類のほかに味の性質，つまり質感といえるものがある．それにはこく，濃厚感，広がり，持続性，まろやかさなどが挙げられている．

こくとはどのようなものか不明な点が多い．これは呈味の濃厚度合を示す言葉であるが，呈味物質の濃度とも違うのは，水を入れたときにバランスが崩れて不味になってしまう場合には，こくがあるとはいえない点である．味には混合による相殺効果がある．たとえば，苦味物質にうま味物質を混合すると，両方の味が減殺される．基本味のうち複数のものが味覚神経を刺激し，かつ相殺効果が生じたときにこくを感じるのであろうという[10]．肉スープにはこくがあるが，これは前述のいくつかの成分の相殺効果によるものであろう．

デンプンや油などの溶液には味は感じられないが，水とは異なった質感がある．これもこくの一種であるという．したがって，食肉の脂肪はこくにも貢献してい

ることになる．鶏深胸筋（ささみ）はこくに欠けるが，その1つの原因は脂肪がきわめて少ないことにある．

牛肉スープから得られたあるペプチド画分はそれ自身は呈味性を示さないが他の味をまろやかにすることが示された[11]．また，牛肉スープや鶏肉スープから得られた N-(1-methyl-4-hydroxy-3-imidazolin-2, 2-ylidene)alanine[12]，N-(1-methyl-4-oxoimidazolidin-2-ylidene)aminopropionic acid[13] などのメイラード反応で生じるクレアチニン誘導体や，アンセリン，カルノシン，β-アラニルグリシンなどの β-アラニン含有ペプチドは，それぞれ，それ自身は無味あるいは無味に近い濃度で，厚みのある酸味と牛肉スープ様の味，あるいは厚みのある酸味と鶏肉様の味を増強すると報告されている．したがって，これらはこくの構成成分である可能性が高い．これらの味への貢献についてはさらに研究されねばならない．

4.1.6 香 り
a. 香りの種類

食肉の香りには，表4.4のような種類があり，それらは生鮮香気と加熱香気に大きく分けられる．

表4.4 食肉の香りの分類

生鮮香気	
加熱香気	肉スープ香気 ロースト肉香気 動物種特異臭

生鮮香気は生肉のもつ香りである．これは生で食べる牛肉たたき，タルタルステーキ，とり刺し，レアに焼いたステーキなどで重要である．また，加熱後もこれらが残存する場合には，加熱肉料理のおいしさにも影響する．

加熱香気は肉スープ香気，ロースト肉香気，動物種特異臭に分けられる．

肉スープ香気は，水が多くある状態で100℃以下の加熱で，つまり煮たときに水中での反応で生成する香りである．ロースト肉香気は100℃以上の加熱で，つまり焼いたときに生成する香り，焙焼香気である．このときは水は水蒸気で揮発してしまっている．肉スープ香気とロースト肉香気は多種の肉に共通した類似性の高い香りであり，これでは動物の種類は識別できない．これらの香気が食肉特有のおいしい香りの主体である．

動物種特異臭とは，その香りをかいだときに牛肉，豚肉，鶏肉と判別できる根拠になる香りである．味では動物種は判別できないことはすでに述べた．この香りは生肉よりは加熱肉ではっきりと現れる．煮たときと焼いたときのいずれでも

現れる．これらの牛肉と鶏肉の特異臭はほとんどの人がおいしいとするが，豚肉のそれには好き嫌いがある．

b. 香気成分の種類

1) 生鮮香気　熟成前の生肉は乳酸様の酸臭や血液臭，体液臭を主体とする生肉臭をもっている．熟成した生肉では硫化水素，メチルメルカプタン，エチルメルカプタン，アセトアルデヒド，アセトン，2-ブタノン，メタノール，エタノール，アンモニアなどの低沸点の揮発性物質が主要物として検出されている．その後その他の微量成分も検出されているが生肉臭の原因物質は特定されていない[15]．

　食肉を熟成すると酸臭や血液・体液臭が減少するが，それは熟成によりアンモニアやカルボニル化合物が増加するので，これらが熟成前の香りをマスキングしているためかもしれない．そして，通常はこの状態の食肉を生食している．後述するが，牛肉では熟成によって甘い生鮮香気が生成し，おいしさを増強することがある．

2) 加熱香気[16,17]　肉スープ香気とロースト肉香気は，食肉の赤身部に含まれる水溶性の透析性低分子画分のみの加熱によって発生させることができるので，食肉中の還元糖であるグルコースや核酸由来のリボースなどと遊離アミノ酸，オリゴペプチドとの加熱反応であるアミノカルボニル反応が最も大きく寄与していると考えられている．もちろん，脂質，糖，アミノ酸の単独の加熱分解およびそれらの分解中間物間の反応も関与している．アミノ-カルボニル反応は焙焼香気を生じる反応で，香ばしさを伴ったおいしい香りはすべてこの反応による．

　動物種特異臭は脂質を含む赤身を加熱すると発生するので，香りの前駆物質のいくつかは脂質にあることは明らかである．これらが赤身部の成分とともに数種の熱分解反応を通して種特異臭を示す化合物類を生成すると考えられている．これらの反応には酸素を必要とするものが含まれているので，それらの1つは脂肪酸の自動酸化であるとみられる．このとき同時に赤身部由来の肉スープ香気またはロースト肉香気も生成され，これらが加わり完全な牛肉加熱臭，豚肉加熱臭などが構成される．赤身部では筋原線維などのアミノ酸残基の寄与も加わっている．

　加熱肉に検出された揮発性化合物は，脂肪酸，アルコール，アルデヒド，エステル，エーテル，ケトン，フラン，ラクトン，炭化水素，芳香族化合物，硫黄化合物，窒素化合物など1,000種以上に及ぶ．

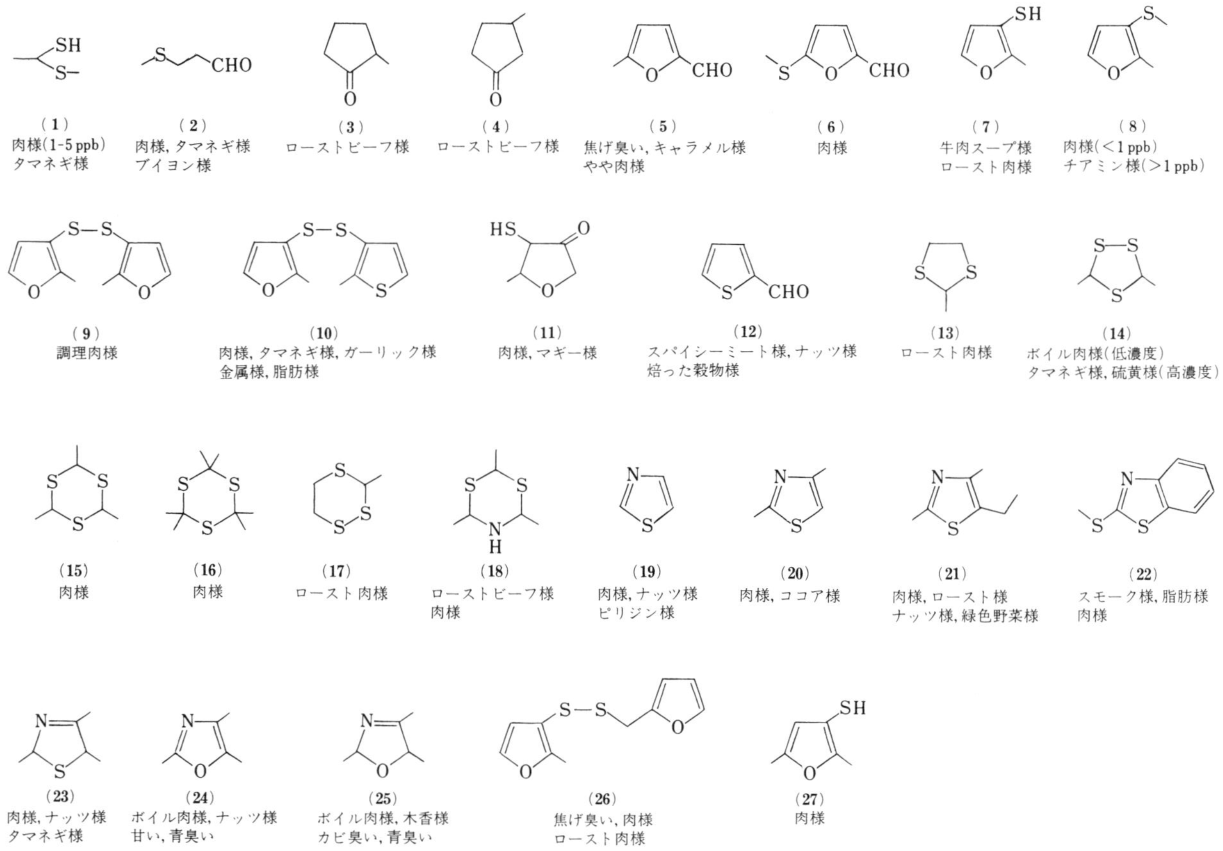

4.1 おいしさの構成因子と基準

図4.4 加熱した食肉で検出された肉様香気物質[16,17]

(1) 肉様(1-5ppb) タマネギ様
(2) 肉様, タマネギ様 アイヨン様
(3) ローストビーフ様
(4) ローストビーフ様 やや肉様
(5) 焦げ臭い, キャラメル様
(6) 肉様
(7) 牛肉スープ様 ロースト肉様
(8) 肉様(<1ppb) チアミン様(>1ppb)
(9) 調理肉様
(10) 肉様, タマネギ様, ガーリック様 金属様, 脂肪様
(11) 肉様, マギー様
(12) スパイシー, ミント様, ナッツ様 焙った穀物様
(13) ロースト様
(14) ボイル肉様(低濃度) タマネギ様, 硫黄様(高濃度)
(15) 肉様
(16) 肉様
(17) ロースト肉様
(18) ローストビーフ様 肉様
(19) 肉様, ナッツ様 ピリジン様
(20) 肉様, ココア様
(21) 肉様, ロースト様 ナッツ様, 緑色野菜様
(22) スモーク様, 脂肪様 肉様
(23) 肉様, ナッツ様 タマネギ様
(24) ボイル肉様, ナッツ様 甘い, 青臭い
(25) ボイル肉様, 木香様 カビ臭い, 青臭い
(26) 焦げ臭い, 肉様 ロースト肉様
(27) 肉様

加熱牛肉の香気物質で肉様香気を有する化合物のおもなものを図4.4に示す．これをみるとチオフェン，チアゾール，チオール，モノサルファイド，ジサルファイド類などの硫黄化合物や酸素，硫黄，窒素を含む5ないし6員環構造をもつ化合物が多いことが特徴である．なかでも2-メチル-3-フランチオール（図4.4の化合物7）とその2量体のビス（2-メチル-3-フリル）-ジサルファイド（図4.4の9）が，存在量/閾値の値（flavor dilution factor）が大きいことから，牛肉の肉様加熱香気に最も重要な貢献をしているとみられている．おもに硫化水素となって反応に加わる硫黄元素のおもな由来は，タンパク質中のシステイン，シスチン残基とチアミン（ビタミンB_1）である．それは遊離のシステインが少ないからである．

上記の硫黄化合物は，肉スープ香気にとりわけ多く存在し，ロースト肉香気では比較的低濃度のこれらにさらにピラジン，ピリジン，ピロール類などの窒素化合物やアルデヒド類が多量成分として加わる．なかでも2-エチル-3,5-ジメチルピラジンと2,3-ジエチル-5-メチルピラジンは牛肉のロースト肉香気の重要化合物であると報告されている．他方，肉スープ香気ではアルカン，アルケン，芳香族化合物やフラン類が多量成分となっている．

動物種特異臭ではカルボニル化合物，硫黄化合物，ラクトン類などが重要であるとされている．鶏肉では2,4-デカジエナールとγ-デカラクトン，牛肉では，メチオナールと（2-メチル-3-フリル）-ジサルファイドの寄与が推定されている．マトン臭には4-メチルオクタン酸や4-メチルノナン酸，アルキルフェノール類が寄与していると報告されている．他の食肉に比べて多い硫化水素の寄与も推定される．豚肉では，カルボニル化合物のほかに，フェノール，*p*-クレゾール，4-エチルフェノール，3-メチルブタン酸の寄与が推定されている．

4.2 熟成によるおいしさの発現

4.2.1 熟成による筋肉から食肉への変換

人類が家畜を食べるようになった時点では，と畜後すぐに食べていたはずである．したがって，と畜直後の状態の食肉，つまり生筋の示すテクスチャー，味，香りが本能的においしいとする基準である．現在でも冷蔵設備のないところでは，

と畜直後に食されている．しかし，近代化社会ではこのようなことは不可能であり，調理し摂食されるまでには少なくとも数時間の時間経過が避けられない．この時間経過の過程で筋肉は死後硬直の状態に入ってしまう．食肉は加熱調理すると硬くなるが，硬直期のものではその度合いが大きく，と畜直後のものよりも著しく硬いためおいしさに欠ける．

ところが，硬直した筋肉をさらに放置しておくと，硬直が解けて軟らかくなる．これを解硬もしくは硬直融解という．完全に解硬すればと畜直後の軟らかさまでもどるため，一般にはこの状態になったものが市販されている．このように，と畜後の筋肉が時間経過して硬直後に解硬する現象を熟成というが，最近では解硬などのと畜後の食品的に好ましい変化を得ることを目的とした貯蔵行為そのものを熟成と呼ぶこともある．前者の場合は"食肉が熟成する"といい，後者の場合は"食肉を熟成する"という．いずれにしても"筋肉"は熟成によって"食肉"に変換するのである．熟成は解硬を第一の目的としているが，同時に味や香りが向上することが明らかになり，熟成肉の示すテクスチャー，味，香りが現在ではおいしさの基準となっている．つまり食文化として形成された基準である．

と畜から最大硬直期までに要する時間は，$0 \sim 4°C$にと体を放置したとき，通常，牛で24時間，豚で12時間，鶏で2時間ほどである．$1°C$での熟成で硬直の80%が解けるのはと畜後，牛で10日，豚で5日，鶏で0.5日である[18, 19]．牛では多くはと畜10～14日後に市販されるが，和牛では1～2か月の長期熟成でおいしさを十分に発現させたものもある．豚と鶏では元来牛ほど硬くはないので解硬のための熟成は意図されておらず，$4°C$以下での流通と販売の時間が熟成期間となっている．

4.2.2 テクスチャーの変動

a. 死後硬直[20]

と畜直後の筋線維には，ATPが約8 mMレベルで十分に存在し，筋肉は弛緩状態にある．筋原線維のミオシンとアクチンは結合しておらず，筋線維を引っ張るとIフィラメントはAフィラメント間から滑り出してくる．外力をはずすともとの位置にもどる．つまり伸張性がある．これはAフィラメントとZ線間にゴムひも状の弾性タンパク質コネクチンが，ある程度の張力を保持した状態で張りめぐ

らされているためである．

　筋肉は収縮のときのみならず休止時にも，細胞の恒常性を維持するためにエネルギーを消費し続ける．たとえば Na イオンを細胞外に汲み出すために細胞膜のナトリウムポンプは動き続けている．エネルギーは ATP から得られるが，ATP の供給は脂肪とグリコーゲンの分解でなされる．エネルギーの一時貯蔵体であるクレアチンリン酸からも供給される．

　と畜すると呼吸は停止し，筋線維への酸素の供給は断たれるので，死後も消費され続ける ATP は，無酸素下で可能なグリコーゲンの分解，つまり解糖のみによって供給される．グリコーゲンは分解して乳酸として蓄積する．そのためと畜直後は 7 付近にあった pH が徐々に低下し，最終的には pH は牛，豚で 5.5 付近（これを極限 pH という）まで到達する（図 4.5）．鶏では pH6 付近と少し高めである．pH がある程度低下すると，ATP の供給速度も徐々に低下し，ATP 濃度が下がってくる．この pH と ATP 濃度の低下によって筋小胞体の働きが悪くなり，ここから Ca^{2+} が漏出する．漏出した Ca^{2+} がトロポニンと結合すると，まだいくぶん残っている ATP を使って筋肉は生筋と同じしくみで収縮し（収縮の強さは生筋より小さい），収縮した状態で ATP が消失してしまう．ATP が共存しないとミオシンはアクチンに結合したままの状態にとどまる性質をもつため，筋肉は伸張性を失った硬い状態になる．これが死後硬直であり，最も収縮したときが最

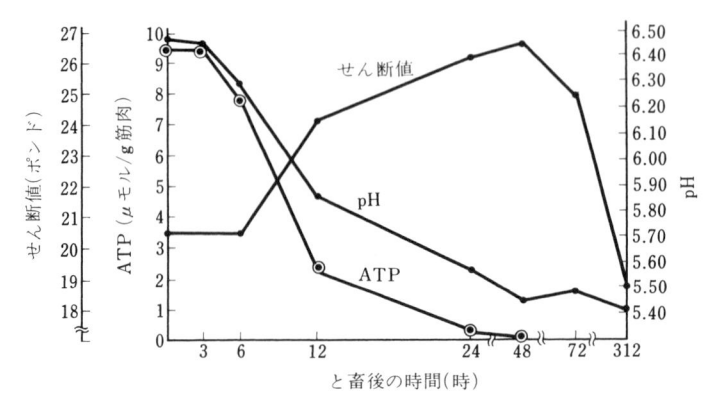

図 4.5　牛の半腱様筋をと畜直後に除骨して，2℃においたときの ATP，pH，硬さ（せん断値）の変化[21]
　　　　せん断値とは，はさみ切るのに要する力．

大硬直期である．

b. 解　硬[15, 22]

1）解硬現象　熟成中には ATP の再生や pH の上昇は起こらないので，解硬はと畜直後の状態の逆反応でもどる現象ではない．熟成中に進行する Z 線の脆弱化および A フィラメントと I フィラメント間結合の弱化が解硬の主要因であると考えられている．

　Z 線の脆弱化は，筋肉をホモジナイズして得られる筋原線維の長さが熟成に伴って短くなっていき（筋原線維の小片化現象），その切断箇所がすべて Z 線部分であることから明らかにされた（図 4.6）[23]．Z 線がもろくなった食肉は加熱調理してかんだときにもその部分で切断されやすいので当然軟らかく感ずる．したがって，筋原線維の小片化率によって軟化の程度を測定することができる．

　分子量 280 万のコネクチン（α-コネクチン）が熟成肉では分子量 210 万の β-コネクチンとサブフラグメントに開裂している．この現象も筋線維がもろくなっていくことに寄与しているとみられる[24]．

　A フィラメントと I フィラメント間結合の弱化は，筋肉を骨格につけたまま熟成すると硬直でいったん短くなった Z 線間の距離が再び伸びてくる現象から推測されている[25]．この現象は，筋原線維が一部柔軟性を回復したことを意味する．両フィラメントが硬直時よりも互いにずれた状態で加熱されると，熱凝固に伴って生成する会合体の示す硬さは小さくなると考えられる．

　全筋原線維タンパク質を SDS ポリアクリルアミドゲル電気泳動にかけると熟成

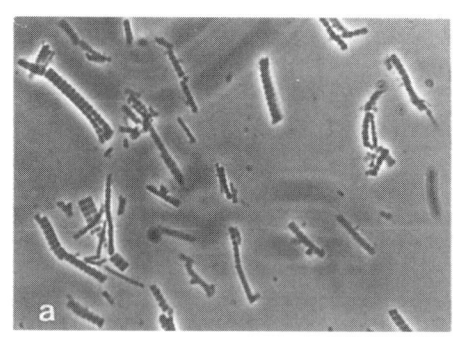

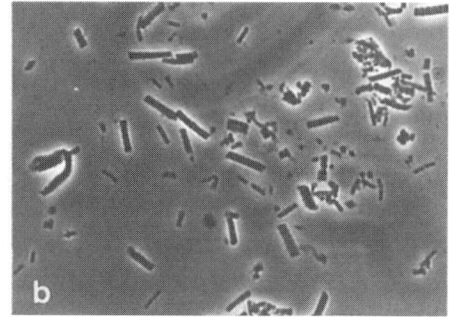

図 4.6　0℃で貯蔵した乳牛肉から調製した筋原線維の顕微鏡像
と畜 2 日後のロインをさらに 0 日（a）と 14 日（b）間貯蔵した．

に伴って分子量約3万の成分が出現するが，これはトロポニンのサブユニット，トロポニンTが筋肉プロテアーゼの作用をうけて生成した分解産物である．熟成中のトロポニンTの分解量と，軟らかさの増加量とが相関係数0.78という高い相関関係にある．これらのことから，トロポニンはIフィラメントの物理的強度を高めたり，あるいは硬直状態におけるアクチンとミオシンの分子間相互作用を高める性質があるとも考えられる．

熟成中の食肉から筋原線維を調製し，その Mg-ATPase 活性を測定すると食肉の軟化に伴って 0.03 M KCl 付近の値が増大し，活性の KCl 濃度依存性も大きくなっていくことがわかった（図4.7）．これは筋原線維が小片化したためではなく，構造全体がルーズになったためと推定された．

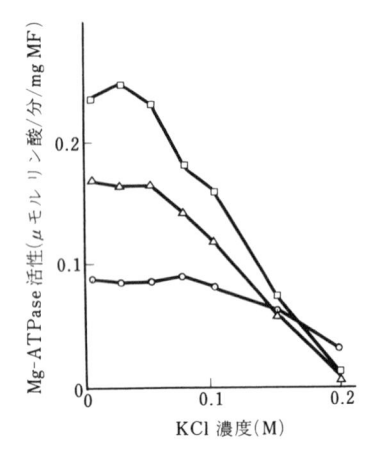

図4.7 乳牛肉の貯蔵による筋原線維（MF）Mg-ATPase 活性の変化[26] と畜2日後のロインをさらに0℃で0日（○），7日（△），14日（□）間貯蔵した．

2) 解硬のしくみ　Z線の脆弱化とミオシン・アクチン間結合の弱化をもたらす因子として，Ca^{2+} とプロテアーゼがあげられている．高橋らは筋線維を 0.1 mM Ca^{2+} 溶液（食肉熟成中の筋線維内 Ca^{2+} 濃度は 0.1〜0.2 mM である）に長時間浸しておくと，それをホモジナイズしたときに小片化しやすくなることを明らかにした[23]．そして Ca^{2+} は，Z線の主成分の1つであるリン脂質に作用してこれを遊離させることによって，その構造を脆弱化させるとの推定に至っている．さらに熟成中に新規タンパク質，パラトロポミオシンがAフィラメントの両端部分からIフィラメント上に移動し，両フィラメント間の結合を弱化させることを明らかにした[27, 28]．また，筋原線維が Ca^{2+} にさらされると α-コネクチン分子に開裂が生じ，β-コネクチンになることも示した[23]．さらには，ネブリンが熟成中に断片化することを示し，この現象も Ca^{2+} で起こしうることを明らかにした（3.2節参照）．

他方，筆者らを含む多くの研究者によって筋原線維構造に変化をもたらす可能性のある筋肉内プロテアーゼ（エンドペプチダーゼ）の検索が進められ，現在ま

表 4.5 食肉に存在する主要エンドペプチダーゼの性質

エンドペプチダーゼ	分子量	作用至適pH	特徴
カテプシン D	42,000	3〜4	アスパルティックプロテアーゼ，内在性インヒビターはない
カテプシン L	24,000	4〜6	Z 線を分解する
カテプシン B	27,000	5〜6	ペプチジルジペプチダーゼ活性も有する
カテプシン H	28,000〜30,000	4〜6.5	アミノペプチダーゼ活性も有する
カルパイン-I	80,000（鶏）	7〜7.5	Z 線を分解する
カルパイン-II	110,000（ウサギ，豚）		
プロテアソーム	600,000〜800,000	8	筋原線維には SDS 共存下で作用する

でに表 4.5 に示されるものが見つかっている．カテプシン類の作用至適 pH は，酸性域であり，カルパイン類とプロテアソームのそれは中性域である．プロテアソームは，ATP の消失に伴い活性を発現しなくなるので熟成中には作用しない．カテプシン L とカルパイン類が Z 線をよく分解する．カルパインは活性化に Ca^{2+} が必要であり，最大値の 50% に活性化するのに 50 μM と 0.7 mM の Ca^{2+} を要するものがある．前者をカルパイン I，後者をカルパイン II という．熟成中，Ca^{2+} は 0.2 mM を超えないことから，解硬への寄与はカルパイン I の方が大きいと考えられている．

細胞質ゾル中には，カテプシン B, L, H のインヒビターであるシスタチンと，カルパインのインヒビターであるカルパスタチンが存在するが，上記プロテアーゼの熟成中の筋原線維内での仕事量を，インヒビター共存下（熟成中も同様とみられる）の筋肉ホモジネート貯蔵中の遊離ペプチド量から推定すると，カテプシン D が最大であり，カテプシン B, L がこれに次ぎ，μ-カルパインはかなり小さい．カテプシン H はさらに小さいとみられる．

いずれのカテプシンでも，またカルパインでもたやすくトロポニン T を分解し，分子量約 30,000 の分解物を生成する．トロポニン T は筋原線維タンパク質で最も分解されやすいためである．

筋原線維の Mg-ATPase 活性の KCl 濃度依存性はトロポニン T の分解に伴って起こり，その最大活性の増大は筋漿（筋形質）にある塩基性タンパク質のグリセルアルデヒド 3-リン酸脱水素酵素が酸変性して筋原線維と不可逆的に会合するために起こることが示された．

うま味に寄与する IMP は，後述するように，と畜後熟成前までに増加し，その後の熟成期間でゆっくり減少していく．この IMP が 0℃の試験管の中では肉から調製したアクトミオシン（アクチンとミオシンの結合体）をアクチンとミオシンに解離させることが明らかになった[29]．したがって IMP は Ca^{2+} と並んで，ミオシン・アクチン間結合すなわち A フィラメントと I フィラメント間結合の弱化をもたらす可能性のある因子の1つであると考えられる．

以上のように実際に解硬をもたらしている因子は1つではなく，Ca^{2+}，IMP や数種のプロテアーゼなど，複数の因子であると考えるのが妥当であろう．

c. 結合組織の崩壊

2週間程度の熟成では，結合組織には変化は起こっていないとするのがしばらく前までの認識であった．それは，4週間程度の熟成中に遊離してくるタンパク態窒素化合物中にはコラーゲン由来のオキシプロリンが増加しないこと，熱水可溶性コラーゲンが増加しないこと，などの知見に基づいていた．

しかし，熟成中に SDS 可溶性コラーゲンが増加すること，筋内膜と筋周膜の構造が脆弱化して（図4.8），熱収縮能力も減少していることが明らかになってきた[31, 32]．これらの現象は，当然加熱肉の硬さの減少に結びつく．変化のしくみは

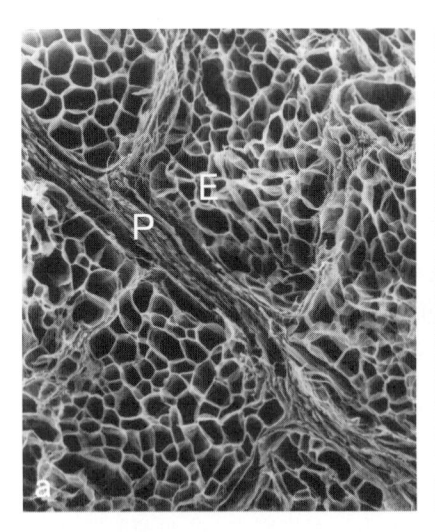

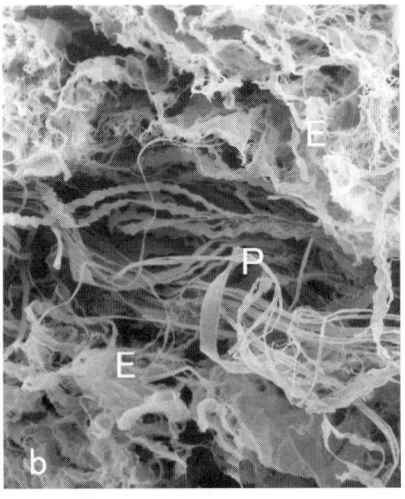

図4.8 と畜直後（a）と 4℃で28日間熟成後（b）の牛半腱様筋を 10% NaOH で7日間処理したあとの筋内膜（E）と筋周膜（P）の走査電子顕微鏡像[30]

4.2 熟成によるおいしさの発現　　77

まだ不明であるが，プロテオグリカンの役割も注目されている．

d. 多汁性の変化

食肉の保水力はと畜直後が最大で，その後減少しはじめて最大硬直期に最小となる．原因はpHの低下と死後硬直にある．

と畜直後の牛肉に加水してホモジネートを作り，その保水力をpHを変えて加圧法で測定すると，図4.9のようになる．pH5付近ではそれは最小である．このpHが肉の保水力の主たる部分を担うアクトミオシンの等電点に相当する．ここでは正と負の電荷量が等しいため，反対の電荷同士が互いに引き付け合ってタンパク質分子同士の距離が近づく．そのためタンパク質を作る構造体の間隙が狭められ，そこに保持されていた水が排除されて保水性は減少する．

と畜直後の筋肉ではpHが7.2付近にあるが，最大硬直期には5.6付近となる．この間の保水力の減少量はpHの低下だけでもたらされる量よりも多い．この余分な減少量（図4.9でpH5.6のときの2時間と24時間の値の差）は死後硬直に起因するものである．AフィラメントとIフィラメントの結合によって両者間にあった準結合水が排除された分である．

熟成によって保水力の一部は回復する（図4.9b）．熟成中にpHの上昇はほとんど起こらないので，この回復は解硬によってもたらされる．筋原線維の構造強度が減少し，水を保持できる構造体の間隙が増加することと，AフィラメントとIフィラメント間の結合力の減少によるものと考えられる．

食肉は加熱すると必ず離水するが，これはタンパク質が熱変性し，水分子を排

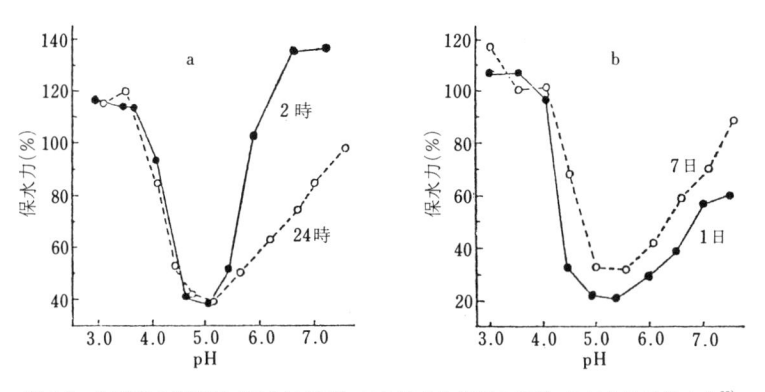

図4.9　と畜後の各時間（図中に表示）における牛筋肉の各種pHにおける保水力[33]

除した分子会合体を作るためである．加熱前の分子間距離が短いと緻密な会合体を作りやすいので，正常肉の方が pH の高い異常肉の DFD 肉よりも加熱に起因する離水量が多い．また緻密な会合体はかんだときに硬く感じる．したがって，DFD 肉は加熱したときも正常肉よりは軟らかい．つまり，正常肉では死後硬直期に食べると極めて硬いのは，硬直そのもののほかに pH の低下も原因となっているのである．

4.2.3 味の変動

食肉を熟成すると，官能評価される味はどのように変化するかについては，これまでに多くの報告がある[34]．それらでは，ほとんどが香りと味を組み合わせたフレーバーとして評価しており，ある報告ではよくなるとし，また別の報告では変化しないとしている．しかし，悪くなるという報告はない．

そこで筆者らは，熟成前後の牛，豚，鶏の肉よりスープを調製し，鼻孔を閉じて味だけを官能評価した．鼻孔を閉じないと本来は香りであるものを味として間違って認識することが多いことがわかったからである．その結果，表4.6のように肉様うま味（うま味と肉様の味があわさったもの）は豚と鶏では熟成によって有意に強くなったが，牛では有意な変化は認められなかった．そしてこれらの理由を明らかにするため，当該スープ中の呈味成分の変動を調べ，それまでの知見を加えて考察した[35]．

表 4.6 各種食肉の熟成が肉様うま味強度に及ぼす影響[36]

食肉[*1]	味がより強いと判定された試料数		有意差[*2]
	熟成前	熟成後	
牛肉	12	4	NS
豚肉	2	14	*
鶏肉	8	23	*

[*1]：と畜4日後の牛肉ランプを8日間，と畜1日後の豚肉ロインを5日間，と畜直後の鶏胸肉を2日間，4℃で熟成．
[*2]：* は危険率5%以下で有意差あり．NS は有意差なし．

a. 乳酸と IMP の変動

スープ中の肉1gあたりの乳酸含量は熟成前，牛で約3mg，豚と鶏で約5mgであった．熟成後の値ではいずれでもわずかに高くなっており，表4.6の味の変化とは対応していないので熟成による味の向上への乳酸の寄与はないと推定された．

IMP はと畜後に ATP が分解して生成する．畜肉での生成経路は図4.10のⒶのルートである．まず ATP がエネルギーを放出して ADP となる．そして ADP2 分

4.2 熟成によるおいしさの発現

子にミオキナーゼが作用して1分子のATPが再生されて1分子のAMPが生成する．次にAMPが脱アミノ化されてIMPとなる．さらにイノシン，ヒポキサンチンへと変換する．IMPに作用する5′-ヌクレオチダーゼの作用が，AMPデアミナーゼの作用よりもかなり弱いため，IMPは蓄積して食肉のうま味に貢献する（図4.11）．Ⓑのルートはイカ，タコ，貝類などの海産無脊椎動物のものであり，これらではAMPが蓄積し，IMPよりはうま味は弱いが，それらの特徴的なおいしさに寄与している．

表4.6のスープの肉1gあたりのIMP含量は，熟成前の牛で約2.5μモル，豚で約5.5μモル，鶏で約6μモルであり，熟成後の値はいずれもわずかに低かっ

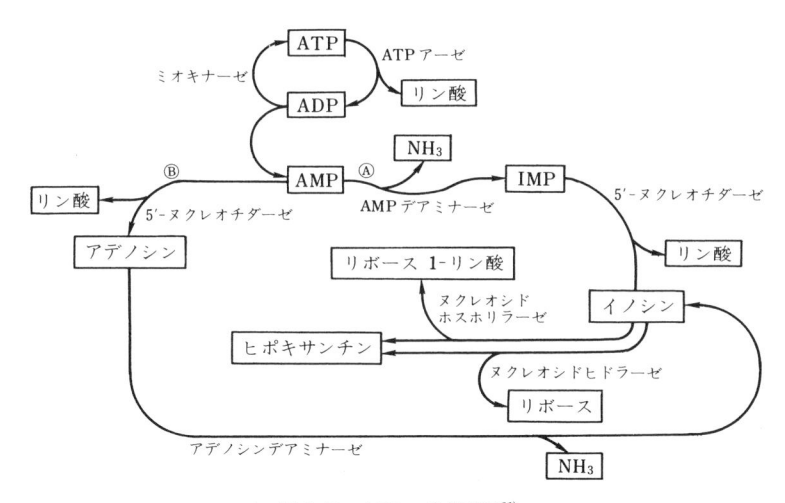

図4.10 ATPの分解経路[36]

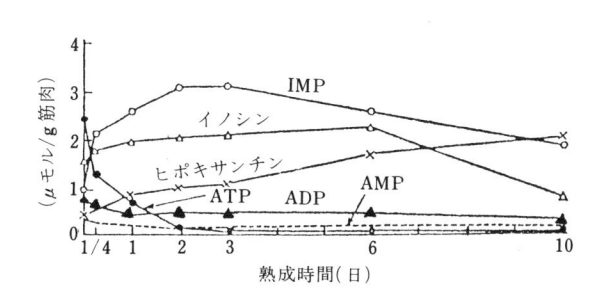

図4.11 豚胸最長筋を4℃で熟成したときのATPとその分解物の消長[37]

た．牛の値が最も低いが，これが牛肉スープでうま味と肉様の味が他のスープよりも弱い（図 4.3）原因になっていないことは前述した．ここで採用した熟成期間では IMP はもはや増加しないステージにあったわけである．したがって，熟成前までに生成した IMP はうま味や肉様の味に寄与しているが，表 4.6 に示される変化の原因とはなっていないことがわかった．

b. 遊離アミノ酸とペプチドの変動

表 4.6 のスープの遊離アミノ酸含量（生肉での値とほぼ同じ）の熟成前後の値は図 4.12 のようであった．熟成での増加量の多いのは，牛ではアラニン，ロイシン，セリン，バリン，豚ではアラニン，ロイシン，セリン，グルタミン酸，鶏ではアラニン，ロイシン，セリン，グルタミン酸であった．アラニン，ロイシン，セリンの増加は 3 者に共通していたが，肉様うま味への寄与が大きいグルタミン酸の牛肉での増加はわずかであった．総アミノ酸量の増加速度は鶏，豚，牛の順であり，各々 3.0, 0.67, 0.40 μ モル/g 肉/日であった．牛でのこの値の小さいこととグルタミン酸の増加がわずかであることが，表 4.6 の結果をもたらした主たる原因と推定された．遊離アミノ酸の増加については，これまでにも多くの報告があるが，増加量の大きいアミノ酸の種類において一致しないものがあり，その理由については不明である．

スープが示す肉様の味の原因物質はまだ不明であるが，図 4.12 で見られる 3 者に共通して多い呈味性アミノ酸，つまり甘いアラニン，グリシン，セリン，スレオニン，グルタミン，苦いバリン，ロイシン，うまいグルタミン酸などの寄与度を調べてみる必要があるであろう．さらにこれらで構成されるアミノ酸のパターンを野菜などのそれと比較するのも興味深い．

遊離アミノ酸の生成には，カルボキシペプチダーゼではなく，おもに中性を作用至適 pH とするアミノペプチダーゼ類が関わっていることが明らかとなった．アミノ酸が 4～5 個からなるペプチドに最もよく作用するのは，2 種の新規酵素で，それぞれアミノペプチダーゼ C，アミノペプチダーゼ H と命名された（表 4.7）[15]．前者はグリシンとグルタミン酸を，後者はプロリンを遊離させにくい特徴があり，両者でこの欠点を補いながら多種のオリゴペプチドを分解し，味の向上に貢献しているとみられる．牛肉のアミノペプチダーゼ H は失活しやすい，そのため総アミノ酸およびグルタミン酸の生成が図 4.12 のように少ないと推定された．両酵素

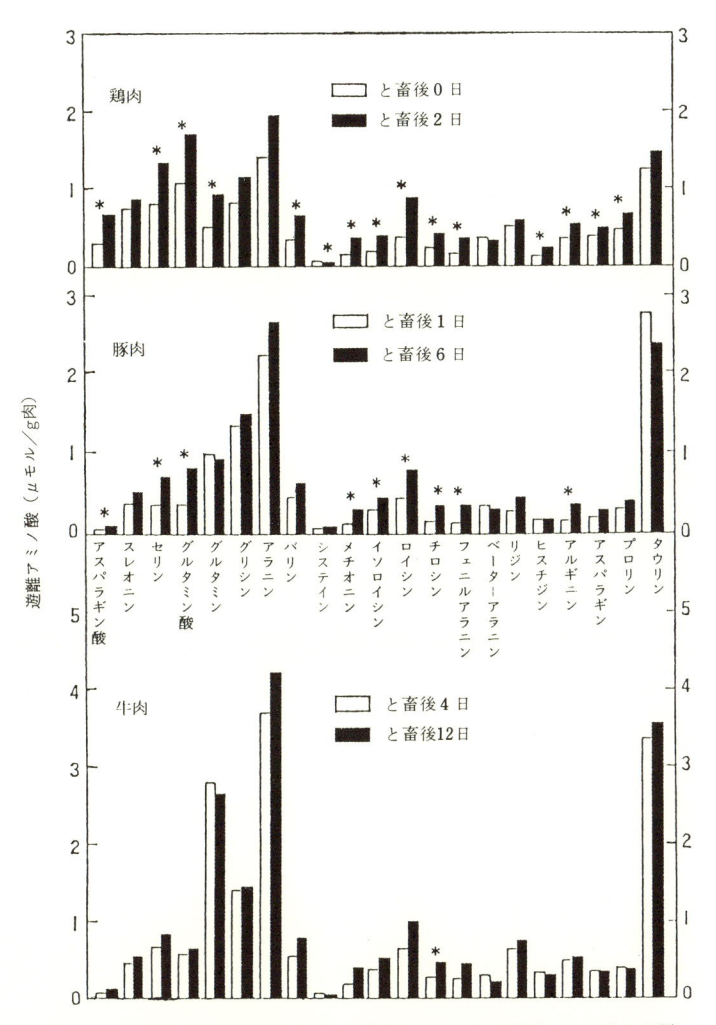

4.2 熟成によるおいしさの発現　　81

図 4.12 熟成前後での牛肉，豚肉，鶏肉のスープ中の遊離アミノ酸含量[35]
＊：危険率 5% 以下で熟成前後で有意差あり．

以外でこれまでに筋肉細胞内での存在が報告されている中性アミノペプチダーゼには，ロイシンアミノペプチダーゼ，アミノペプチダーゼ B，ピログルタミルアミノペプチダーゼ，プロリンイミノペプチダーゼ，ジペプチジルアミノペプチダーゼ III と IV，アミノトリペプチダーゼ，数種のジペプチダーゼがある．これらの

表 4.7　食肉の熟成中に作用する主要アミノペプチダーゼの性質

	アミノペプチダーゼ H	アミノペプチダーゼ C
分子の質量 （サブユニット）	ウサギ：340 kDa（51 kDa×4＋72 kDa 　　　　×1＋92 kDa×1）* 鶏，牛：400 kDa（52 kDa×8） 豚　　：390 kDa（51 kDa×8）	ウサギ：160 kDa（未決定） 鶏　　：185 kDa（92 kDa×2） 豚　　：103 kDa（103 kDa×1）
至適作用 pH	7.5〜8.0	6〜7
阻害剤	モノヨード酢酸，ロイペプチン	EDTA，ピューロマイシン
基質特異性	広い（ただし N 末端が Pro の基質には エンド型の作用をする）	アミノペプチダーゼ H よりは狭い （Glu，Gly は遊離しにくい）

＊：ウサギサブユニット数は推定値．

うちアミノトリペプチダーゼとジペプチダーゼ以外のものは，先述の酵素より基質特異性が高いためアミノ酸の遊離量は少ない．これらと先述の両酵素が作用したとき，分解残渣として残りやすいトリペプチド，ジペプチドは，それぞれ基質特異性の広いアミノトリペプチダーゼと各種ジペプチダーゼでさらにアミノ酸までに分解されるものと考えられている．

　表 4.6 のスープの遊離ペプチド含量の熟成前の値（肉 1 g あたりの牛血清アルブミン当量）は，おおよそ牛で 3.5 mg，豚で 3.0 mg，鶏で 2.0 mg であり，熟成によって牛で 0.5 mg の減少（加熱前の値は増加），豚で 0.5 mg，鶏で 1.0 mg の増加であった．このペプチド中で主要な部分を占めるジペプチドのアンセリンとカルノシンのスープ中の値は，熟成後が熟成前より低かったので，いずれの肉でもこれら以外のペプチドが増えたことになる．これには前述のエンドペプチダーゼが関与している．これらのペプチドと鶏に多いアンセリン，牛，豚に多いカルノシン（両者とも弱い甘味と苦味をもつ）などは，前述のように食肉のコクに寄与する可能性がある．それらが熟成中の味の変動にどのように関わるのかは今後明らかにされねばならない．

4.2.4　香りの変動[17]

　熟成前の食肉の生鮮香気は，乳酸様の酸臭や血液・体液臭であるが，熟成によってこれらは消失する．

　食肉の加熱香気は熟成によって向上するとの報告がいくつかある．と畜直後の牛肉ステーキには特徴的な香りがないが，熟成で甘い香り，ロースト肉，ステー

キ特有の芳香が生じることが報告されている．そのとき揮発性物質の総量が増加しており，とくにアルカン，アルケン，アルデヒド，ケトン，フラン，ピラジン類や芳香族化合物の増加が著しい．しかし，寄与成分の特定化はなされていない．ロースト肉様の香りには，ピラジン類の増加が寄与していると推定されるが，これはアミノ-カルボニル反応で生成するため，熟成で増加するアミノ酸，ペプチドがその増加に貢献していると考えられている．

筆者らは，輸入牛肉が和牛肉よりおいしさに欠ける（表4.8）原因を調べ，その結果，和牛肉には熟成で生成する特徴的な芳香が存在することが，おもな原因であることが明らかとなった[39,40]．そして，これまでの研究から熟成牛肉の芳香，つまり牛肉熟成香は大きく生牛肉熟成香，煮牛肉熟成香，焼牛肉熟成香，熟成牛肉発酵臭の4つに分けられることがわかった．

生牛肉熟成香は，熟成した生肉の発する芳香でミルク臭に似た甘いラクトン様の香りで鼻先でかいでも知覚できるものである．この香りは加熱肉に残存する場合にはおいしさに寄与する．脂身を含む赤身を酸素の共存下で低温で熟成すると生成する．赤身で増殖する通性嫌気性低温細菌（腐敗菌ではない）である*Brochothrix thermosphacta*が，おもに一価不飽和脂肪酸であるパルミトオレイン酸とオレイン酸に作用して生成することが示された．生成機構や香りの本体はまだ不明である．

煮牛肉熟成香は，牛肉を100℃以下で加熱して食べると，口から鼻にぬけて感じられる牛肉臭い甘い香りである．生で食べてもこの香りはない．植物系ではなく動物系の脂っぽい香りである．さしのよく入った和牛肉を酸素のある状態で熟成すると，甘い，脂っぽい，コクのある香りが生じる．これも煮牛肉熟成香の1つであるが，とくに和牛香と呼んでいる[41]．和牛香は熟成中に前駆体が生成し，これが加熱で香気物質に変換すると考えられる．和牛肉ですきやきやしゃぶしゃ

表4.8 牛肉の味についての消費者の評価[38]　（単位：世帯，%）

	回答数	おいしい	ふつう	おいしくない	無回答
和牛肉	2,000	82.4	16.1	0.5	1.1
その他の国産牛肉	2,000	26.0	69.7	2.2	2.1
輸入牛肉	2,000	2.6	54.3	36.1	7.2

1998年10月に日本食肉消費総合センターが全国の主婦を対象に調査．

ぶをしたときに，とくにおいしいと感じ，比較的速く満腹感に到達させるのがこの香りである．この香りを構成する成分としては，ラクトン，アルデヒド，ケトン類が明らかにされた．このうち，ラクトン類のγ-ノナラクトン，γ-デカラクトン，δ-デカラクトンは香りの甘さへの寄与が大きい[42]．輸入牛肉はさしが少ない上に，現在すべてが好気性細菌の増殖を抑えるために真空下で熟成（真空熟成またはウェットエイジングという）されているため，まったく和牛香を含めた煮牛肉熟成香を発しない．そのためさしが入って，しかも現行は含気下で熟成（含気熟成またはドライエイジングという）されている和牛肉の方が，これらの香りを有するためによりおいしいとされるのである．輸入牛肉でも，脂身と赤身が混じり合ったバラでは，含気熟成により牛肉臭さの優った煮牛肉熟成香を生じる．これは，煮た輸入牛肉のおいしさとして好まれる場合がある．

焼牛肉熟成香は，ステーキや焼肉にしたとき，つまり100℃以上の加熱でおもに生成する焙焼香気である．前述のロースト肉香気に分類されるものである．したがって，真空熟成した輸入牛肉は，ステーキや焼肉にすれば，この香気によって十分おいしいと評価される．

熟成牛肉発酵臭は2～3か月間熟成した牛肉を加熱して食したときに知覚される，味噌漬牛肉に似た香りである．この香りは，万人向きではないが，これを売り物にしているステーキ店もある．ドライエイジングした赤身の多い牛肉に感じられるナッツ臭はこの仲間である．

4.2.5 色の変動

牛枝肉を空気中で熟成する場合，空気に直接接触していない部分のミオグロビンは，10日間程度の熟成ではほとんどが還元型ミオグロビンの状態にとどまっている．しかし，これよりも長い期間の熟成では一部はヘム鉄が2価から3価に酸化した褐色のメトミオグロビンに変化している（ミオグロビンの60％がメト化すると肉は褐色にみえる）．したがって，このような牛肉はカットして空気にさらしてブルーミングしても少し沈んだ赤色を示す．このときのメト化には酸素が直接作用しているのか，あるいは酸素が関与していると推測される煮牛肉熟成香の生成反応と何らかの関連があるのか，まだ明らかではない．

真空下で部分肉として熟成すればメト化はほとんど進行しない．

還元型ミオグロビン，オキシミオグロビン，メトミオグロビンのいずれもは，加熱するとヘム鉄が3価になり，タンパク質部分のグロビンが熱変性した褐色の変性グロビンヘミクロム（変性メトミオグロビン）となる．しかし消費者はスライスした食肉を購入するときにはオキシミオグロビンの示す赤色を好むため，スライス肉の赤色保護のためにガス置換包装が考案された．ガス組成はO_2が80％，CO_2が20％という組み合わせがよい結果をもたらしている．CO_2は微生物の生育を抑えるためである．真空包装は還元型ミオグロビンの保持に有効であるが，高度真空はかえって害となる．それは酸素分圧が極端に低くなるとミオグロビンは著しくメト化する性質を有するためである．0℃で酸素分圧が6 mmHg前後のときにメト化が最大となる．

4.2.6 と畜後の異常肉の発生[18]

a. DFD肉

絶食や運動によって，と畜直前の筋肉グリコーゲン含量が著しく減少した状態でと畜すると，極限pHが6より高い肉が得られる．この肉は肉色が暗赤色を示し（dark），かつ保水性が高いため肉質が締り（firm），肉表面が乾いた感じ（dry）を呈するので，DFD肉と呼ばれる．pHが高いため汚染微生物が繁殖しやすいので，異常肉として好まれない．牛肉ではdark cutting beefと呼んで色調の面からも好まれない．これは保水性が高いためにカット肉の内部への酸素の拡散が起こりにくく，またチトクロームcの残存活性も高いため，酸素の消費が大きくオキシミオグロビンの生成が抑えられるためと，光が肉内部によく吸収され散乱されないために暗赤色を示す．

b. PSE肉

豚ではと畜後の解糖が，正常なものよりも著しく速く進行する個体が出現することがある．これではと体温度が高いうちに極限pHに達するため，ほとんどの筋肉タンパク質に著しい変性が起こる．極端な例では37～40℃でpH5.4～5.6にさらされている．硬直後の肉は肉色が淡く（pale），肉質が軟らかく（soft），保水性が低くて液汁が滲出しやすい（exudative）ためPSE肉と呼ばれ，品質は劣り，加工にも精肉にも向かない．変性した筋漿タンパク質がミオグロビンを覆うために肉色は薄くなる．

異常に速いと畜後の解糖は，ストレスに弱い豚に発生しやすい遺伝形質である．脂肪が少なく，赤肉生産率の高い豚を強く選抜していくと発生する．つまり成長ホルモンの多い豚を選抜すると，副腎皮質刺激ホルモンの欠乏症のものを得ることになり，これが外的因子への適応力を欠く結果となると考えられている．と畜後の細胞質ゾル中へのCa^{2+}の漏出が速く起こるため，ATPの分解が速められ，同時にCa^{2+}依存性ホスホリラーゼキナーゼも活性化されて，解糖が促進されるであろうと考えられている．

c. 寒冷短縮

と畜後に筋肉が収縮する速度と収縮量は，温度が高いほど必ずしも大きくはならず，低温（1℃）で著しく速く，激しく収縮することが牛，羊で認められている．中温（15℃前後）での収縮が最も小さい（図4.13）．これは寒冷短縮または低温収縮（cold shortening）と呼ばれ，と畜後にと体を強制急冷すると発生し，熟成しても得られる軟化度が，通常冷却のものよりは小さく硬いために好まれない．

これは，ATPが十分に存在するときに細胞質ゾル中にCa^{2+}が放出されるために，生筋に匹敵する強い収縮が起こり，ATPの消失で収縮状態にとどまるためである．ATPが十分にあれば温めると弛緩状態にもどる．Ca^{2+}の放出は1つには筋小胞体の低温による機能低下に起因するが，これのみでは説明できないため，原因はまだ不明である．無酸素下でミトコンドリアの機能が低下し，ここからCa^{2+}

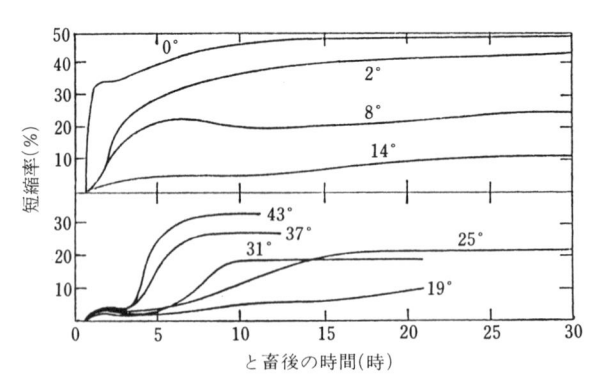

図4.13 牛の首筋肉を各温度（℃）に放置して自由に短縮させたときの変化[43]

が漏出するとの説[44]が出されたが，その後，ATPの存在下ではそのようなことは起こらないことが示されている[45]．

と畜直後に筋肉に電気刺激（たとえば，700 V，2.6 A，25 Hzを2分間）を与えて収縮させ，クレアチンリン酸を消費させきってから急速冷却することで低温収縮は避けられる．電気刺激を停止すると筋肉は，ATPが十分存在するので，いったん弛緩状態にもどり，以降は正常な死後硬直の経過をたどるからである．

d. 解凍硬直

と畜後のATPの消失が完了しないうちに，つまり最大硬直期に凍結した筋肉を解凍すると，解凍した部分から硬直に入り，解凍が完了したときに食肉全体が硬直したものになる．その硬さは非凍結肉が上の解凍時と同じ温度で死後硬直したときよりも大きく，しかも硬直時に多量のドリップを生じる．この現象を解凍硬直と呼んでおり，と畜直後のものを凍結後解凍したときに最も激しい硬直を起こす．これを避けるために現在ではすべて，最大硬直期後に凍結が行われている．この硬直も細胞質ゾル中のCa^{2+}の増大によるが，直接の原因は不明である．低温による小胞体の機能低下や凍結による損傷なども関与していると推測される．

〔松石昌典・沖谷明紘〕

文 献

1) Hamm, R. (1975). *Fleischwirtschaft*, **55**, 1415-1418.
2) Bodwell, C. E. and McClain, P. E. (1971). The Science of Meat and Meat Products, 2nd ed., (Price, J. F. and Schweigert, B. S. eds.). p. 97-, W. H. Freeman and Co.
3) Swatland, H. J. (2012). *Meat Sci.*, **90**, 398-401.
4) 久保木芳徳他 (1986). 次世代タンパク質コラーゲン―動物の起源の謎からバイオオーガンまで, pp. 19-55, 講談社.
5) 農林水産技術会議事務局 (1987). 研究成果193-食肉の理化学特性による品質評価基準の確立, pp. 6-17, 農林水産省.
6) 沖谷明紘 (1993). 畜産の研究, **47**, 947-954.
7) Lawrie, R. A. (森田重広, 内田和夫訳) (1971). 肉の科学, pp. 33-36, 学窓社.
8) 加藤博通 (1987). うま味―味の再発見 (河村洋二郎・木村修一編), pp. 193-202, 女子栄養大学出版部.
9) Matsuishi, M. (2004). *J. Food Sci.*, **69**, S218-S220.
10) 桜井芳人編 (1986). 総合食品事典 第6版, p. 324, 同文書院.
11) Ishii, K. *et al.* (1995). *J. Home Econ. Jpn.*, **46**, 229-234.
12) Shima, K. *et al.* (1998). *J. Agric. Food Chem.*, **46**, 1465-1468.
13) Sonntag, T. *et al.* (2010). *J. Agric. Food Chem.*, **58**, 6341-6350.
14) Dunkel, A. and Hofmann, T. (2009). *J. Agric. Food Chem.*, **57**, 9867-9877.

15) 沖谷明紘他（1992）．調理科学, **25**, 314-326.
16) MacLeod, G. (1994). Flavor of Meat and Meat Products (Shahidi, F. ed.). pp. 4-37, Blackie Academic and Professional, an Imprint of Chapman and Hall.
17) 松石昌典（1995）．食肉の科学, **36**, 183-198.
18) 沖谷明紘（1984）．食品の熟成（佐藤　信他編）, pp. 551-578, 光琳.
19) 高橋興威（1986）．乳・肉・卵の科学（中江利孝編）, p. 52, 弘学出版.
20) Bendall, J. R. (1973). The Structure and Function of Muscle, 2nd, ed., Vol. 2 (Bourne, G.H. ed.). p. 243, Academic Press.
21) Busch, W. A. (1967). *J. Food Sci.*, **32**, 390-394.
22) 沖谷明紘（1994）．食肉はどのようにしておいしくなるか, 化学と生物, **32**, 229-237.
23) Takahashi, K. (1999). *Anim. Sci. J.*, **70**, 1-11.
24) Takahashi, K. *et al.* (1992). *J. Biochem.*, **111**, 778-782.
25) Takahashi, K. (1967). *J. Food Sci.*, **32**, 409-413.
26) 沖谷明紘他（1990）．日本畜産学会報, **61**, 990-997.
27) Hattori, A. and Takahashi, K. (1988). *J. Biochem.*, **103**, 809-814.
28) Takahashi, K. *et al.* (1981). *J. Biochem.*, **89**, 321-324.
29) Okitani, *et al.* (2008). *Biosci. Biotechnol. Biochem.*, **72**, 2005-2008.
30) Nishimura, T. *et al.* (1995). *Meat Sci.*, **39**, 127-133.
31) 鈴木敦士（1990）．食肉の科学, **31**, 219-230.
32) 高橋興威（1992）．畜産の研究, **46**, 1063-1070.
33) Hamm, R. (1960). Advance in Food Research, Vol. 10 (Chichester, C. O. et al. eds.). p. 355, Academic Press.
34) 西村敏英・加藤博通（1988）．肉の科学, **29**, 1-13.
35) Nishimura, T. *et al.* (1988). *Agric. Biol. Chem.*, **52**, 2323-2330.
36) Kassemsarn, B. O. *et al.* (1963). *J. Food Sci.*, **28**, 28-37.
37) Terasaki, M. *et al.* (1965). *Agr. Biol. Chem.*, **29**, 208-215.
38) 日本食肉消費総合センター（1998）．季節別食肉消費動向調査報告書, pp. 67-80.
39) 沖谷明紘（1993）．日本食品工業学会誌, **40**, 535-541.
40) 沖谷明紘（1995）．酪農科学・食品の研究, **44**, A-53 – A-62.
41) Matsuishi, M. *et al.* (2001). *Anim. Sci. J.*, **72**, 498-504.
42) 松石昌典他（2004）．日本畜産学会報, **75**, 409-415.
43) Locker, R. H. and Hagyard, C. J. (1963). *J. Sci. Fd. Agric.*, **14**, 787-793.
44) Beuge, D. R. and Marsch, B. B. (1975). *Biochim. Biophys. Res. Commn.*, **65**, 478-482.
45) Michelson, J. R. (1983). *Meat Sci.*, **9**, 205-229.

5 食肉の栄養生理機能

◆ 5.1 栄養価値からみた食肉の特徴 ◆

　食肉は，骨格筋を由来とする精肉と，それ以外の可食副産物とに大きく分けられ，それぞれの栄養的特徴は以下のとおりである．

5.1.1　精肉の栄養的特徴

　畜種や部位によらず精肉は，水分を除くと三大栄養素の中ではタンパク質と脂質から主に構成されており，炭水化物はわずかしか含まれていない．骨格筋の生理学的特徴として，重要な構成成分はタンパク質である．脂肪を除いた赤身部分のタンパク質含量は，和牛や鶏ももを除くと概ね20〜23％強と一定である．厚生労働省が策定した日本人の食事摂取基準（2015年版）において，タンパク質の推奨量は成人男性で60 g/日，成人女性で50 g/日とされており，食肉は主要な供給源の1つである．食肉中の赤身と脂身とでは栄養学的に大きく異なり，脂肪の蓄積量は畜種や部位により大きく異なる．鶏のささみのように0.8％しか含まれないものから和牛サーロイン脂身つきのように47.5％含むものまで大きな差がある．脂肪の蓄積度合いにより大きく影響を受けるのはタンパク質量よりも水分であり，脂肪が多い精肉では水分が減少

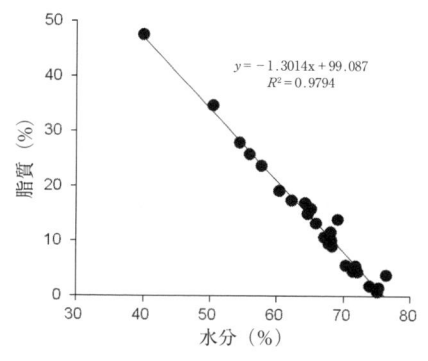

図5.1　精肉における脂質と水分との関係
表5.1に記載の生の精肉について水分と脂質含量をプロットし，近似曲線と決定係数を示す．

（図中の式：$y = -1.3014x + 99.087$，$R^2 = 0.9794$）

し，負の比例関係にある（図5.1）．

　ミネラル・ビタミンなどの微量栄養素についても，総じて食肉は優れた供給源である．とくにナイアシンは多く含まれ，鶏むね肉やささみを100g食べると，成人男性の推奨量15mgNE/日（NE=ナイアシン当量=ナイアシン+1/60トリプトファン）のおよそ75%，成人女性の推奨量11〜12mgNE/日のほぼ100%を摂取できる．また，豚肉ではビタミンB_1が多く，ヒレ肉やもも肉を100g食べると，成人男性の推奨量1.4mg/日のおよそ65〜70%，成人女性の推奨量1.1mg/日の80〜90%を摂取できる．一方，ミネラル類については，鉄や亜鉛などが多く含まれる．鉄はミオグロビン（ヘム）に存在することから，色が赤いものほど鉄含量は高く，馬肉を100g食べると成人男性の推奨量7〜7.5mgのおよそ60%を，成人女性の推奨量6〜6.5mg（月経時10.5mg）のおよそ70%（月経時40%）を摂取できる．亜鉛は牛肉に比較的多く含まれ，牛赤肉を100g食べると，成人男性の推奨量10mgのおよそ40%を，成人女性の推奨量9mgの半分弱を摂取することができる．

　我々は肉類を調理して食べることがほとんどで，生のまま食べるのは稀である．加熱調理によって栄養素含量は変化する．ほとんどのタンパク質は加熱により凝集するため，調理によって大きく消失することはない．水分については，コラーゲンを主体とする結合組織は加熱に伴い一たん収縮するため，肉塊そのものも収縮させて水分を放出すると同時に，加熱により水分は蒸発して減少する．一方，脂肪は加熱により溶出するため調理後に減少する．また，微量栄養素については，加熱による分解の受けやすさや，調理に用いる湯や油への溶出のしやすさが異なるため，調理法によって含有量は変化する．

5.1.2　可食副産物の栄養的特徴

　可食副産物は，由来する臓器や組織によって栄養的特徴は大きく異なる．肝臓は食肉と比べて微量栄養素に富み，鉄や亜鉛，銅，ビタミンA，B_2，B_{12}，葉酸，パントテン酸等を極めて豊富に含む．豚肝臓100gの摂取で，月経時の成人女性の鉄の推奨量を十分満たしており，成人男性の亜鉛の推奨量も60%近く満たしている．また，牛肝臓を15g程度摂取すれば，成人男女の銅の推奨量を満たしている．豚肝臓45gでビタミンB_2の成人男性推奨量（1.6mg）を満たす．牛肝臓5

gでビタミンB_{12}の成人推奨量（2.4 µg）を，鶏肝臓20 gで葉酸の成人推奨量（240 µg）を，鶏肝臓50 gでパントテン酸の成人目安量（4〜5 mg）を満たす．一方で，豚や鶏の肝臓ではビタミンAが多量に含まれ，5 g程度の摂取で推奨量を満たすため，過剰摂取に注意が必要である．

◆ 5.2 食肉の主要栄養成分 ◆

5.2.1 タンパク質

タンパク質は人体の14〜16％を占め，水分と脂肪に次いで豊富に含まれる．タンパク質の1日の摂取推奨量は成人で50〜60 gとされているが，タンパク質の栄養素としての価値は，構成しているアミノ酸に強く影響を受ける．なぜなら，タンパク質の栄養学的意義は，生体が必要とするアミノ酸を供給するためである．タンパク質は約20種のアミノ酸から構成されるが，そのうち体内で十分な量を合成できず，栄養分として摂取しなければならないアミノ酸のことを必須アミノ酸という．ヒトでは，トリプトファン，リジン，メチオニン，フェニルアラニン，トレオニン，バリン，ロイシン，イソロイシンおよびヒスチジンの9種類が必須アミノ酸である（表5.1）．必須アミノ酸は全種類をバランスよく摂取しないと有効利用されず，摂取量の一番低いアミノ酸と同じ割合までしか利用されない．

食品中に必須アミノ酸がバランスよく含まれているかを評価するための指標として，アミノ酸スコアが広く用いられている．アミノ酸スコアは，タンパク質を構成する窒素1 gあたりの各必須アミノ酸のmg数を，FAO/WHO/UNUが基準としたアミノ酸評点パターンに対する割合で算出される．各々の必須アミノ酸パターンと各食品タンパク質中の必須アミノ酸の比率を比較して，100％未満のアミノ酸を制限アミノ酸と呼び，最も数値の低いアミノ酸（第一制限アミノ酸）の数値を評価値

表5.1 WHOによる必須アミノ酸の成人向け1日あたり推奨摂取量

必須アミノ酸	体重10 kgあたり（mg）
イソロイシン	200
ロイシン	390
リジン	300
メチオニン＋システイン	150 (104+41)
フェニルアラニン＋チロシン	250 (合計)
トレオニン	150
トリプトファン	40
バリン	260
ヒスチジン	100

表 5.2 各種食品のアミノ酸スコア*1

食品名	タンパク質 (g/100 g)	アミノ酸評点パターン*1								アミノ酸スコア	第一制限アミノ酸
		Ile	Leu	Lys	SAA*2	AAA*3	Thr	Trp	Val	His		
乳用肥育牛サーロイン脂身なし	21.2	156	120	153	156	118	133	103	136	175	100	—
牛肝臓	19.6	161	144	142	163	144	133	133	173	158	100	—
豚大型種ロース脂身なし	19.7	156	122	153	150	121	138	109	136	233	100	—
ラムロース脂身なし	18.0	144	117	147	144	115	133	109	132	225	100	—
鶏むね肉皮なし	22.9	178	129	167	156	123	143	109	150	283	100	—
鶏もも肉皮なし	18.0	161	124	156	156	121	143	110	136	208	100	—
鶏卵 (全卵 生)	12.3	189	134	125	231	149	100	124	173	133	100	—
牛乳 (生)	2.9	189	151	144	138	138	124	119	186	150	100	—
食パン	9.3	117	100	33	138	126	76	91	114	117	33	Lys
米 (精白米)	6.8	128	117	58	175	138	100	116	155	133	58	Lys
とうもろこし (スイートコーン)	8.2	106	134	75	150	113	105	76	127	117	75	Lys
大豆 (国産全粒 乾)	35.3	150	112	106	113	133	114	120	132	133	100	—
じゃがいも	1.6	111	73	94	119	108	95	107	150	92	73	Leu
まいわし (生)	19.2	161	120	156	150	121	138	100	150	267	100	—
かつお (生)	25.8	139	105	139	144	105	124	109	132	508	100	—

*1 日本食品標準成分表 2010 ならびに 1985 年 FAO/WHO/UNU の評点パターンより算出
*2 含硫アミノ酸 (Met + Cys)　*3 芳香族アミノ酸 (Phe + Tyr)

5.2 食肉の主要栄養成分

とする．表5.2に示すように，食肉を含む動物性食品は基準のアミノ酸パターンをすべて上回っており，必須アミノ酸がバランスよく含まれている．これに対して，植物性食品の多くは制限アミノ酸をもち，米やパン，とうもろこしなどでは，リジンやトリプトファンが不足している．じゃがいもではリジンだけでなく，ロイシンやヒスチジン，トレオニンも制限アミノ酸になる．大豆は植物性食品の中では珍しく，タンパク質含量が高く，アミノ酸スコアが100である．我々は単一の食品のみを摂取することはないため，植物性食品で不足しがちなリジンを，動物性食品で補うことによりバランス良くアミノ酸を摂取することができる．アメリカではさらにタンパク質の消化吸収性を考慮したタンパク質消化吸収率補正アミノ酸スコア（PDCAAS）が採用されている．ただし，これらの評価法は窒素1gあたりの数値で評価しているため，アミノ酸スコアが高いがタンパク質の量は少ない食品もあり得るので注意が必要である．

　食事から摂取したタンパク質は消化管内に分泌される消化酵素によって主にアミノ酸にまで分解され，小腸粘膜にて吸収される．体内に吸収されたアミノ酸の多くは再びタンパク質やオリゴペプチドの合成素材として利用される．人体を構成しているタンパク質は恒久的に存在し続けているようにみえるが，固有の半減期で分解・合成（ターンオーバー）が常に繰り返されて置き換わり，ほぼ一定の動的平衡状態にある（図5.2）．つまり，体タンパク質の分解に由来するアミノ酸に加えて，摂取・吸収されたアミノ酸を介してタンパク質のターンオーバーが行われているため，タンパク質の合成に必要な食事由来のアミノ酸が不足すると，体タンパク質の分解量が上回って体タンパク質が減少する．吸収されたアミノ酸の一部は核酸塩基（ヌクレオチド）や低分子生理活性物質の合成素材としても利用される．一方，分解系においては，炭素骨格の一部が糖質や脂質の合成に組み入れられたり，分解されて二酸化炭素や尿素等になって排泄される．

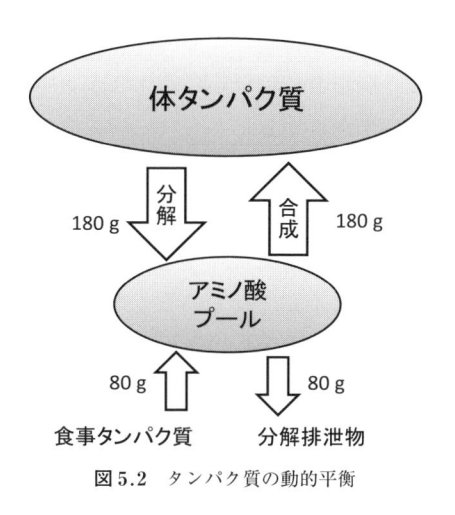

図5.2 タンパク質の動的平衡

5.2.2 脂　質

脂質は水に溶けない物質の総称で，カロリーは 9 kcal/g であり，タンパク質や炭水化物（4 kcal/g）と比べて極めて高く，動物ではエネルギーの摂取や貯蔵として利用されている．人体の 22～29％程度を占め，水分を除くと最も多い．脂質は構造的に多様であり，単純脂質，複合脂質および誘導脂質の 3 つに大別されることが多い（表 5.3）．

食肉中の脂肪は，主に皮下や筋肉間，筋肉内に蓄積脂肪組織として存在するだけでなく，微量であるが細胞膜や細胞小器官にも膜の構成成分として存在している．蓄積脂肪の大部分はトリグリセリドと呼ばれる，グリセロールに 3 つの脂肪酸がエステル結合した脂質で，中性脂肪の一種である．脂肪酸の種類だけでなく，トリグリセリドを構成している 3 つの脂肪酸の組み合わせも極めて多いことから，脂肪は多彩なトリグリセリドの混合体と言える．一方，膜構成成分として存在する主要な脂質はリン脂質で，グリセロールやスフィンゴシンを中心骨格として脂肪酸とリン酸などが結合した両親媒性の脂質であり，安定な脂質二重層となり膜を形成している．ステロイドのサブグループの 1 つであるステロールに属するコレステロールも，動物細胞にとっては生体膜の構成成分である．また，コレステロールはホルモンや胆汁酸の前駆物質として広く分布しており，動物にとって重要な脂質である．とくに，脳を含む神経系に約 1/3 が集中している．コレステロールは抗酸化剤としての作用を有するとともに，膜の流動性を安定にし，生体膜特有のしなやかさの発現に不可欠である．このため，しなやかな生体膜が必要のない植物では，わずかにしかコレステロールが存在しない．血中を循環するコレステロール量が過剰となると，冠動脈疾患や動脈硬化症などの血管障害を中心とする生活習慣病の発症の危険因子とされている．また，血中コレステロールが低いと，うつ病やガン，脳卒中などの発症の関連が示唆されており，死亡率が上昇することも報告されており，適正量を維持することが重要である．哺乳類においてコレステロールの大部分は食事由来ではなく，体内で合成されたもので，生体には恒常性を保つ調節機構があり，食事からコレステロールを摂取しなくても，脂肪や炭水化物から転

表 5.3　脂質の分類

単純脂質
アシルグリセロール
ろう
セラミド
複合脂質
リン脂質
糖脂質
リポタンパク質
スルホ脂質
誘導脂質
脂肪酸
ステロイド
カロテノイド
テルペノイド

換できる．

　脂肪の特性は，分子の大部分を占めている脂肪酸の組成に強く影響を受ける．日本食品標準成分表 2010 に収載されているように，脂肪酸の種類は数多くあるが，食肉に存在する脂肪酸は表 5.4 に示す 7 種の脂肪酸で 95％以上を占める．中でもオレイン酸とパルミチン酸，ステアリン酸の 3 種が大部分を占める．脂肪の食味特性が畜種ごとに異なるように，脂肪酸の割合は畜種によって異なり，牛では品種によっても大きく異なる．和牛ではオレイン酸が高くステアリン酸が低いが，輸入牛肉ではステアリン酸が高くオレイン酸をはじめとする不飽和脂肪酸が低い．

　日本人の食事摂取基準（2015 年版）において，脂質目標量は成人ではエネルギー比率で 20～30％であり，飽和脂肪酸や必須脂肪酸（n-6 系 & n-3 系）の基準も設定されている（表 5.5）．畜種にもよるが，食肉は脂肪含量が高く，魚油や植物

表5.4　食肉の脂質を構成する主要な脂肪酸と動物脂の融点

脂肪酸	飽和脂肪酸			一価不飽和脂肪酸		多価不飽和脂肪酸		
	ミリスチン酸	パルミチン酸	ステアリン酸	パルミトレイン酸	オレイン酸	リノール酸	α-リノレン酸	
	14:0	16:0	18:0	16:1	18:1	18:2 n-6	18:3 n-3	
融点（℃）	53.9	63.1	69.6	－0.5～0.5	12～16	－5.2～－5.0	－11.3	動物脂の融点（℃）
食品名*	g/100 g 総脂肪酸							
和牛肉サーロイン（11015）	3.0	24.7	9.4	5.7	50.4	2.4	0.1	20～30
乳用肥育牛肉サーロイン（11043）	3.6	26.1	13.0	4.1	45.0	3.6	0.2	30～45
輸入牛肉サーロイン（11071）	3.0	26.5	20.8	2.8	40.5	1.2	0.5	
豚ロース（11123）	1.6	25.6	16.2	1.9	40.3	10.8	0.5	33～46
ラムかた（11201）	3.8	24.1	21.5	1.6	40.9	2.4	0.9	44～55
馬（11109）	4.7	29.3	3.6	10.5	35.4	8.6	4.4	30～43
若鶏もも（11221）	0.9	25.9	6.7	6.5	44.6	12.5	0.6	30～32

*かっこ内は日本食品標準成分表 2010 における食品番号

表 5.5 成人（18〜29 歳）における脂質の食事摂取基準

脂質	目安量（男/女）	目標量（範囲）
脂肪エネルギー比率	—	20〜30（％エネルギー）
飽和脂肪酸	—	7 以下（％エネルギー）
n-6 系脂肪酸	11/8（g/日）	—
n-3 系脂肪酸	2.0/1.6	—

日本人の食事摂取基準（2015 年版）より抜粋

油と比べると飽和脂肪酸の割合も多い．リノール酸に代表される n-6 系脂肪酸と，α-リノレン酸に代表される n-3 系脂肪酸の 2 系統の多価不飽和脂肪酸が，ヒトでは体内で他の脂肪酸から合成できないために摂取する必要がある必須脂肪酸である．リノール酸は鶏肉や豚肉，馬肉に，α-リノレン酸は馬肉に多く含まれている（表 5.4）．ただ，馬肉は脂肪含量が極めて低く（2.5％），供給源としては見込めない．飽和脂肪酸，一価不飽和脂肪酸，多価不飽和脂肪酸の望ましい摂取割合はおおむね 3：4：3 を目安とし，n-6 系脂肪酸と n-3 系脂肪酸の比は，健康人では 4：1 程度が目安とされている．コレステロールはその機能特性上，食肉などの動物性食品に多く，肝臓でも多い．

5.2.3 糖 質

生体の肝臓と骨格筋では，余剰のグルコースを一時的に貯蔵する目的としてグリコーゲンが合成・貯蔵される．グリコーゲンはすぐにグルコースに分解できるという利点があるが，脂肪ほど多量のエネルギーを貯蔵することはできない．グリコーゲンは肝重量の 2〜8％を，骨格筋では 0.5〜1％含まれており，肝グリコーゲンの分子量は筋グリコーゲンのものよりも数倍大きい．これは，肝臓では血糖値の調節という重要な機能を支え，骨格筋では高強度運動のエネルギー源として利用され，その目的が異なるからである．

死後筋肉である食肉では，4.2 b.1) に記されたように死後変化における嫌気的解糖系により糖質はほとんど消失している．しかし，肝臓では死後硬直のような多量のエネルギーを要求する死後変化が起こらないことと，グルコース-6-ホスファターゼの活性が強いため，グリコーゲンから産生されたグルコース-6-リン酸は解糖系よりも優位にグルコース産生にまわる．このため，死後の肝臓の炭水化物

5.2 食肉の主要栄養成分

は 3-4% と，食肉よりもはるかに高い．

5.2.4　ミネラル（無機質）

ミネラルは，生体内で合成されない無機（金属）元素のことで，その摂取所要量は少ないものの，生命に不可欠な微量栄養素として重要である．無機質は生体組織の構成成分であるだけでなく，生体機能の調節に不可欠であるが，体内で作ることができないため，食物などから摂取する必要がある．

体内に存在するミネラルは 20 種とされているが，食事から摂取が必要な必須ミネラルは 16 種とされ，日本においては 13 元素が食事摂取基準の対象として厚生労働省により定められている（表 5.6）．残りの 3 元素は硫黄，コバルトおよび塩素であり，硫黄は含硫アミノ酸に含まれているので，一般的なタンパク質の摂取量で十分まかなえる．コバルトはビタミン B_{12} に存在しており，ミネラルとしてよりビタミンとして必要であるが，普通の食生活では不足はしない．また，塩素についても，食塩から多量に摂取するので，どちらかというと減らしたほうが良い元素である．

表 5.6　成人（18〜29 歳）における無機質（ミネラル）の食事摂取基準

ミネラル	推奨量（男/女）	目安量（男/女）	目標量	耐容上限量（男/女）
多量ミネラル				
ナトリウム	—	—	8.0/7.0 未満[*1]	—
カリウム（mg/日）	—	2,500/2,000	3,000/2,600 以上	—
カルシウム（mg/日）	800/650	—	—	2,500
マグネシウム（mg/日）	340/270	—	—	—
リン（mg/日）	—	1,000/800	—	3,000
微量ミネラル				
鉄（mg/日）	7.0/6.0(10.5)[*2]	—	—	50/40
亜鉛（mg/日）	10/8	—	—	40/35
銅（mg/日）	0.9/0.8	—	—	10
マンガン（mg/日）	—	4.0/3.5	—	11
ヨウ素（μg/日）	130	—	—	3,000
セレン（μg/日）	30/25	—	—	420/330
クロム（μg/日）	—	10	—	—
モリブデン（μg/日）	25/20	—	—	550/450

日本人の食事摂取基準（2015 年版）より抜粋
[*1] 食塩相当量（g/日）として
[*2] 月経期

肉類，とくに肝臓は重要なミネラル類の供給源である．また，肉類に存在する鉄の多くがヘム鉄として存在し，野菜や穀類，海藻類に含まれる非ヘム鉄と比べて吸収率が高いのが特徴である．ただし，ミネラル類は他の栄養素と比べて耐容上限量が設定されているものが多く（表5.6），食べ過ぎによる過剰摂取には注意が必要である．

5.2.5 ビタミン

ビタミンは，生き物の生存と生育に不可欠な微量栄養素で，タンパク質・炭水化物ならびに脂質以外の有機化合物の総称である．ほとんどの場合，体内で合成できない，もしくは合成されても必要量には足りないので，主に食料から摂取されなければならない．ビタミンが不足すると，疾病の発症や成長障害などのビタミン欠乏症が起こる．ある物質がビタミンかどうかは，生物種により異なり，ヒトのビタミンは現在13種である．ミネラルと同様に，ビタミンについても食事摂取基準が設定されている（表5.7）．ビタミンは化学的性質から水溶性ビタミンと脂溶性ビタミンに大別される．水溶性ビタミンには8種のビタミンB群とビタミ

表5.7 成人（18～29歳）におけるビタミンの食事摂取基準

ビタミン	推奨量（男/女）	目安量（男/女）	耐容上限量（男/女）
脂溶性ビタミン			
ビタミン A（μgRAE/日）[*1]	850/650	—	2,700
ビタミン D（μg/日）	—	5.5	100
ビタミン E（mg/日）	—	6.5/6.0	800/650
ビタミン K（μg/日）	—	150	—
水溶性ビタミン			
ビタミン B_1（mg/日）	1.4/1.1	—	—
ビタミン B_2（mg/日）	1.6/1.2	—	—
ナイアシン（mgNE/日）[*2]	15/11	—	300（80）/250（65）[*3]
ビタミン B_6（mg/日）	1.4/1.2	—	55/45
ビタミン B_{12}（μg/日）	2.4	—	—
葉酸（μg/日）	240	—	900
パントテン酸（mg/日）	—	5/4	—
ビオチン（μg/日）	—	50	—
ビタミン C（mg/日）	100	—	—

日本人の食事摂取基準（2015年版）より抜粋
[*1] RAE：レチノール活性当量
[*2] NE：ナイアシン当量
[*3] ニコチンアミドのmg量，かっこ内はニコチン酸のmg量

ンCが，脂溶性ビタミンにはビタミンA，D，E，Kがある．水溶性ビタミンの多くは体内に蓄積されずに容易に排泄されるため，過剰摂取による健康障害（過剰症）の心配は少ないが，毎日摂取する必要がある．しかし，脂溶性ビタミンの多くとナイアシン，ビタミンB_6，葉酸は過剰症を防ぐ耐容上限量が設定されている．

食肉類に特徴的なビタミンとして，鶏肉に多いナイアシンや豚肉に多いビタミンB_1があげられる．ナイアシンはビタミンB群の1つで熱に強く，エネルギー代謝や，糖質・脂質・タンパク質の代謝に不可欠である．欠乏するとペラグラを代表とする皮膚炎や口内炎，神経炎，下痢などの症状を生じる．また，ビタミンB_1はエネルギー代謝，とくに炭水化物の代謝に関与する補酵素であり，その欠乏症では脚気が有名である．また，ビタミンB_1とナイアシンは，アルコール分解にも深く関わっている．

肝臓はビタミン類を豊富に含む（5.1.2 可食副産物の栄養的特徴参照）．ビタミンB_2は脂質代謝に不可欠で，他にも多彩な機能を有する．ビタミンB_{12}は身体のすべての細胞の代謝に関与しており，細胞分裂にも必要である．また，葉酸もDNA合成に必要で，体内での葉酸の再生産にビタミンB_{12}が利用されるため，ビタミンB_{12}の欠乏症状は実際には葉酸欠乏症状である．パントテン酸はCoA（補酵素A）の構成成分として，糖代謝や脂肪酸代謝において重要な反応に関わる．ビタミンAは視覚機能の調節と深い関係があり，皮膚や粘膜を保護する作用がある．一方で，豚や鶏の肝臓ではビタミンAが多量に含まれるが（13,000～14,000 μgRAE/100 g），厚生労働省が設定する耐容上限量（2,700 μgRAE/日）を大幅に超えているため注意が必要である．〔若松純一〕

5.3 食肉の生体調節機能成分

食肉は，良質なタンパク質の重要な供給源であることから，毎日適量を食べることが大切であるといわれている．タンパク質の摂取量が不足すると，高血圧症や血管の脆弱化を引き起こし，脳卒中を招きやすくなることが知られている．時には，低タンパク血症から，生命の危険が生じる場合もある．動物性タンパク質が不足すると，病気に対する抵抗力が落ちて感染症にかかりやすく，回復力が低

下することも知られている．また，野菜しか食べないヒトが転倒したときに，骨折し，その後寝たきりになる危険率は，食肉を食べているヒトと比べて，3倍高いという報告もある．

本節では，食肉に含まれる成分の中で，病気を予防する生体調節機能成分の特徴を述べる．

5.3.1 アミノ酸

食肉タンパク質を構成するアミノ酸では，グルタミン酸が最も多く，続いてアスパラギン酸，リシン，ロイシンである．必須アミノ酸であるトリプトファンも他の食品に比べて多く含まれている．食肉を食べた時，そのタンパク質のほとんどは，胃や小腸の消化酵素で，小さなペプチドや遊離アミノ酸まで分解されて小腸から吸収される．

吸収された遊離アミノ酸の中で，生体調節機能を有するアミノ酸として，ロイシンを含む分岐鎖アミノ酸（BCAA）とトリプトファンが知られている．

a. 分岐鎖アミノ酸（BCAA）

食肉タンパク質の構成アミノ酸として，多く含まれているロイシン，イソロイシン，バリンといった分岐鎖アミノ酸（BCAA）は，エネルギー源として最も利用されやすいアミノ酸である．また，骨格筋のタンパク質合成を促進し，タンパク質分解を抑制する作用を有している．この作用は，とくにロイシンで大きく，筋肉の損傷や筋力低下の予防につながる．

最近の健康志向から，ダイエットをする人が増えている．食事制限をするよりも，運動により筋肉を増強するほうが効果的であると考えられている．体組織の中で，基礎代謝エネルギー消費量が最も大きいのは骨格筋であり，全基礎代謝エネルギー消費量の約25％である[2]．運動により筋肉を増やせば，基礎代謝エネルギー消費量を大きくできるので，太りにくい体となる．運動時には，筋肉タンパク質が壊れやすいが，運動前にロイシンを摂取すると筋肉タンパク質の分解が抑制される[3]．また，運動終了直後にタンパク質を摂取することで，筋肉の合成が効率的に行われる．

b. トリプトファン

トリプトファンは，精神の安定作用を有するセロトニンの前駆体であり，脳の

機能の維持や精神の安定に必要な必須アミノ酸である．トリプトファンの摂取が不足すると，セロトニン代謝が低下し，神経細胞からのセロトニン放出が減少する．その結果，精神が不安定になり，うつ病になりやすいといわれている．トリプトファンが不足しないために，食肉タンパク質等の良質なタンパク質の摂取は重要である．

5.3.2 ペプチド

ペプチドは，タンパク質が酵素によって分解されて生ずる．食肉を摂取した時，その中に含まれるタンパク質が生体内の消化酵素で分解されて機能性ペプチドが生ずる．また，食肉タンパク質を植物や微生物由来の酵素により人為的に分解し，機能性ペプチドを作製する場合がある．アンセリン，カルノシンのように内在的に存在する機能性ペプチドもある．食肉由来のペプチドには，様々な機能が知られている[4]．

a. 血中コレステロール濃度の低下作用

動脈硬化性疾患などの循環器系疾患においては，血中のコレステロールや中性脂肪の高濃度状態が危険要因となることがよく知られている．これらの血中濃度を低下させることは，循環器系疾患を予防する上で重要である．

豚肉タンパク質由来のペプチドが，血中コレステロール濃度の低下作用を有することが明らかにされている．豚肉タンパク質をパパインで分解したペプチド画分をラットに投与すると，血漿中のコレステロール濃度が抑制されることや，ペプチド画分中の分子量 2,000－3,000 のペプチドがこの作用を有すると報告されている[5]．これらのペプチドによる血中コレステロール濃度の低下作用は，腸管での胆汁酸の排泄促進によると推察されている．

b. 血中中性脂肪濃度の上昇抑制作用

ヘモグロビンやミオグロビンをプロテアーゼで処理するとグロビンタンパク質由来のペプチド画分（グロビンペプチド）が調製できる．ヘモグロビンから調製されたグロビンペプチドが，食後の血中中性脂肪濃度の上昇抑制作用を有することが明らかにされている[6]．健康人並びに半健康人が，食事で脂肪を摂取する際にグロビン分解物を同時にとると，食後の血清トリグリセリド値がコントロールに比べて有意に低下したと報告されている．この分解物を連続摂取することによ

り，体脂肪が低減化される効果も認められている．この効果を有するペプチドの本体は，VVYP である．グロビンタンパク質の分解物は，脂肪の多い食事に偏りがちなヒトの食生活改善に効果があり，血中中性脂肪や体脂肪が気になる人の食品として，特定保健用食品に使用されている．

c. 抗酸化作用

生体内で生じる酸化は，エネルギー供給の代謝プロセスであり，この過程で，活性酸素やフリーラジカルが生成される．これらは，生体成分との反応性が高く，腫瘍，心疾患，アルツハイマー病等の原因となることから，これらを除去できる食品由来の抗酸化物質を探索することや機能を解明することは，重要な課題である．

近年，筋肉に多く含まれるカルノシンだけでなく，筋肉タンパク質をパパインやアクチナーゼで分解したペプチド画分に抗酸化作用が認められている[7,8]．この画分に含まれるペプチドは，金属キレート作用とラジカル捕捉作用により抗酸化作用を発現すると推察された．この作用を有するペプチドとして，DSGVT，IEAEGE，DAQEKLE，EELDNALN，VPSIDDQEELM が明らかとなった．このペプチド画分をラットに投与して，酸化により形成されるストレス性胃潰瘍への効果を検証した．ペプチドの投与により，ラットの潰瘍形成に伴う出血が有意に抑制されることが明らかとなった．

d. 血圧上昇抑制作用

高血圧は，脳卒中等を引き起こす原因の1つである．血圧を制御するメカニズムは極めて複雑であるが，アンギオテンシン変換酵素（ACE）を阻害することは，高血圧を抑制する方法の1つである．食肉タンパク質由来のペプチドが，ACE 阻害活性を有することが知られている．

鶏胸肉の熱水抽出物（エキス）を微生物プロテアーゼで分解したものを高血圧自然発症ラット（SHR）に投与すると，血圧上昇を有意に抑制

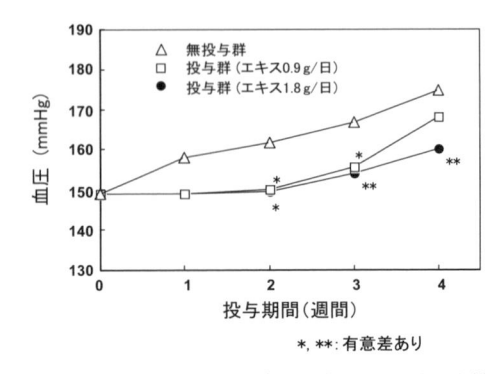

*, **：有意差あり

図 5.3 鶏肉エキスによる高血圧症ラットの血圧上昇抑制作用

することが明らかにされている（図5.3）[9,10]．この鶏胸肉熱水抽出物を消化酵素でさらに分解したものから，血圧上昇抑制作用を有するペプチドが単離され，構造が解析された．その結果，活性を有するペプチドの1つは，GFXGTXGLXGF（X＝Hyp）であることが判明した．このペプチドのACE阻害活性のIC_{50}は，42 μMであり，すでに特定保健用食品に利用されているVPP（IC_{50}＝41 μM；アミールS）やVY（IC_{50}＝26 μM；ラピスサポート）と同等の効果を有していた．さらに，

表5.8 動物筋肉由来のACE阻害ペプチド

種類	由来タンパク質	ペプチドの配列	IC_{50}（μM）
豚	ミオシン	VKKVLGNP	28.5
	ミオシン	KRVITY	6.1
	トロポニン	RMLGQTPTK	34.0
	トロポニンT	KRQKYDI	26.2
	アクチン	VKAGF	20.3
	タイチン	KAPVA	46.6
鶏	クレアチンキナーゼ	LKA	8.5
	クレアチンキナーゼ	FKGRYYP	0.6
	アルドラーゼ	LKP	0.3
	ミオシン	FQKPKR	14.0
	筋肉	IKW	0.2
	筋肉	LAP	3.2
	筋肉	GFXGTXGLXGF	42.4
	コラーゲン	GAXGLXGP	29.4
	コラーゲン	GAXGPAGPGGIXGERGLXG	45.6
	コラーゲン	GLXGSRGERGERGLXG	60.8
	コラーゲン	GIXGSRGERGPVGPSG	43.4
牛	筋肉	VLAQYK	32.1
	筋肉	GFHI	64.3
	筋肉	DFHING	50.5
	筋肉	FHG	52.9
	皮ゼラチン	GPV	4.7
	皮ゼラチン	GPL	2.6

文献11）より，一部を改変．

合成した同ペプチドをラットの尾動脈へ注射した結果，血圧の低下が認められた．

鶏胸肉以外の食肉からも血圧上昇を抑制するペプチドが見出されている（表5.8）[11]．豚骨格筋の筋原線維タンパク質であるトロポニンCのペプシン加水分解物からACE阻害活性を有する異なるペプチド（RMLGQTPTK）が単離され，同定された[12]．そのペプチドは，ACEに対して競合阻害を示し，そのIC$_{50}$は34 μMであった．

と場で廃棄されている血液の有効利用を目的として，ヘモグロビン分解物の血圧上昇抑制作用が検討された．ヘモグロビン水溶液をSHRに投与すると，血圧上昇抑制作用が認められた．ヘモグロビンをペプシン，トリプシン，キモトリプシンおよび小腸酵素で処理してペプチド画分を調製し，ACE阻害活性を有するペプチドを検索した．IC$_{50}$が63 μMのACE阻害ペプチドVDPVNFが単離・同定された．これらの結果から，血液が新規機能性食品素材として利用可能であることが示唆された[13]．

e. その他のペプチドの機能

1) カルノシンとアンセリン　骨格筋には，カルノシンやアンセリンが多く含まれている[14]．カルノシンは，β-アラニンとヒスチジンが結合したジペプチドである．また，カルノシンを構成するヒスチジンがメチル化されたジペプチドが，アンセリンである．これらは，動物種や部位によってそれぞれの含量が異なっている（表5.9）．牛，豚，馬，鹿および鯨の筋肉には，カルノシンが多い．一方，鶏，鴨などの鳥類や鮫，鰹，鮪などの魚類の筋肉には，アンセリンが多い．また，同じ動物種でも，筋肉部位でその分布は異なっている．豚肉では，ロース肉のカルノシン含量がモモ肉のものより多く，鶏肉ではムネ肉のカルノシンやアンセリン含量がモモ肉のものより多い．

カルノシンやアンセリンには，抗酸化作用，緩衝作用，抗疲労効果があると報告されている[15]．抗酸化作用は，好中球が作る次亜塩素酸ラジカル（ClO・）によるタンパク質の酸化分解を抑制することが明らかにされている[16]．また，緩衝作用は，運動時に筋肉中で生成する乳酸によるpH低下を抑制し，運動能力の向上に寄与すると考えられている[17]．さらに，近年，カルノシンが少量では交感神経を抑制し，血糖や血圧を低下する効果があると報告されている[18]．カルノシンの機能やその機序に関しては不明な部分も多いので，今後の解析が待たれる．

表5.9 各食肉中のカルノシンおよびアンセリンの含量

食肉の種類と部位	カルノシン含量 (mg/100 g)	アンセリン含量 (mg/100 g)	カルノシンとアンセリンの総含量 (mg/100 g)
牛 モモ	262	3	265
豚 ロース	899	29	928
豚 モモ	806	27	833
鹿 脚	545	376	921
馬 ロース	403	ND	403
馬 外モモ	480	ND	480
家兎 脚	224	526	750
鶏 ムネ	432	791	1,223
鶏 モモ	153	315	468
鴨 ムネ	80	272	352
イワシ鯨 背肉	194	19	213
ネズミ鮫	0	1,060	1,060
鰹	252	559	811
ミナミマグロ	trace	767	767

各食材の含量は,文献14)より引用.

2) コラーゲンペプチド コラーゲン由来のペプチドの機能に関しては,既述した血圧上昇抑制作用のほかにもいくつかの機能に関する報告がある.

まず,軟骨損傷に対する治癒促進効果である.軟骨は,骨髄からの間葉細胞の遊走と分化によって再生されることが知られている.ウサギを全身麻酔下で膝関節の軟骨に孔を作り,実験的な軟骨損傷モデルを作出した.このモデルラットに鶏冠から抽出したコラーゲンをプロテアーゼで加水分解して得られたペプチド画分を摂取させることにより,損傷した軟骨の再生が促進されることが明らかとなった[19].この作用から,コラーゲンペプチドによる関節炎の防止効果が期待されている.

コラーゲンペプチドには,細胞の接着促進,細胞生育促進及び細胞機能分化促進などの作用も知られており,細胞培養の基質への応用も考えられている.

5.3.3 脂 質

a. 共役リノール酸

リノール酸は，9位と12位にシス型の二重結合を有する炭素数18個の多価不飽和脂肪酸である．リノール酸の中で，9位と11位の炭素あるいは10位と12位の炭素の二重結合が，シス型またはトランス型の配置で共役ジエン結合を形成する異性体を総称して，共役リノール酸（CLA: conjugated linoleic acid）と呼ばれている．現在，十数種類の共役リノール酸（CLA）が知られているが，食品に含まれている主要なCLAは，9-cis, 11-trans-linoleic acid（9c, 11t CLA）と10-trans, 12-cis-linoleic acid（10t, 12c CLA）である．

共役リノール酸は，反芻家畜由来の畜産物に多く含まれていることから，反芻家畜が摂取した飼料に含まれるリノール酸やα-リノレン酸からルーメン内微生物の作用で生成されることが明らかとなっている．食肉に含まれる共役リノール酸の中で，最も多い9cis, 11trans CLAの含量は，山羊肉で最も高く，牛肉，羊肉の順である．豚肉や鶏肉での含量は，牛肉の約5分の1である（表5.10）[20]．

共役リノール酸には，抗ガン作用，動脈硬化抑制作用，体脂肪の減少作用があると報告されている．体脂肪の減少作用に関しては，ヒトで効果が認められており，1日あたり3グラムの服用により，3ヶ月間で，体脂肪率が21％から17％に減少すると報告されている．ノルウェーでは，CLAは体脂肪率を下げるためのサプリメントとして販売されている．

表 5.10 食肉（モモ肉）における9cis, 11trans共役型リノール酸の含量

食肉	9c, 11tCLA（mg/g 脂質）
山羊肉	6.4
羊肉	2.3
牛肉	3.2
豚肉	0.6
鶏肉	0.6

文献20）より引用.

b. オレイン酸

オレイン酸は，9位にシス型の二重結合を有する炭素数18個の一価不飽和脂肪酸である．オレイン酸は，牛，豚，鶏肉の脂肪に多く含まれており，これらの脂肪を構成する脂肪酸としては，最も高い割合を有している．

オレイン酸には，血中LDL-コレステロール濃度の低下作用があると報告されている[21]．これまで，食肉の脂肪は良くないとされていたが，様々な効果が明らかとなるにつれて，適度な動物性脂肪を摂取する重要性が明らかとなっている．

5.3.4 その他の機能成分

a. ヘム鉄

ヘム鉄は，ポルフィリン環と結合した状態の鉄であり，遊離鉄とは区別されている．ヘム鉄は，食肉の色素タンパク質であるミオグロビンのヘムを構成する部分であることから，食肉の赤身部分に多く含まれている．また，食肉の中でも，赤身の色が濃い肉ほど，ミオグロビン含量が高くなり，ヘム鉄の含量も高い．同じ部位であるロース肉でのミオグロビン含量を比較すると，馬肉，牛肉，羊肉，豚肉の順となる[22]（表4.1参照）．

ヘム鉄は，鉄欠乏性の貧血を予防する効果がある．野菜に多く含まれている遊離鉄は，他の食品に含まれるリン酸，タンニン等の成分と結合しやすいため，その吸収阻害が生じる．一方，ヘム鉄は，リン酸やタンニンから保護されているため，吸収阻害を受けることなく，小腸に存在する特異的なトランスポーターで速やかに吸収される．

b. カルニチン

カルニチンは，リシンとメチオニンから合成されるアミノ酸の1種である．カルニチンは，エネルギー生産のため脂肪を燃焼する際に，脂肪から分解された脂肪酸をミトコンドリア内に輸送するために必須な化合物である[23]．通常は，脂肪

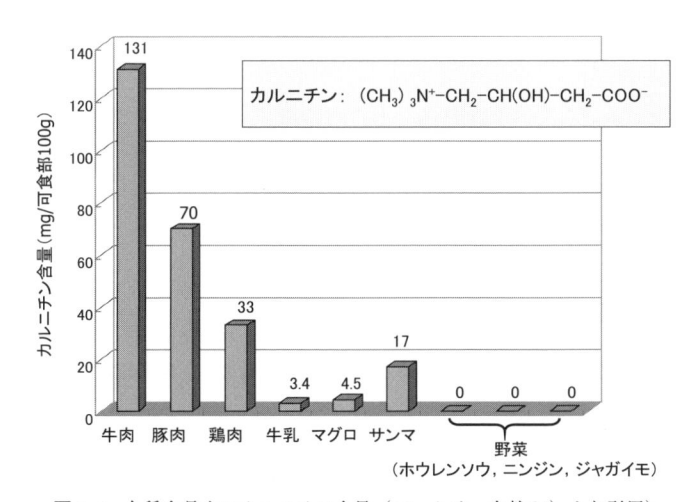

図5.4 各種食品中のカルニチン含量（データは，文献24）より引用）

カルニチン：$(CH_3)_3N^+-CH_2-CH(OH)-CH_2-COO^-$

燃焼の際に肝臓で生合成されるが，急激な脂肪燃焼を必要とする際には，カルニチンはこれを助けるサプリメントとして効果があると考えられている．食肉の中では，牛モモ肉に多く含まれている（図5.4）．野菜類には，まったく含まれていない．現在，サプリメントとして幅広く利用されている[24]．

c. コエンザイムQ10

コエンザイムQ10（CoQ 10）は，ユビキノン（ユビデカレノン）と呼ばれる脂溶性の生体成分で，肝臓でメバロン酸から合成される．ビタミンQとも呼ばれ，ミトコンドリアの電子伝達系で生じる酸化還元反応の補酵素として，電子を受け取る受容体の働きをしている．高齢者では，代謝が低下するため，食品から抗酸化物質であるCoQ 10を摂取することで老化を防ぐ効果が期待されている．

CoQ 10は，生体内でATP産生の促進が期待され，心臓疾患用（心不全の治療）の医薬品として認められている．現在では，抗酸化物質としてサプリメントの素材として利用されている．これは，医薬品として使用されていることから，サプリメントから摂取する場合，科学的根拠に基づき30-300 mgが推奨量とされている．

食肉にもCoQ 10は含まれており，豚肉100グラムあたり，3.8 mg，牛肉では3.1 mg，鶏肉では2.1 mgである．食品中で最も多く含まれているイワシでも，100グラムあたり6.4 mgであることから，食品からでは十分量を摂取できるとはいえず，サプリメントからとることも推奨されている．〔西村敏英・江草　愛〕

【アミノ酸の表記】

A：アラニン，D：アスパラギン酸，E：グルタミン酸，F：フェニルアラニン，G：グリシン，I：イソロイシン，K：リシン，L：ロイシン，M：メチオニン，N：アスパラギン，P：プロリン，Q：グルタミン，S：セリン，T：スレオニン，V：バリン，Y：チロシン，X：ヒドロキシプロリン

文　献

1) 山之上　稔（2006）．食肉成分のサイエンス，最新畜産物利用学（齋藤忠夫，西村敏英，松田　幹編），朝倉書店，pp. 110-122．
2) 紫藤　治（2009）．エネルギー代謝，標準生理学　第7版（小澤瀞司，福田康一郎総編集），医学書院，pp. 860-866．
3) Yoshizawa, F., et al. (2005). Asian-Aust. J. Anim. Sci., **18**, 133-140.

4) 西村敏英（2007），アミノ酸とペプチドの機能，タンパク質・アミノ酸の科学（岸　恭一，西村敏英監修），工業調査会，pp. 211-249.
5) Morimatsu, F., et al. (1996). *J. Nutr. Sci. Vitaminol.*, **42**, 145-153.
6) 香川恭一他（2000），ジャパン　フードサイエンス，**2000-2**, 26-31.
7) Saiga, A., et al. (2003). *J. Agric. Food Chem.*, **51**, 3661-3667.
8) Saiga, E. A and Nishimura, T. (2013). *Biosci. Biotechnol. Biochem.*, **77**, 2201-2204.
9) Saiga, A., et al. (2003). *J. Agric. Food Chem.*, **51**, 1741-1745.
10) Saiga, A., et al. (2006). *J. Agric. Food Chem.*, **54**, 942-945.
11) Ryan, J. T., et al. (2011). *Nutrients*, **3**, 765-791.
12) Katayama, K., et al. (2003). *Anim. Sci. Jn.*, **74**, 53-58.
13) 雑賀　愛他（2002），食肉の科学，**43**, 114-116.
14) 西村敏英（2008），カルノシンとアンセリン，アミノ酸の科学と最新応用技術（門脇基二他監修），シーエムシー出版，pp. 272-288.
15) Hipkiss, R. A., et al. (2013). *Chem. Cent. Jo.*, **7**, 38-47.
16) 柳内延也他（2004），日食科工誌，**51**, 238-246.
17) Maemura, H., et al. (2006). *Int. J. Sport Health Sci.*, **4**, 86-94.
18) 永井克也（2006），日味と匂会誌，**13**, 157-168.
19) Hashida, M., (2003). *Macromol. Biosci.*, **3**, 596-603.
20) 山内　清（1999），食肉の科学，**40**, 49-56.
21) Mattson, F. H., and Grundy, S. M. (1985). *J. Lipid Res.*, **26**, 194.
22) Hamm, R. (1975). *Fleishwirtshaft*, **55**, 1415.
23) 王堂　哲，井上正康（2009），栄養-評価と治療，**26**, 55-57.
24) 多田眞瑳子他（1984），日栄・食糧会誌，**37**, 13-17.

6 食肉の調理

◆ 6.1 食肉の加熱特性 ◆

　一部の鶏のささみや馬肉，牛肉などを除き，通常，肉は加熱して食される．カットした肉の表面は微生物で汚染されている可能性があり，これを原因とした食中毒が発生する．したがって，肉の表面は加熱する必要がある．豚肉では寄生虫（トリヒナ，トキソプラズマ等）をもつ可能性があるので，中心部まで加熱する必要がある．

　適度な加熱によって，肉は風味が向上し，嗜好性が高くなる．

　生の肉は軟らかいが，歯切れが悪く噛み切りにくい．加熱すると，肉に含まれ

表 6.1　加熱中のタンパク質の変化[1]

変　化	温度（℃）	変　化	温度（℃）
筋形質（筋漿）タンパク質		収縮	60～75
筋形質タンパク質の溶解性の喪失と変性	40～60	ゼラチンへの変換	65
		線維の壊変	60～80
メイラード反応	40～50	構造変化	
筋原線維タンパク質		サルコメアの短縮と線維直径の減少	40～50
変性	40～50	複屈折の消失	54～56
筋原線維タンパク質の凝集	57～75	M 線の喪失，細いフィラメントと太いフィラメントの壊変	60～80
アクトミオシン分子のアンフォールディング	<70		
		軟らかさの変化	
ミオシンの溶解性の喪失	45～50	収縮タンパク質の変性（硬化の第1段階）	40～50
ミオシンの変性	53～65		
アクチンの溶解性の喪失	<80	コラーゲンの収縮（硬化の第2段階）	65～70
トロポミオシンとトロポニンの変性	30～70	軟化の開始	54
コラーゲン		フレーバーの変化	
可溶化	60～70	肉のフレーバーの発生	>70

るタンパク質が変化して,肉のテクスチャーやフレーバーに大きく影響を与える(表6.1)[1].肉は収縮し,肉汁を放出して重量の減少が起こり,特有の弾力のある歯切れのよいテクスチャーとなる.肉の色は褐色となり,肉に含まれる成分の相互反応による加熱風味が生成される.以下それらについて述べる.

6.1.1 肉の収縮と重量の減少

加熱によるタンパク質の変性の結果,肉は収縮しそれによって肉汁が絞め出されるため重量と多汁性の減少を伴う.抽出された筋原線維のサルコメアの短縮は40〜50℃で起こるので,肉の収縮に伴う容積の変化はこれより高い温度で現れると考えてよい.60℃以上になると筋線維方向とそれに直角の幅方向に収縮がみられるが,厚さはかえって増加する.

表6.2は牛もも肉の実験結果であるが,内部温度が90℃に達したとき,長さは22%減少しているにもかかわらず,厚さは8%増加している.さらに1時間加熱すると3方向とも収縮する[2].

図6.1は豚ロース肉をフライパンで裏表それぞれ3分間,10分間焼いた結果であるが,加熱時間が長くなると肉の収縮は著しい.

65〜70℃までの加熱による肉の重量減少は,主として水分の蒸発によるもので,65℃以上になると肉汁の損失による重量減少が大きい.加熱終温が高いほど加熱による重量減少は大きくなる.このことは,肉がジューシーでなくなることを意味している.表6.3は豚ロース肉をグリルとオーブンで終温60,70,80℃まで加熱した実験結果であるが,いずれの加熱機器でも終

表6.2 加熱による牛もも肉の重量と体積の変化[2]

	90℃に加熱する	90℃に加熱してさらに1時間保持する
全重量の減少(%)	34.6	38.9
全体の大きさの減少(%)	16.6	25.3
長さの収縮(%)	22.0	26.0
幅の収縮(%)	12.0	16.0
厚さの増加(%)	8.0	3.5

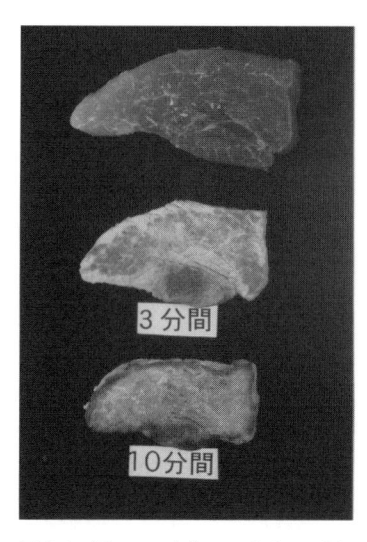

図6.1 豚ロース肉をフライパンでそれぞれ3分間,10分間焼いた結果(口絵5参照)

表6.3 豚肉の加熱最終内部温度と肉の品質[3]

品　質	加　熱　法							
	オーブン				グリル			
	中心温度（℃）				中心温度（℃）			
	60	70	80	標準誤差	60	70	80	標準誤差
全加熱損失（%）[d]	21.62[a]	29.32[b]	36.68[c]	±0.61	26.16[a]	32.97[b]	41.66[c]	±0.91
水分（%）	66.73[a]	63.96[b]	60.27[c]	±0.26	67.44[a]	64.62[b]	60.24[c]	±0.58
脂質（%）[e]	15.76[a]	17.06[a]	17.47[a]	±0.50	11.67[a]	12.30[a]	14.29[b]	±0.24
軟らかさ[f]	10.90[a]	10.15[a]	8.49[c]	±0.18	11.26[a]	10.82[a]	9.14[b]	±0.31
多汁性[f]	11.77[a]	9.69[b]	6.96[c]	±0.24	11.37[a]	9.42[b]	6.06[c]	±0.28
豚肉の風味[f]	8.51[a]	9.93[b]	11.40[c]	±0.21	9.79[a]	10.12[a]	10.17[a]	±0.19
オフフレーバーの強さ[g]	11.76[a]	12.33[ab]	13.10[b]	±0.19	13.32[a]	13.74[b]	13.96[b]	±0.13
ワーナーブラッツラーせん断力値[h]	3.47[a]	3.49[a]	4.34[b]	±0.37	3.26[a]	2.99[a]	3.15[a]	±0.12

a, b, c：オーブンあるいはグリルの温度間で同じ文字間には有意差なし．d：生肉の重量に対する加熱ロス．e：乾物あたり．f：官能検査による，0＝非常に硬く，乾燥し味がない，15＝非常に軟らかく，多汁性に富み風味豊か．g：官能検査による，0＝非常にオフフレーバーが強い，15＝オフフレーバーなし．h：1.27 cmの円柱形の肉に対する kg．

温が高いほど全加熱損失で示される重量減少が大きく，官能評価による多汁性のスコア・肉の軟らかさのスコアは低く，ワーナーブラッツラーせん断力値は大きく，肉は硬かった．

6.1.2 テクスチャーの変化

加熱による肉のテクスチャーの変化は，主として筋原線維タンパク質と，結合組織（肉基質タンパク質）の主成分であるコラーゲンの変化に影響される．筋原線維を構成するα-アクチニン，ミオシン，アクチン，トロポミオシンなど種々のタンパク質の熱安定性はそれぞれ異なっており，加熱中の変化はやや広い温度範囲にわたって徐々に進行する．また，肉の筋原線維タンパク質は塩の共存や，結合した状態で存在するために，分離された状態に比べ変性温度はやや高温側にずれる．だいたい65℃付近で凝固し，それ以上の加熱によってさらに収縮し硬化が進行すると考えてよい．

一方，コラーゲンは加熱すると，いったん収縮し，さらに加熱するとコラーゲン鎖間の結合が切れ，ゼラチン化が起こる．その結果，結合組織の強固な線維状の構造は弱化し，結合組織で囲まれていた筋線維がほぐれ，肉はほぐれやすく軟

らかくなる．動物種，年齢，運動の程度などによってコラーゲンの量や架橋結合の強さなどが異なるため，ゼラチン化の難易も異なる．

一般に，肉のコラーゲンの収縮は約65℃で起こり，初めの長さの約1/3になる．65℃以下ではゼラチン化はほとんど起こらないか，長時間を要する．75～85℃を超えるとゼラチン化は急速に進み，加熱温度が高いほど短時間に進行する．

生肉の中でゾル状の筋形質（筋漿）タンパク質は，加熱によりカードとなって筋線維の内外を埋めるが，加熱肉のテクスチャーに対する寄与は，筋原線維タンパク質や肉基質タンパク質ほど大きくない．

このように，加熱中の肉の硬さは筋原線維タンパク質の変性凝固による硬化の進行と，コラーゲンの収縮による硬化と，それに続くゼラチン化による軟化（ほぐれやすさ）の進行との兼ね合いで決定される．図6.2は温度上昇中の肉の軟化度合を示したものである[4]．図から，温度上昇とともに軟化は進むが60℃付近ではミオシンの変性凝固による硬化，67℃付近では筋形質（筋漿）タンパク質の変性凝固とコラーゲンの収縮による硬化（最も軟化が起こりにくい），80℃付近ではアクチンの変性凝固による硬化によって，肉の軟化が抑制されている．

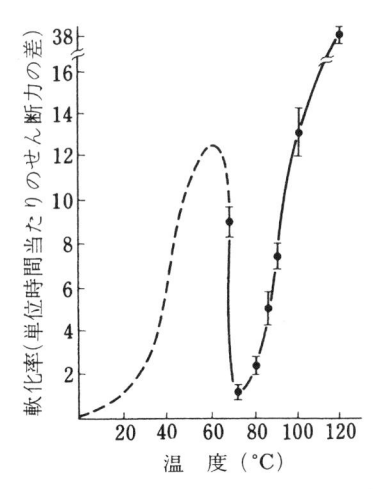

図6.2 肉の軟化に及ぼす加熱温度の影響[4]
牛胸骨下顎筋（せん断力/時）の変化を示す．

加熱肉の最終内部温度と最終内部温度に至るまでの時間も肉の硬さに影響を与える．牛半腱様筋2 kgを93℃および149℃のオーブンで中心部が40，50，60または70℃になるまで加熱する場合をシミュレートして，直径2.6 cm長さ5.7 cmの肉片を試験管に入れて温浴上で加熱した実験がある[5]．温度上昇速度の小さい肉の方がせん断力が小さく軟らかかった．また，4種の最終中心部温度の中では，70℃の試料が最もせん断力が小さかった．しかし，後に彼らは，多くの研究で行われているこのような小片試料によるデータと実際の肉のローストの結果を比較した．そして，ローストでは，オーブン温度の違い，肉の加熱終温の違いによるテクスチャーの差はみられず，小片試料の結

果を,実際のローストにあてはめるには注意が必要であると報告した[6]).

一方,300gぐらいのステーキを94℃と149℃のオーブンで,肉の中心部が70℃または80℃になるまで加熱した研究では,94℃の方が149℃よりも官能評価のsoftnessの評点が高かった.また,中心部70℃の方がsoftness, tendernessの値が高く軟らかいことがわかったが,機器測定によるせん断値には,いずれも有意の差はなかった[7]).70℃というのはミディアムの焼き加減である.

牛深胸筋(100〜200g)をポリエチレン袋に入れ,50℃または60℃で加熱すると,せん断力は60℃で加熱した肉の方が小さかった.これをさらに24時間まで加熱すると,50℃の肉は少し軟化するだけであるが,60℃の肉の軟化は著しかった.これは60℃でもコラーゲンの分解が進むことを示唆している[8]).

厚さ3cmの冷凍ロインステーキの加熱前温度,すなわち解凍終温を2〜26℃の5段階に変えて中心部70℃まで加熱すると,加熱前温度の高い方が加熱時間,加熱損失が少なく,肉のせん断値は小さく軟らかいという報告がある[9]).

豚肉についても,脚肉4.9〜5.9kgをフィルムに入れ,82,93,121および163℃のオーブンで,中心部74℃になるまで蒸し焼きにした[10]).官能評価の結果,低温の2種の方が軟らかく多汁性があり,冷蔵後再加熱時にみられるウォームドオーバーフレーバー(warmed-over flavor)も認められなかった.

鶏胸肉を中心部76℃まで蒸し加熱するのに要する時間は,骨つき肉では20分間,骨なし肉では15分間であり,前者の方が軟らかく多汁性に富んでいた.しかし,温度上昇速度を等しくすると両者の差はなくなった[11]).

このようにいくつかの研究で認められている,低温で長時間加熱することの軟化効果は,コラーゲンの収縮時に肉汁の分離が少ないこと[1])や,コラーゲンを分解する酵素の影響[5])などが考えられる.

圧力鍋を用いると水の沸点を上昇させ,肉を100℃以上(通常110〜115℃)に加熱することができるので,肉は一層軟化する(図6.2).

6.1.3 脂質の融解

脂質は内臓器官の周囲や皮下組織,筋肉の周囲,筋肉内に蓄積される.筋肉内の脂質は筋束間,筋線維間にみられ,この量が多い場合は霜降り肉となる.脂質が存在すると,相対的にタンパク質の占める割合が小さくなることから,肉は軟

らかく感じられる．これらの脂質は結合組織に貯えられているので，結合組織のコラーゲンが，加熱によって弱化すると溶けた脂質は組織の外へ浸み出し，肉は滑らかな触感となる．

脂質それ自身は呈味を示さないが，適度な量の脂質は，口中でエマルションとなって他の味をまろやかにし，肉をおいしく感じさせる．また，脂質に微量混在する低分子成分も味に影響を与えている．

表6.4 各種食肉脂質の性質

種類	融点(℃)	ヨウ素価
牛	40〜50	32〜47
馬	30〜43	71〜86
豚	33〜46	46〜66
羊	44〜55	31〜46
鶏	30〜32	58〜80

脂肪を構成する脂肪酸組成は動物種によって異なる．したがって動物種によって融点が異なり（表6.4）[12]，人の体温より融点の高い脂肪を含む羊や牛の肉は，冷めるとおいしくないので高温で食べる調理に向いている．

6.1.4 肉色の変化

生の肉の赤い色は，主としてグロビンとヘム色素からなるミオグロビンに由来する．ミオグロビン量の多い肉は濃い赤色となる．牛肉に比べ豚肉はミオグロビンが少なく色も薄い．と（屠）畜直後のミオグロビンのヘム色素に含まれる鉄は還元型（Fe^{2+}）として存在し，紫がかった赤色である．これが空気中の酸素と結合するとオキシミオグロビンとなり鮮赤色を呈す．さらに空気にさらしておくとFe^{2+}がFe^{3+}に酸化されたメトミオグロビンに変わり，肉は褐色となる．いずれも加熱するとミオグロビンのタンパク質部分であるグロビンが変性し，同時にヘム色素も酸化されて褐色となる．この色素は変性メトミオグロビンまたは変性グロビンヘミクロム（Fe^{3+}）と呼ばれる．

ハム，ソーセージは加熱してあるにもかかわらず褐色にはならない．ミオグロビンをあらかじめニトロシルミオグロビン（Fe^{2+}）としたのち，加熱して安定なニトロシル（ニトロソ）ヘモクロム（Fe^{2+}）を生成させ，肉色をピンクに保っているからである．加熱により肉色が変化することから，肉の色を観察して加熱程度を知ることができる（後述，表6.8参照）．また，表面の適度なこげは嗜好性を高める．

6.1.5 風味の変化

生の肉は弱い血液の匂いや,動物特有の臭気の混った匂いをもつ.これを加熱すると,動物種それぞれの好ましい香気を生じる.

肉を加熱したときの匂いは,焙焼香気(ロースト肉の香気)と,食肉加熱香気(ロースト肉,水煮肉のにおい)および,動物種特異臭からなっている.これらの生成には2通りの要因が関与している.1つは赤身肉の水溶性成分(アミノ酸,ペプチド,糖類など)から,加熱中に熱分解やアミノ-カルボニル反応により生成したものである.もう1つは,肉の脂質や脂質中の微量成分から,加熱中に酸化や分解,アミノカルボニル反応などによって生じたものである.前者は動物種に共通の匂いであり,後者は牛,豚,鶏など動物種に特有の匂いである[13].

加熱肉の揮発性成分として,脂肪酸,アルコール,アルデヒド,エステル,ラクトン,フラン,ピラジン,含硫化合物など1,000種以上が検出同定されているが,とくに含硫化合物は肉の加熱香気として必須の成分である.加熱牛肉中の含硫化合物,ラクトン,フラン,ピラジンの例を表6.5[14]に示した.

表6.5 加熱牛肉中に検出されたラクトン,フラノイド,ピラジンおよび含硫化合物[14]

種類	化合物
ラクトン	γ-ブチロラクトン,γ-ヘキサラクトン,γ-ヘプタラクトン,γ-バレロラクトン
フラン	2-ペンチルフラン,5-チオメチルフラン,4-ヒドロキシ-2,5-ジメチル-2-ジヒドロフラン-3-オン,4-ヒドロキシ-5-メチル-2-ジヒドロフラン-3-オン
メルカプタン	メチルメルカプタン,エチルメルカプタン
サルファイド	メチルサルファイド,メチルジサルファイド
チオフェン	2-メチルチオフェン,テトラヒドロチオフェン-3-オン
チアゾール	2-メチルチアゾール,ベンゾチアゾール
多硫複素環式化合物	3,5-ジメチル-1,2,4-トリチオラン,5,6-ジヒドロ-2,4,6-トリメチル-1,3,5-ジチアジン,2,4,6-トリメチル-5-トリチアン
ピラジン	2-メチルピラジン,2,3-ジメチルピラジン,2,5-ジメチルピラジン,2,6-ジメチルピラジン,2,3,5-トリメチルピラジン,2,3,5,6-テトラメチルピラジン,2-エチルピラジン,2-エチル-5-メチルピラジン,2,5-ジメチル-3-エチルピラジン

肉の呈味成分はエキス中に含まれるアミノ酸,ペプチド,ヌクレオチド,糖,有機酸,ミネラルなどである.表6.6は生肉と加熱肉の測定例である[15].加熱時の温度上昇中に酵素の活性が高まり,アミノ酸やペプチドが増加したり,一部の

ヌクレオチドが増加または減少する．牛背最長筋を加熱温度を変えて6時間まで放置すると，40℃付近で遊離アミノ酸が，60℃付近でペプチドが増加した[16]．ペプチドの多い肉エキスはまろやかな味わいとなった．このことは低温長時間加熱によって呈味が向上する可能性を示している．

表6.6 ホルスタイン雄牛胸最長筋のエキス成分[15]
（mg/肉100 g）

	生肉	加熱肉*
トリクロロ酢酸可溶性窒素	311	366
オリゴペプチド態アミノ酸	247	217
遊離アミノ酸	137	134
IMP	129	211
乳酸	661	985

＊：加熱肉はホットプレート（209℃）上で片面60秒間，片面30秒間加熱して調製．

一方，温度上昇速度を変えて鶏肉と豚肉を加熱すると，上昇速度の小さい肉の方にIMP量は少なく，IMPの残存率はIMP分解酵素活性と相関が高かった．この酵素の変性温度は50℃付近であった[17]．

加熱によって肉が収縮すると肉汁はドリップとして失われるため，呈味成分も失われる．肉の味を味わうには，できるだけ肉汁を保つような調理方法が工夫されている．筋肉タンパク質の変性温度や呈味成分の変化などを合わせ考えると，肉の加熱には60～70℃がかなり重要な意味をもっているようである．

6.2 各種加熱操作と食肉の特性

加熱操作は乾熱加熱と湿熱加熱に大別することができる．乾熱加熱は熱源のエネルギーを直接，あるいは鍋などを通して，肉を加熱する方法である．湿熱加熱は水あるいは水蒸気を熱の媒体として肉を加熱する方法である．油を熱の媒体とする方法は，水を用いないので乾熱加熱となる．いずれの加熱操作によるかを決めるのは，肉の大きさや形状，肉の硬さなどである．硬い肉は湿熱加熱によって長時間加熱すれば，肉が乾燥しすぎたり，こげたりすることなく肉を軟らかくすることができる．肉そのもののフレーバーを味わう場合は，乾熱加熱によることが多い．肉から呈味成分を引き出してスープを味わったり，その呈味成分を他の食品にも移したりする場合は湿熱加熱による．

6.2.1 乾熱加熱

網焼き（grill），あぶり焼き（broil），オーブンで蒸し焼き（roast），フライパ

ン焼き (griddle),炒め焼き (stir-fry),揚げる (deep-fat-frying) などがある.

　網焼きやあぶり焼きでは主として熱源からの放射伝熱と対流伝熱を利用する.熱源の温度は炭火では600〜800℃,ガス火では〜800℃,ガス火に鉄板やセラミックをかぶせると〜900℃である.炭に比べガス火は加熱空気の対流伝熱の割合が多く,放射伝熱の割合は少ない.被加熱物の温度は対流伝熱で加熱する場合,熱源からの距離に大きく影響され,放射伝熱では距離の影響は少なく,温度は熱源の絶対温度の4乗に比例して大きくなる.したがって,肉を網焼きにする場合には加熱空気の対流伝熱のエネルギーに比べ,熱源からの放射伝熱のエネルギーの方が大きい.そこで,ガス火に鉄板やセラミックをかぶせ,まずガス火の対流伝熱(及び放射伝熱)によって鉄板やセラミックを加熱し,それらからの主として放射伝熱を利用する.こうすることで肉の表面を早く高温とし,内部は肉汁を保った状態にすることができる.

　フライパン焼きや炒め焼きは,ステーキ,ソテーなどのように,熱源のエネルギーをいったん鍋に伝え(ここまでは放射伝熱と対流伝熱),鍋からの伝導伝熱と,一部は鍋の放射伝熱や対流伝熱によって肉を加熱する方法である.

　オーブン焼きの場合,熱の伝わり方はオーブン庫内壁面からの放射伝熱と,加熱空気の対流伝熱によって加熱される.肉の大きな塊やミートローフのように大型に成型したものや,鶏の丸焼きなど,比較的長時間加熱するのに適している.肉の表面から水分が蒸発して庫内に保たれ,肉は蒸し焼きにされる.過度の乾燥を防ぐために肉の表面に肉汁や油脂をかけたり,天板に水を入れたりする.

　揚げ加熱には通常180℃付近の油を用いる.衣をつけた場合は衣の部分で,空揚げのような薄い衣の場合は肉の表面で,激しく水分が蒸発して代わりに油が吸収される.薄い衣の揚げ物では,肉表面におけるテクスチャーやフレーバーの変化が著しく,あぶり焼きやオーブン焼きに比べても変化が大である.

　いずれの加熱操作でも肉の表面は高温となるが,内部は水分のある限りは100℃以下で,表面と内部の温度勾配が大きい.乾熱加熱では肉の表面は適度に乾燥して適度のこげ色がつき,香ばしく,内部は肉汁を保っている状態が好まれる.調味液に浸してから加熱したり,途中で調味液をかけることもできるが,乾熱加熱は肉そのもののおいしさを味わう調理に適している.

6.2.2 湿熱加熱

蒸す（steaming），蒸し煮（braising），水煮（boiling）などがそれである．蒸す場合には肉を通常100℃の水蒸気の対流伝熱によって加熱する．肉の表面温度が水蒸気の温度より低いと水蒸気は表面で液化し，潜熱を与える．加熱の初期にはこの影響が大きいことから，同じ温度でも，空気の対流伝熱より蒸気の対流伝熱による方が食品の温度上昇は速やかである．

蒸し煮は鍋で肉を炒めてこげ目をつけたのち，肉が乾燥しないように少量の水を入れふたをして加熱する方法である．炒める間は鍋からの伝導伝熱，鍋壁面からの放射伝熱，油脂を用いるとその対流伝熱で肉は加熱される．水を加えてふたをしたあとは主として水蒸気による対流伝熱で加熱される．

水煮は水（煮汁）からの対流伝熱で加熱されるので，肉表面から水分が蒸発することはないが，エキス分が逃げるチャンスは多い．単位体積あたりの分子数は気体よりも液体の方が多いから，高温のエネルギーをもった分子から食品への熱の移動の頻度は，液体の方が多いことになる．100℃のオーブンで加熱するより，100℃の水中で加熱する方が食品の温度上昇は速い．調味料を煮汁に加えれば加熱中に肉の内部まで味をつけることができる．しかし，通常は肉に火が通る時間より，調味料が浸み込む時間の方が長くかかるので，肉の中心部まで味をつけるためには煮汁に浸しておく時間が必要になる．カレーは翌日がおいしいといわれるのはこのためである．

水煮は結合組織の多い硬い肉を軟らかくなるまで加熱するのに適している．シチューや煮込みはこの例で，水とともに長時間加熱するのでコラーゲンはゼラチン化し，硬い肉もほぐれて軟らかくなる．図6.3，6.4は牛すね肉を加熱して，加熱時間と肉の状態，および，硬さの変化を示したものである．肉は一たん硬くなった後，軟らかくほぐれやすくなることがわかる．

豚肉の皮つき角切り肉200gを東坡肉（トンポーロウ）の調理法に準じて1.5時間水煮し，これを水中に3時間放置したのちさらに2.5時間加熱した[18]．同じ肉を116℃の圧力鍋で40分間加熱し，水をかえて20分

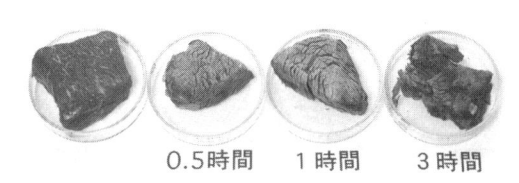

図6.3 加熱時間による牛すね肉の外観の変化（口絵6参照）
加熱時間が長くなると肉はやわらかくほぐれやすくなる．

間加熱した．いずれの肉も皮のコラーゲンは，未加熱時の64％が可溶化し，肉は同程度に軟化した．脂肪は無処理の66.5％に比べ，常法では52.2％に，圧力鍋では44.4％に減少していた．加熱時間は，常法の4時間に比べ圧力鍋を用いると1時間に短縮された．

肉と野菜を煮込むような調理では，肉の呈味成分は水中に移行し，肉のみでなくその煮汁で加熱した野菜なども味がよくなる．野菜からも呈味成分が煮汁中に移行するので煮汁は複雑な味わいとなり，肉の好ましくないにおいもマスクされ，おいしくなる．

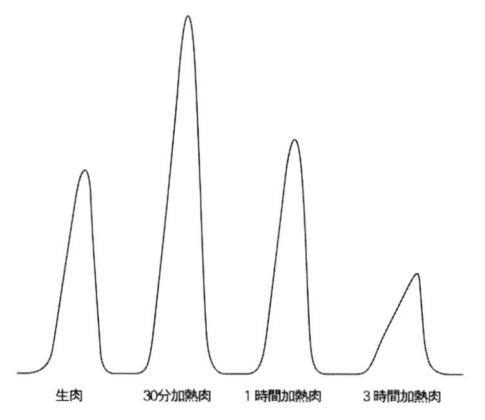

図6.4 加熱時間による牛すね肉の硬さの変化
ピークの高さは，肉をかんだときに感じる肉のかたさを表す．ピークが高いほど，肉はかたいことになる．
30分間加熱牛肉は，筋線維の収縮により生肉より1.8倍ほど高くなった．さらに加熱を続けると，筋線維をとりまく結合組織コラーゲンの可溶化に伴い，肉はほぐれやすくなり，かんだときやわらかく感じる．(テクスチュロメータを用いて，V型プランジャー，平皿，クリアランス1mmの条件で測定.)

6.2.3 真空調理

1970年代にフランスで開発され，1980年代になって急速に注目を集めた調理法である[19]．新鮮な素材を生または下処理したのち特殊フィルムに入れ，脱気密封し，湯煎またはスチームオーブンで加熱する方法で，一種の湿熱加熱である．その特徴は肉を低温で長時間加熱し，中心温度を55～65℃とするところにある（表6.7）．この温度を長時間保持することは，筋原線維タンパク質の硬化を防ぎつつ，コラーゲンをゼラチン化させることである．したがって，この方法によれば加熱損失が少なく，肉は軟らかく仕上がる．素材の風味を保ち調味料の浸透がよいとされている．流通・サービス産業で一定の品質の料理を簡単に提供できるメリットがあるが，0～3℃で保存し7日以内に消費することとされている．

これまで，真空調理による肉の軟化について，鶏肉，豚肉，イカ肉を対象として物性，食味，組織構造などが調べられている[20-23]．さらに軟化の機構について調べた研究がある．

6.2 各種加熱操作と食肉の特性

表6.7 真空調理における加熱温度と加熱時間[19]

素材			庫内湯煎温度(℃)	素材の中心温度(℃)	時間
肉	赤身	セニャン(レア) 牛肉 フィレ	58	58	25分
		ロース	58	58	2時間
		仔羊 背肉	58	54～55	35分
		駿下肉	58	58	1時間15分
	白身	ブレゼ,ブイイ,ソーテ 牛肉	66	66	72時間
		仔羊	66	66	48時間
		ロティ 仔牛	66	66	2時間
		豚	66	66	2時間
		鶏のむね肉	62	62	30分
		鶏のロティ	62	62	1時間
		ソーテ 仔牛	66	66	48時間
		ブイイ 豚	66	66	18時間
		鶏	66	60	8時間
魚		サケ	62	58	6分
		舌ビラメ1尾	62	58	7分
		ヒラメ	62	60	8分
野菜		アーティチョークの花托	95	95	35分(大きなもの)
		アンディーブ	95	95	20分
		アスパラガス	95	95	15分
		ニンジン	85	85	45～60分

　スルメイカ外套膜を40～80℃で30分間,あるいは30～90℃で30～90分間加熱すると,60℃が最も軟らかいことが物性測定で示された.官能評価では,煮えたイカの食感をもち最も軟らかいとされた加熱時間は,50～55℃で4～6時間,60℃で1～4時間であった.コラーゲンから成る表皮は消失していたことが軟化に寄与していた.60℃で1時間真空調理したイカが,80℃で1時間加熱したイカより軟らかい原因の1つとして,筋肉のアクトミオシンからアクチンが遊離し筋原線維が軟化するためであることが推定された[24].その機構として,筋漿低分子画分に存在する核酸関連物質(AMP, IMP)がアクチンを遊離させることがわかった.この反応は60℃で著しく進行し,80℃ではわずかであった[25].

　牛,豚,鶏肉については65℃,60分の真空調理により,アクチン-ミオシンの結合は切れているにもかかわらず,イカのようなアクチンの遊離が見られなかっ

た．しかし，0.6 M NaClで処理しZ線を破壊するとアクチンが遊離した．イカの場合と同様に牛，豚，鶏骨格筋から調製したアクトミオシンをAMP, IMPと処理するとアクチンが遊離したことから，いずれの場合も，核酸関連物質が60℃付近で筋原線維アクトミオシンからアクチンを遊離させることが，軟化の機構であると考えられた[26]．

6.2.4 クックチルシステムによる品質変化

病院給食をはじめ多くの給食施設でクックチルシステムが採用されるようになってきた．これは，セントラルキッチンで大量に調理（1次加熱）したものを，急速冷却して各施設に搬送し，その施設で再加熱（2次加熱）して提供するというシステムである．平成8年に厚生省（当時）健康政策局からガイドラインが示され，1次加熱，2次加熱いずれも75℃，1分以上の加熱が要求されている．

ブロイラーの皮なしもも肉味噌漬けをオーブンで加熱（160℃，12分間）し，急速冷却，チルド保存したのち，再加熱して，1次加熱を基準として肉の品質を評価した報告がある[27]．再加熱はオーブン加熱，あるいはオーブン加熱＋スチームとした．それによると，1次加熱で重量が16.2％減少し，オーブン加熱でさらに12％減少した．オーブン＋スチームでは約9％の減少であった．スチームを加えることで，加熱時間は短縮され肉は軟らかくし上がったが，焦げ色はつきにくい．官能評価の結果，1次加熱に比べ，再加熱すると，軟らかさ，多汁性，総合評価が低下した．

以上の結果より，鶏味噌漬け焼きの再加熱の方法は，オーブン＋スチームが適切であろうと判断された[27]．

6.2.5 加熱操作と加熱肉の品質との関係

加熱操作が異なると肉の仕上がり状態が異なる．湿熱加熱と乾熱加熱では表面の乾燥状態，テクスチャーが異なる．

加熱肉の温度上昇速度も加熱肉の品質に影響を与える．温度上昇は一般に，熱媒体から肉の表面への熱伝達と，肉の表面から内部に向かう熱伝導によって決定される．すなわち肉が置かれた環境温度，放射伝熱と対流伝熱（空気または液体，水蒸気）の違い，肉の形状や大きさ，肉の水分や脂肪の量と分散状態，骨の有無

などである.

　同じ肉を用いて加熱操作を変え肉の品質が評価されている. 176℃のオーブンでロースト, または, 表面温度176℃であぶり焼き, の2種の方法で牛肉を中心部60, 71℃まで加熱したところ, ローストの方が時間を2倍要したが電気エネルギーは1/2であった. 官能評価の結果, 長時間加熱したにもかかわらず, ローストの方が加熱ロスは小さく軟らかく多汁性があった. 多汁性, 軟らかさ, フレーバーのスコアは60℃にローストした肉で最も高かった. 同じ60℃でもローストの方が生の色に近かった[28]).

　815g前後の牛もも肉を4種の方法で, 中心部を70℃まで加熱した場合の肉の温度上昇を図6.5に示した[29]). 加熱ロスはPBが最も大きく, DF＝OB, ORの順に小さかった. 肉の圧出水分の測定による保水性, および官能評価の多汁性のスコアはORが最も高く, PBが最も低かったが, 硬さとフレーバー, 総合のスコアには有意の差はなかった.

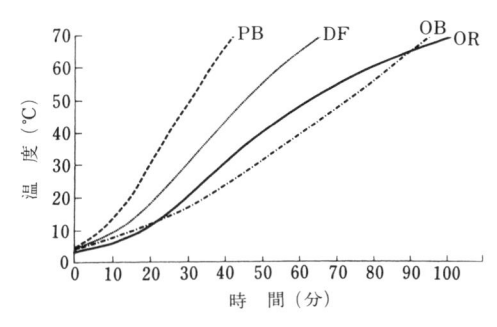

図6.5 牛半膜様筋を4種の方法で70℃に加熱した場合の温度履歴[29])
PB：30mlの水を入れ圧力鍋 (115℃) で加熱, DF：100℃の綿実油で揚げ加熱, OB：30mlの水を入れふたをして149℃のオーブンで加熱, OR：149℃のオーブンで加熱.

6.3 添加材料と食肉の変化

　肉の加熱に際し, あらかじめ調味料に浸したり, 調味液をふりかけたりすることがある. これらは味つけのみでなく, 肉の仕上がり状態にも影響を与えることがある.

6.3.1 調味料
a. 食塩

　食塩を加えると, 筋原線維タンパク質を可溶化するため筋線維のゆるみを生じ肉の保水性が向上する. この効果は食肉の加工に応用されており, 食肉製品の製

造初期の工程に塩せきが行われ,肉の保水性,結着性を高めている[30].ハンバーグステーキでも食塩を加えてこねると結着性が増す.

b. ショ糖

ショ糖は分子内に多数の OH 基をもつので水分子と入れかわって,肉のタンパク質の極性基と相互作用し,肉が加熱により変性するのをいくらか抑制する可能性がある.実際に,すきやきの肉に砂糖を加えると肉が軟らかくなるといわれている[31].同様に,乾豚肉製造時にショ糖を添加すると乾肉は軟らかく仕上がるといわれている.図6.6 は 50℃加熱乾燥中の豚肉の硬さの変化を測定したものであるが,ショ糖添加の肉は他より軟らかい.この理由として,糖存在下でタンパク質の変性が遅れるため,水分の乾燥が先に進行し,糖無添加に比べ,変性が進まないうちに乾燥が終了するためであろうと推定されている[32].また,鶏肉と豚肉をあらかじめ 2.0 または 4.0 M ショ糖液に浸した後,ペースト状にして加熱すると,ショ糖濃度が高いほど加熱時の IMP の分解は抑制される傾向にあった[17].

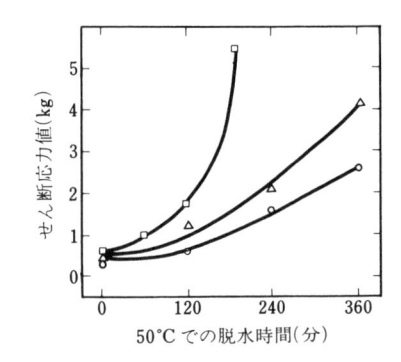

図 6.6 ショ糖の添加が乾燥豚肉の硬さに及ぼす影響[32]
□:無添加,△:2M グルコース,○:2M ショ糖.

c. 酢　酸

肉の保水性は等電点付近（pH 5 付近）で最小となり,これより酸性側でもアルカリ性側でも保水性は高くなる.そのため,肉を酢やワインに浸すマリネ処理は肉を軟化させる.牛肩肉を 1.5％酢酸溶液に 5℃で 40 時間浸漬後,蒸し加熱したものは,官能評価によって有意に軟らかいとされた.このとき肉の pH は 4.5 であり,この条件で活性の高まる筋肉内プロテアーゼにより,筋原線維タンパク質ミオシンの分解が認められている[25].

d. ワイン

ワインの pH は 3.2〜3.5 付近であるから,肉の軟化に効果があることが考えられる.実際にあらかじめ肉をワインにつけておいたり,ワインの中で調理することはフランス料理等ではしばしば行われる.

6.3 添加材料と食肉の変化

牛肉の硬さに対するワインの効果を調べるためには，種々の筋肉が混合している塊肉から硬さを測定するための試料を切り出そうとすると，ばらつきが大きく一定の結果が得にくい．そこで，牛のすじ肉を入手し，結合組織の部分だけを用いて，赤ワイン，白ワインおよび対照として蒸留水中で加熱し物性を測定した．

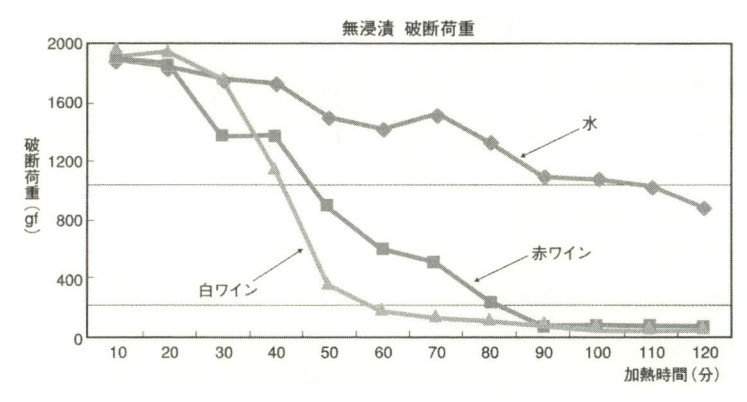

図 6.7　ワイン中で加熱した牛すじ肉の物性変化

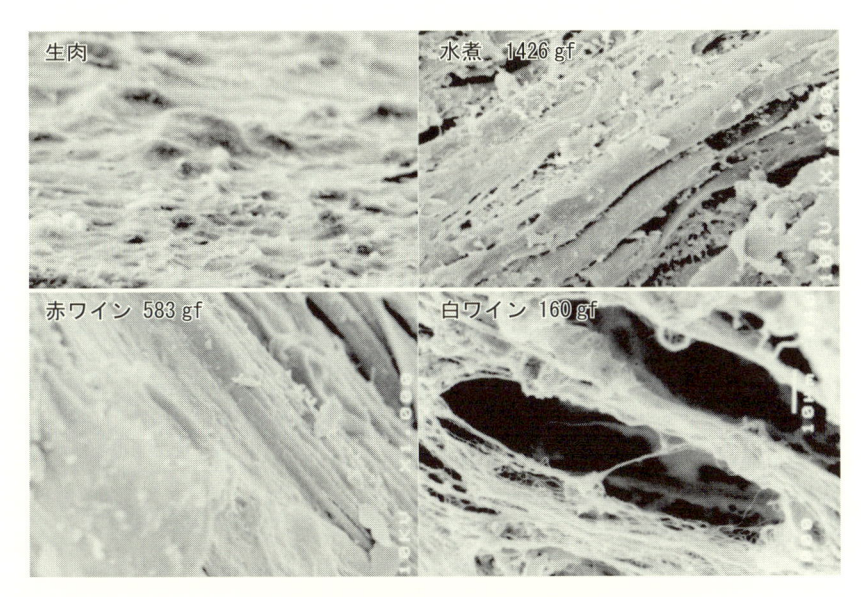

図 6.8　加熱したすじの組織構造
（走査型電子顕微鏡写真　60 分間加熱）

その結果は図6.7のように，対照は110時間後に歯で咬める硬さ（破断荷重1,000 gf）になったのに比べ，白ワインでは約40分後，赤ワインでは約45分後に歯で咬める硬さになった．食べられる硬さ（200 gf）になる時間は白ワインで60分後，赤ワインでは80分後で，対照では120分後でも食べられる軟らかさにはならなかった．

60分間加熱したすじ肉の組織構造は生に比べ筋線維が明瞭に識別できるが，ワインの方が疎構造になっており，特に白ワインに著しかった．（図6.8）

ワイン中のどの成分が軟化に関与しているか検討したところ，酒石酸の影響が大きかった．有機酸の6種について軟化の程度を測定したが，有機酸の種類によって破断荷重の減少速度は異なり，酒石酸，クエン酸，乳酸，リンゴ酸は同程度に破断荷重を減少させたが，コハク酸はやや軟化が遅れ，酢酸は軟化が一層遅れた．

e. 牛 乳

牛乳は周囲のにおいを良く吸収するので，レバーや魚肉などの生臭いにおいや好ましくないにおいを除くために，加熱前にあらかじめ牛乳に浸すことがある．牛乳中のタンパク質や脂肪球はコロイド粒子として存在しているが，コロイド粒子は表面積が著しく大きい．そのため表面に種々の物質を吸着しやすい．さらに，牛乳に浸した後に焼くとよい焦げ色がついて風味が増す．鶏肉を牛乳に浸した後に加熱すると，焦げ色とおいしさが向上したことが官能評価で確かめられている．

6.3.2 プロテアーゼ

酢の効果はpHを低下させ，肉の筋肉内プロテアーゼを活性化させることによって，肉を軟化させることにあるが，植物や微生物由来のプロテアーゼを肉に添加しても，肉を軟化させることができる．ミートテンダライザーは，プロテアーゼに香辛料や調味料を加えたものである．以前からパイナップルのブロメリン，イチジクのフィシン，パパイヤのパパインなどはよく知られている．ナシ，プリンスメロン，ショウガなどにもプロテアーゼの存在が認められている．

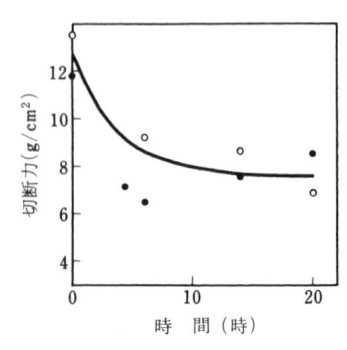

図6.9 キウイフルーツの粗アクチニジン溶液に浸漬した牛もも肉の硬さの経時変化[27]
○：生肉，●：加熱肉．

キウイフルーツの粗アクチニダイン（別名アクチニジン）は筋原線維タンパク質のミオシンとアクチン，コラーゲンを分解した[34]．この粗アクチニダイン溶液に浸漬した牛もも肉は，生および加熱肉のいずれでもレオメーターの切断強度が低下した（図6.9）．

6.4 食肉の調理の種類と特徴

牛，豚，鶏は品種や部位により肉質が異なる．それぞれに適した調理方法を選ぶ必要がある．

6.4.1 牛肉の調理

牛肉の部位とその特徴，適する調理の種類は2.5.1項で述べてある．ここではおもな調理品について解説する．

牛肉を加熱せずに食べる例に，タルタルステーキがある．牛肉の軟らかい部位を包丁できざみ，ハンバーグ状に形を整え，卵黄，みじん切りの薬味や調味料をまぜて食べる．

肉の中で微生物が存在するのは通常，気道と消化管であり，筋肉部は無菌である．カットした肉の表面は微生物に汚染される可能性がある．したがって塊肉なら表面を加熱すれば安全に食べることができる．しかし，成形肉や挽肉をまとめたものでは，表面が内部まで入り込んでいるので，中心部まで十分加熱する必要がある．腸管出血性大腸菌の場合は75℃1分間の加熱がすすめられている．

平成23年にユッケとして焼き肉チェーン店で提供された生挽肉を原因とする腸管出血性大腸菌O-111による食中毒が発生し，5人がなくなった．これを契機として，厚生労働省は生食用食肉の規格基準を定め，この基準を満たさない生食用食肉（牛肉）を平成23年10月1日から提供することができなくなった．（厚生労働省告示第三百二十一号）さらに，レバーから腸管出血性大腸菌O-157の存在が認められ，平成24年7月1日から，牛のレバーを生食用として，販売・提供できなくなった．

枝肉から切り出された肉塊は容器包装・密封の上，肉塊の表面から深さ1cm以上の部分までを60℃，2分間加熱，あるいはこれと同等以上殺菌効果を有する方

法で加熱殺菌しなければならない．生肉として提供する場合はこの表面をトリミングして内部を用いることになる．レバーの場合は中心部まで加熱しなければならない．中心部の温度63℃で30分以上，あるいは中心部の温度75℃1分以上が必要である．なお，筋肉の場合は色の変化から温度を推定できるが，筋肉にミオグロビンが多くヘモグロビンが少ないのに比べ，レバーではほとんどがヘモグロビンであり，加熱によって変化しにくいため，色から温度を推定できない．レバーの色が変るのは85℃ぐらいであるから，ここまで加熱すれば安全であるといえる．

表6.8 牛肉の焼き加減と肉部温度[2]

レア	55～65℃	肉の内側のほとんどまたは中心部は鮮赤色，切ると赤い肉汁が出る
ミディアム	65～70℃	外側は灰色がかっているが内側はバラ色で赤味が少ない，切ると肉汁は少ししか出ない
ウェルダン	70～80℃	熟成条件や温度上昇速度によって色は異なるが一様に灰色，内部温度が高く切ると肉汁は出ない
ベリーウェルダン	90～95℃	加熱中の重量減が大きく，長時間の加熱で肉の筋線維はばらばらに崩れる傾向にある

図6.10 ビーフステーキの加熱時間と焼き加減（口絵4参照）
フライパンの温度は200℃，加熱前の生肉の温度は13℃．左から1，2，3，4，5分間，片面を焼いて裏返し，再び同時間焼いた肉である．実験の結果，肉の中心部の温度はそれぞれ37.5℃，43.4℃，53.9℃，63.9℃，71.3℃であった．重量に関しては，200gの生肉が加熱1分後は188g，その後1分間ごとに175g，175g，150g，125gとなった．

ビーフステーキは牛肉のおいしさを味わう代表的な調理である．結合組織の少ない風味のよい部位が適する．焼き加減と内部温度は表6.8[2]のように，生に近いものから完全に火の通ったものまであり，好みによって選ぶ（図6.10）．焼く際には肉汁を逃さないように表面をまず強火で凝固させ，好みによってさらに加熱する．

なお，ステーキの場合，レアで提供してもこれまで問題になったことがないので，厚生労働省でも構わないとして規格基準はもうけていない．

すきやきには，肉を炒めその上に砂糖をふり入れ野菜と醤油を加える方法（関西風）と，肉を炒めたら"わりした（醤油，味淋，だし汁を合わせたもの）"を入れて野菜を加える方法（関東風）とがある．霜降り肉が最適とされ，短時間の加熱で食する．白滝やコンニャクは凝固剤として水酸化カルシウムを用いている．カルシウムは肉を硬くするのでそれを避けるには肉を食べたあとの煮汁で煮る方がよい[35]．

6.4.2 豚肉の調理

豚肉の部位と特徴，適する調理の種類は2.5.2項で述べてある．ここではおもな調理品について解説する．豚肉は牛肉に比べ，硬さにそれほど部位による違いはない．豚肉には寄生虫（トリヒナ，トキソプラズマ）のいる可能性があるので65℃以上の加熱が適当とされている[36]．電子レンジでは温度むらのあることから76.7℃以上がすすめられている[37]．豚肉をステーキにする際の厚みとしてアメリカで好まれたのは1.3～2.5cmであったという報告[36]がある．

豚脂は融点がヒトの体温付近にあるので冷めても舌にざらつくことはない．ハム，ベーコン，ソーセージなどの加工品として冷たい状態でも食べられる．ばら肉の部分には脂質が多い．東坡肉(トンポーロウ)は脂質がとけた滑らかな舌ざわりを味わうもので，豚のばら肉をゆでたあと油で揚げ，さらに蒸すという長時間加熱を行う．これによってコラーゲンをゼラチン化し脂質をとかす．

6.4.3 鶏肉の調理

1.0～1.5kgぐらいの鶏を丸のまま焼いたローストチキンは代表的な調理である．手羽やもも肉も焼き物，煮物，揚げ物など各種の調理に用いられる．皮の部

分には脂質が多く，焼き鳥などで香ばしい風味が賞味される．皮を含まないささみは脂質が少なく淡白な味わいである．

　食中毒は近年，減少傾向にあるが，ノロウイルスとカンピロバクターはほとんど減少していない．カンピロバクターによる食中毒は主として飲食店で提供される，とりさし，とりわさ，などの鶏の生食によるものである．鶏の内臓にあるカンピロバクターやサルモネラ属菌が解体時に鶏肉を汚染することがあると，その鶏肉だけでなく，食鳥処理場で他の食鳥に交差汚染が起こることがある．

　したがって，鶏肉を生，あるいは加熱不十分のまま食べることは食中毒の危険が伴う．

　鶏肉の部位とその特徴については2.6節で詳述してある．

6.4.4　内臓の調理

　内臓は通常"もつ"と呼ばれる．骨格筋である横紋筋とは異なる，それぞれ独得のテクスチャーや呈味を味わう．

　その種類と特徴，調理法については2.5～2.6節で述べてある．

6.4.5　ハンバーグステーキ

　肉の硬い部分でも，ひき肉にすれば結合組織は切断され食べやすくなり，フライパン焼き，オーブン加熱など乾熱加熱でもおいしく食べられる．一般に家庭で作られるハンバーグステーキは牛ひき肉のほかに豚ひき肉をまぜることもある．ハンバーグステーキを作る際に食塩を加えてこねる操作がある．これによって，筋原線維の太いフィラメントとして存在していたミオシンは単分子に分散し，ひき肉は粘りが出て成型できるようになる．これを加熱するとミオシン分子は互いに結合して網状構造を作り形を保つ．筋形質タンパク質はそのすき間にカード化する．

　ハンバーグステーキのおいしさにはテクスチャーの影響も大きく，テクスチャーにはひき肉の粒度など肉粒の性質が重要であった[38]．ハンバーグステーキを赤身肉のみで作るより，脂肪を20％添加した方が好まれた[39]．ただし，加熱によって脂肪が融解し，溶出してくるので，一般に脂肪が多いほどハンバーグの重量は減少するが，脂肪の種類や肉中での分布によっても溶出の程度は異なる．適度の

量の脂肪は肉の味にまろやかさを与え，おいしく感じさせる．また，脂肪が多いことは相対的にタンパク質が少なくなるので肉は軟らかく感じられる．また，霜降り肉のように脂肪が散在する方が軟らかく感じられる．副材料として炒めたタマネギ（肉の25%以下），パン粉（25%以下）および卵（5～10%）を加えることが多いが，これらは肉の臭みを抑えたり，肉汁を吸収したり，結着性を高めたりする効果がある．

ハンバーグステーキはひき肉を用いているので，中心まで十分（75℃ 1分）加熱する必要がある．

6.4.6 スープストック

スープのもとになる煮汁をスープストックまたはブイヨンという．スープストックは，牛のすね肉のような結合組織が多く，硬いが呈味成分が多く脂質の少ない部位を用いる．鶏肉，牛骨，鶏骨，香辛料，香味野菜などを併用し風味を向上させる．スープストック調製時の牛肉の使用量は仕上がり液量に対して20～80%と調理書によって種々であるが，肉使用量を高めても呈味成分量は必ずしもそれに比例して増加しないこと，呈味成分量は個体差が大きいこと，豚肉と鶏肉では熟成中に遊離アミノ酸が増加し呈味が向上すること，牛肉では熟成によるこのような効果は認められていないことなどが報告されている[40]．

スープストックの"あく"は肉中にあった可溶性成分がスープ中に抽出され，加熱凝固したものである．その主成分の70～80%が粗脂肪で，残りはタンパク質と無機質である[41]．タンパク質は筋形質（筋漿）タンパク質に由来することが報告されている[42]．

硬度の高い水でスープストックを調製すると"あく"が多く除かれ，澄んだスープストックが得られる[43]．しかし，"あく"の量は硬度の高い水同士で比較すると，硬度に必ずしも比例せず，カルシウム量に大きく影響された．マグネシウムの割合が多くなると"あく"の生成は抑制された．カルシウムがタンパク質と脂質の結びつきをなかだちして不溶化させ，"あく"の生成を増加させていると考えられた[44]．

"あく"を除くには，加熱中に取り除くことであるが，加熱中にこまめにとり続けた方が，加熱後に一度に取り除くよりもスープストックの清澄度が高く，生臭

みがなく，うまみと香りが好ましいことが，官能評価で確かめられている．

さらに，"あく"を取り除く方法として，卵白を加えて攪拌しながら加熱し最後に布でこすと良い．卵白3％と食酢を0.3％添加するとより効果的である．これに2％卵殻を加えると一層効果的である[45]．　　　　　　　　　　　　〔畑江敬子〕

文　献

1) Cross, H. R. et al. (1986). Muscle as Food (Bechtel, P. J. ed.), p. 291, Academic Press.
2) Lowe, B. (1964). ロウの調理実験, p. 270, 289, 柴田書店.
3) Simmons, S. L. et al. (1985). J. Food Sci., **50**, 313.
4) Davey and Niederer (1983). Physical Properties of Food (Peleg, M. and Bagley, E. B. eds.), p. 197, AVI Publishing.
5) Penfield, M. P. and Meyer, B. H. (1975). J. Food Sci., **40**, 150.
6) Brady, P. L. and Penfield, M. P. (1982). J. Food Sci., **47**, 1783.
7) Williams, J. R. and Harrison, D. L. (1978). J. Food Sci., **43**, 464.
8) Boutan, P. E. and Harris, P. V. (1981). J. Food Sci., **46**, 475.
9) Hostetler, R. L. et al. (1982). J. Food Sci., **47**, 687.
10) Larson, E. M. et al. (1992). J. Food Sci., **57**, 1300.
11) 韓　順子他 (1989). 家政誌, **40**, 1057.
12) 藤巻正生他 (1976). 改訂新版食品化学, p. 276, 朝倉書店.
13) 沖谷明紘他 (1992). 調理科学, **25**, 314.
14) 有馬俊六郎他 (1978). 畜産食品―科学と利用, p. 214, 文永堂.
15) Shimada, A. et al. (1992). J. Home Econ. Jpn., **43**, 199.
16) Ishii, K. et al. (1995). J. Home Econ. Jpn., **46**, 229.
17) 富岡和子他 (1993). 家政誌, **44**, 11.
18) 塩田教子他 (1986). 家政誌, **19**, 209.
19) 脇　雅世 (1989). 調理科学, **22**, 190.
20) 高橋節子他 (1994). 家政誌, **45**, 123.
21) 西念幸江他 (2003). 家政誌, **54**, 591.
22) Nishimura, K., et al. (2004). J. Home Econ. Jpn, **55**, 605.
23) 内藤文子他 (1996). 家政誌, **47**, 153.
24) 沖谷明紘他 (2008). 日食工誌, **55**, 170.
25) Okitani, A., et al., (2008). Biosci. Biotechnol. Biosci., **72**, 2005.
26) Okitani, A., et al., (2009). Meat Sci., **81**, 449.
27) 今野暁子他 (2005). 日本生活学会誌, **23**, 48.
28) Batcher, D. M. and Deary, P. A. (1975). J. Food Sci., **40**, 745.
29) Shock, D. R. et al. (1970). J. Food Sci., **35**, 195.
30) 永田政治, 渡辺浩幸 (1986). 乳肉卵の科学―特性と機能 (中江利孝編), p. 142, 弘学出版.
31) 山崎清子, 島田キミエ (1983). 調理と理論, p. 311, 同文書院.
32) 松浦　基他 (1991). 日食工誌, **38**, 804.
33) 妻鹿絢子他 (1980). 調理科学, **13**, 197.
34) 鮫島邦彦他 (1991). 日食工誌, **38**, 817.
35) 下田吉人 (1972). 新調理科学講座3 肉, 乳の調理, p. 57, 朝倉書店.

36) Charly, H.（1982）．Food Science, 2nd ed., p. 372, John Wiley and Sons.
37) Zimmerman, W. J.（1984）．*J. Food Sci.*, **49**, 970.
38) 今井悦子他（1994）．家政誌, **45**, 697.
39) 三田コト（1991）．調理科学, **24**, 350.
40) 畑江敬子（1993）．調理科学講座2 調理の基礎と科学（島田淳子，他編），p. 78, 朝倉書店.
41) 丸山悦子（1977）．調理科学, **10**, 75.
42) 田島真理子他（1984）．家政誌, **35**, 161.
43) 坂本真理子他（2007）．調理科学, **40**, 427.
44) 三橋富子他（2013）．調理科学, **46**, 39.
45) 河村フジ子他（1980）．家政学会誌, **31-10**, 716.

7 食肉の加工

7.1 食肉加工の原理

7.1.1 塩せき

肉を塩漬けすることによって常温で長期間にわたって保存が可能となることは，紀元前から人類に経験的に知られており，塩漬け肉は乾燥肉とともに保存肉の代表的なものであった．ヨーロッパでは主に岩塩が用いられてきたが，岩塩には微量の硝石が混在していることがあり，このような岩塩で塩漬けされた肉は，赤く発色し，さらに風味が改善されることが知られていた．

肉の保存のための単なる多量の食塩添加は塩漬け（salting）であるが，発色剤の混在によって肉色の赤色化を伴う場合は塩せき（curing）と呼ばれる．亜硝酸塩による肉の発色機構が明らかにされるに伴って，食塩に硝酸塩や亜硝酸塩を混和して塩せき剤として使われるようになってきた．塩せき剤として必須の成分は食塩と発色剤（亜硝酸塩あるいは硝酸塩）であるが，その他に発色助剤や酸化防止剤（還元剤）としてのアスコルビン酸塩，結着補強剤として各種リン酸塩，糖類，香辛料，調味料などが加えられることがある．

塩せきによって得られる効用として，1）保存効果，2）発色効果，3）保水性ならびに結着性の改善，4）風味の改善，5）脂質の酸化抑制などがある．

a. 保存効果

肉に食塩を添加すると水分活性が低下し，自由水の減少によって微生物の増殖が抑制され保存性が高まるが，このような効果を発現させるには数％以上という高濃度の塩の添加が必要とされる．冷蔵設備が不十分だった時代には塩蔵による肉の保存はそれなりの意味をもっていたが，現在は冷蔵冷凍設備が遍く利用でき，

高濃度の食塩添加による肉の保存はほとんど意味をもたなくなっている．現代の一般的な肉製品は，健康志向の観点からも減塩傾向にあって1.5%程度の食塩濃度となっているものが大半で，この程度の食塩濃度では保存効果は期待できない．

食塩とともに塩せき剤に加えられる亜硝酸塩は微生物の増殖抑制に効果を示すことが知られており，とくにボツリヌス菌（*Clostridium botulinum*）の生育抑制に効果的である．ボツリヌス菌はクロストリジウム属の細菌で，産生される毒素が極めて致死率の高い危険な食中毒の原因となっている．「ボツリヌス」という名前はラテン語の *butulus* に由来し，この語はソーセージを意味している．18〜19世紀にかけてヨーロッパではソーセージやハムのような肉製品由来の食中毒の発生が問題となり，原因菌にこのような命名がなされた．また，亜硝酸由来の一酸化窒素（NO）は大腸菌 O-157 の毒素産生の抑制に効果を示すことも明らかとなっている[1]．

一方，亜硝酸塩にはメトヘモグロビン血症を引き起こすなどの毒性があり，またアミン類との反応で発ガン性物質であるニトロソアミンを生成することも知られている．食品中の亜硝酸塩としては食肉製品由来に加えて，野菜に含まれる硝酸塩が腸内細菌によって還元されて生ずるものがあり，日常の食事では野菜由来の亜硝酸塩の方が多い．食品衛生法では，食肉製品中の残存量は亜硝酸根として 70 ppm 以下と定められており，この範囲での安全性が確認されている．

b. 発色の機構

食肉の色は筋漿画分に存在するヘムタンパク質であるミオグロビンに由来しており，ミオグロビン含量が高い肉ほど肉色が濃くなる．ミオグロビン分子は1本のポリペプチド鎖であるグロビンというタンパク質部分と補欠分子族であるヘムから構成されている．ミオグロビンはヘモグロビンよりも酸素との親和力が高いので，赤血球のヘモグロビンから酸素を受取って筋肉組織での酸素の貯蔵に働き，この酸素によって TCA 回路や電子伝達系といった酸化的代謝反応が進行する．

ミオグロビンやヘモグロビンのようなヘムタンパク質は分子内に鉄をもち，赤褐色を呈する．ヘムはプロトポルフィリンの中央に鉄原子が配位していて，鉄原子の6つの配位部位のうち4つはポルフィリン環の窒素原子が配位し，第5配位部位はグロビンのヒスチジン残基（近位ヒスチジン）のイミダゾール核の窒素原子が配位している（図7.1）．第6配位部位には種々のリガンドが配位することが

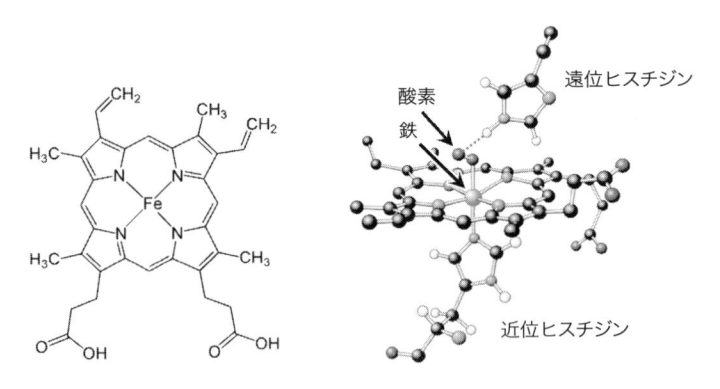

図7.1 ヘム（左）ならびにオキシミオグロビン（右）の構造

でき，この部位への配位子の種類あるいは鉄の電荷状態（2価または3価）によってさまざまな誘導体が形成され，それら誘導体は固有の色調を呈する．

　肉の表面が空気に晒されると，空気中の酸素がヘム鉄に配位してオキシミオグロビンとなる．この時，グロビン鎖の遠位ヒスチジンから結合酸素分子にプロトンが供与されて水素結合が形成され，安定化した状態となる．オキシミオグロビンが生成すると肉表面がきれいな赤色となるが，このような空気（酸素）との接触による肉色の赤色化現象をブルーミング（blooming）という．このまま長時間放置するとやがて赤色が失われて褐色化していく．これはオキシミオグロビンが酸化されてメトミオグロビンに変化するためである．

　塩せき剤に含まれる硝酸塩や亜硝酸塩からは，以下に示す反応を経て一酸化窒素（NO）が生成する．

1. $KNO_3 \rightarrow KNO_2 + H_2O$
2. KNO_2（または$NaNO_2$）$+ CH_3CHOHCOOH$
 　$\rightarrow HNO_2 + CH_3CHOHCOOK$（または$CH_3CHOHCOONa$）
3. $3HNO_2 \rightarrow H^+ + NO_3^- + 2NO + H_2O$

第1段階の反応では，肉内在性あるいは微生物由来の還元酵素の作用で硝酸から亜硝酸塩が生じる．第2段階では，肉中に産生した乳酸によるpHの低下によって亜硝酸が生ずる．さらに第3段階で，生じた亜硝酸が不安定であるために分解して最終的にNOが生成する．このNOがヘムの鉄に配位したものがニトロシ

ルミオグロビンで塩せきした肉の赤い色調を産み出している．

ニトロシルミオグロビン（ニトロソミオグロビン）の生成は2とおりの経路があると考えられている．1つは，メトミオグロビンが肉内在性や微生物由来の還元酵素あるいは塩せき剤に添加されるアスコルビン酸のような発色助剤の還元作用によってデオキシミオグロビンとなり，これにNOが配位する経路である．もう1つは，メトミオグロビンにNOが配位してニトロシルメトミオグロビンとなった後に還元作用を受けてニトロシルミオグロビンとなるものである．サラミや生ハムのような塩せき処理工程を経た非加熱肉製品での色は後者の生成経路によるものである．

加熱肉製品では，加熱処理によってグロビン部分が変性を起こすが，ヘムへのNOの配位はその状態が保持されており，鉄イオンは2価の状態にある．これを変性グロビンニトロシルヘモクロムといい，ハムやソーセージのきれいなピンク色の基になっている物質である．

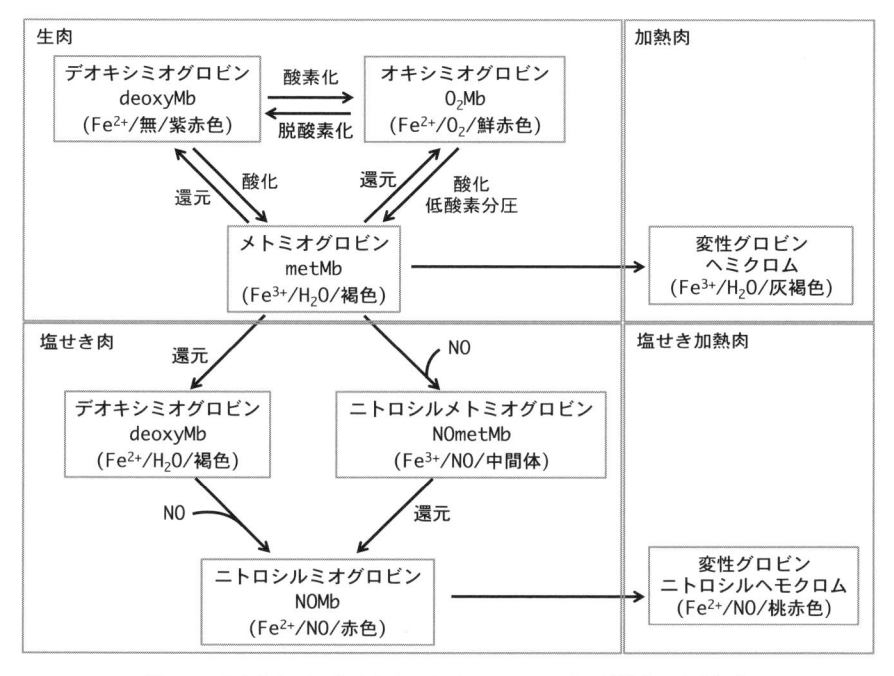

図7.2 食肉ならびに塩せき肉におけるミオグロビン誘導体の生成経路

生肉ならびに塩せき肉，さらにそれらを加熱した際のミオグロビン誘導体の形成過程を図7.2に示した．パルマハムのような発色剤を用いないで作られる非加熱肉製品では，長期間にわたる熟成過程でヘムの鉄が亜鉛で置換されて亜鉛プロトポルフィリンIXが形成され，これが特徴的な色調の原因となっていると考えられている[2]．

c. 保水性・結着性の発現

肉は60～70%程度の水分を含んでおり，加熱調理によって肉内部に保持されていた水分が流出するとぱさついた硬い状態になってしまう．このように加熱によって肉汁が失われることを加熱損失（クッキングロス，cooking loss）という．保水性とは筋肉組織内部に存在する水分，さらには加工時に加水された水分が流出せずに，筋肉組織中あるいは加工製品中に保持される性質をいう．保水性が高い，すなわち加熱損失の少ない肉ほどジューシー（多汁性）な食感を与えることになる．また，結着性は肉塊あるいは細切肉同士が加熱によって互いに接着し合う性質をいう．結着性が良好であれば外力に対して一定の抵抗を示すことで歯応えが良いが，逆に弱ければ，外力を加えた時に容易に形がくずれてしまい，歯ごたえのないぼそぼそした食感となってしまう．ソーセージ製造において，これら2つの性質は互いに相関しており，保水性が良好であれば結着性も良好となる．

保水性や結着性の発現は，基本的には筋原線維の太いフィラメン

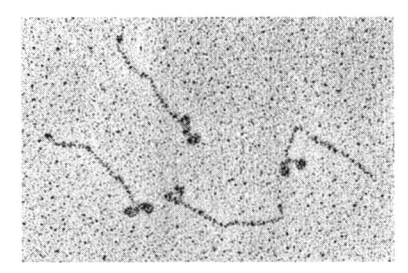

図7.3 ミオシン分子の電子顕微鏡写真
ミオシンは球状の2つの頭部とそこから伸びている尾部から成り，頭部はATPアーゼ作用ならびにアクチンとの結合能を有している．尾部の長さはおおよそ150 nm，頭部は15 nm程度の大きさである．

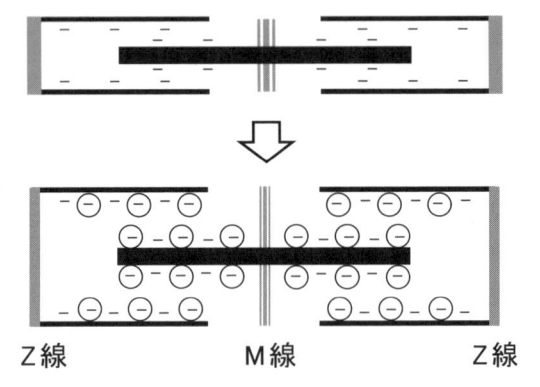

図7.4 食塩添加による筋原線維の膨潤の仕組み
NaClが解離して生じたCl^-イオンが太いフィラメントと細いフィラメント表面に結合して負の電荷が高まり，静電気的反発力が高まって，フィラメント格子間距離が広がってより多くの水が保持されるようになる．

トの主要タンパク質であるミオシンの性質に由来する．ミオシン分子は2つの頭部と細長い尾部から成り，尾部同士が側面会合して太いフィラメントの軸を形成し，頭部が軸表面に突起してATPを加水分解しながら細いフィラメントを筋節中央部に向かって引き込むことによって筋肉の収縮が起こる．

　食肉に食塩を添加すると保水性が高まるが，この仕組みは次のように考えられている[3]．NaClの解離によって生じたCl^-イオンが筋原線維の太いフィラメントと細いフィラメントを覆う．その結果，フィラメント間に静電気的反発力が働いてフィラメント間の間隔が広がり，筋原線維が膨潤することによって，より多くの水がフィラメントの格子間に入り込むようになる．

　生筋中での塩濃度（0.15 M程度）ではミオシンはフィラメントとして存在するが，塩濃度を高めて0.3 M（約1.7% NaCl）程度以上になるとフィラメントから解離してくる．塩せきによって加えられる食塩はミオシンの溶解を促し，また，ソーセージ製造でのカッティング工程では機械的な力によって筋肉組織が破壊し，さらに加水によってミオシンの可溶化が促進することになる．しかし，ソーセージミートとなった状態でもすべてのミオシンが可溶化しているわけではなく，大部分のミオシンは筋原線維内にフィラメントの構造を保持した状態で留まっている．筋原線維の構造が保持されている場合は，塩化物イオンによる筋原線維の膨潤，また，可溶化したミオシンは小肉片を接着させる糊として働き[4]，これらが相まって水を保持した全体的なソーセージゲルの構造が作り上げられる．

　溶解したミオシンは加熱によってゲル化するが，この仕組みは次のように説明される（図7.5）．ミオシンモノマーは加熱によって頭部同士が会合を始める．この時，表面疎水性が上昇することから，頭部内部に埋もれていた疎水性残基が表面に露出して頭部間に疎水的相互作用が働いている．また，その他にもイオン結合や水素結合などの非共有結合の関与もあると考えられる．ミオシン頭部が加熱変性を始める温度は，尾部のそれに比べて低いことから，加熱初期では尾部は頭部同士の会合体の外側に放射状に広がっている（c）．加熱温度の上昇に伴って尾部の変性が始まり，尾部は頭部の会合体を覆うようになると同時に，これら凝集体表面の尾部同士の絡み合いが起こってより大きな凝集体が形成され（e），これらの凝集体同士がさらに連結し合うことにより，全体的な網目構造の形成に至る．このような網目構造に水が保持されて保水性や結着性が発現する．

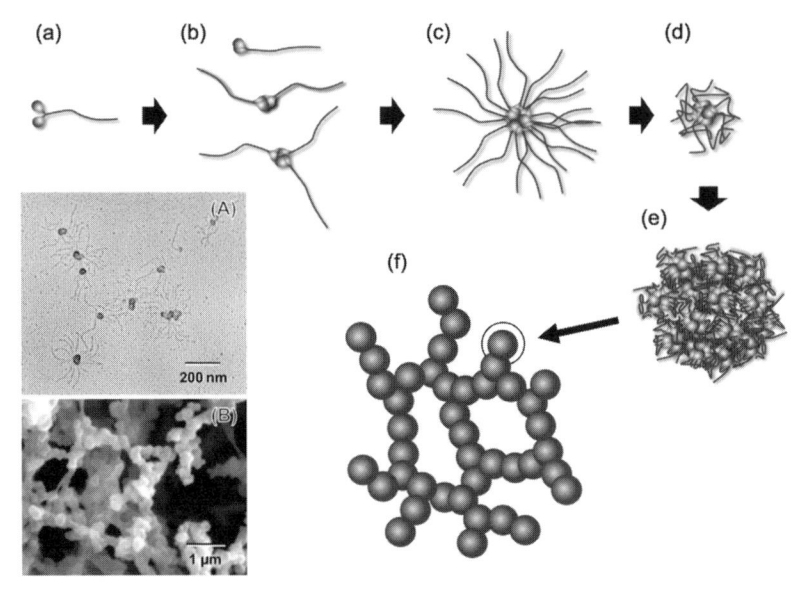

図 7.5 ミオシン分子の加熱ゲル形成機構
(a) 未加熱, (b) 加熱初期の凝集体, (c) デイジーホイール状凝集体, (d) 凝集体での尾部の変性, (e) 尾部変性に伴う凝集体の集合, (f) ゲルの網目構造の形成, (A) 加熱凝集体 (0.5 M KCl, pH 6, 40℃, 10 分) の透過型電子顕微鏡像, (B) 加熱ゲルの FE-走査型電子顕微鏡像.

 とくにソーセージ類の製造における良好な加熱ゲルの形成には，ミオシンの可溶化が必須である．生筋では ATP がミオシンとアクチンの解離を引き起こすが，食肉すなわち死後の筋肉では ATP が消費されてミオシンとアクチンが結合したアクトミオシンの状態となっており，塩を添加した場合のミオシンの抽出量は生筋に比べて劣る．リン酸塩の添加は，ミオシンとアクチンの結合を弱めて筋原線維の膨潤を引き起こすとともに，ミオシンの可溶化を促進させる効果をもつことから，保水性を増し結着性を高める補助剤として塩せき剤あるいはカッティング時に加えられることが一般的に行われている．

 保水性や結着性の発現はミオシンの寄与が極めて大きいが，最近の研究によると，65℃で牛挽肉を加熱した場合に，ATP の分解産物である IMP がアクトミオシンの解離を促進させる効果をもつことが明らかにされた[5]．また，筋漿に含まれているグリセルアルデヒド 3 リン酸脱水素酵素（GAPDH）が細いフィラメン

トのアクチンに結合して,アクチン-ミオシン間の結合を弱めミオシンの可溶化を促すことも考えられている[6].このような作用が実際の肉製品製造においてどの程度寄与しているのかについては未だ不明の点も多い.

d. キュアードミートフレーバーの生成と脂質の酸化抑制

塩せき肉から作られる肉製品は,生肉を加熱調理した場合とは異なった特有の好ましいフレーバーがある.このような香気をキュアードミートフレーバーという.塩せき加熱肉では,生肉の加熱では生じないいくつかの揮発性成分が検出されるが,これらの生成メカニズムについては十分には解明されていない.

無塩せきソーセージでは風味の低下が起こりやすいが,これはもともとキュアードミートフレーバーの生成がないことに加えて,脂質の酸化が起こりやすいことが原因になっている.不飽和脂肪酸が酸化されると過酸化脂質やヘキサナールに変化して不快な酸化臭が発生する.ミオグロビンのヘム鉄は脂質の酸化反応を触媒する作用を示し,塩せき肉製品の場合はNOがヘム鉄と結合するために脂質酸化への鉄の触媒作用が抑制されるが,無塩せき肉ではヘム鉄による触媒作用が働き脂質の酸化が進む.

e. 塩せき(漬)の方法

1) 乾塩せき法(dry curing) 塩せき剤をそのまま肉塊あるいは肉片に振りかけ,擦込む方法である.ソーセージやプレスハム用の小肉塊の場合はミキサーを用いて機械的に攪拌することが一般的である.ロースハムやハム原料のモモ肉のような大型の肉塊では塩せきむらを防ぐために何回かに分けて塩せきが行われる.塩せき剤の肉中への拡散には時間を要するため,大型の肉塊の塩せきには長期間を要する.

2) 湿塩せき法(pickle curing, brine curing, wet curing) 塩せき剤を水に溶解させた塩せき溶液(ピックル液あるいはブラインと呼ばれる)に肉塊を漬込む方法である.肉中への塩せき剤の浸透・分布を均一化することができ,大量生産に向く.しかし,単にピックル液への浸漬のみだと,肉の深部への塩せき剤の浸透に時間を要することから,後述のピックルインジェクションやタンブリングを併用することが多い.

3) エマルジョンキュアリング(カッターキュアリング) ソーセージの製造で,挽肉をカッティングする際に塩せき剤を添加する方法で,いわば即席法であ

る.細切肉への添加ということで塩漬剤の浸透に時間を要しないことになる.

4) 塩せき促進法 　ハムやベーコンのような大型の肉塊の塩せきでは塩せき剤の肉内部への浸透に時間を要するために,塩せき剤を水に溶解させたピックル液を多針(あるいは1本針)注入器で肉中に注入することによって塩せき期間を短縮させることが行われ,これをピックルインジェクションという.

　ピックル液を注入された肉は,さらにタンブラーあるいはマッサージ機で処理される.タンブラーは円筒状の容器の中に羽根が取り付けられており,内部を減圧状態にして回転させることによって上にもち上げられた肉が落下して叩き付けられることになり,筋肉組織の部分的な破壊が生じてピックル液の浸透が促進されるとともに,塩溶性タンパク質の溶出が促される.

　日本農林規格(JAS)の熟成製品ではインジェクション量の上限が定められているが,通常の製品においても多量のインジェクションや様々な増量的効果をもつ添加物の過度の使用は避けるべきである.

7.1.2　細切・混和

　エマルジョンタイプのソーセージの製造では,塩せきされた小肉塊を肉挽機(ミートチョッパー)で挽肉とし,さらにサイレントカッターで,結着補強剤(リン酸塩),香辛料,調味料,脂肪などと一緒にカッティングされる.この時,筋原線維タンパク質の溶出を促し,また製品に柔らかな食感を与えるために氷水あるいはフレーク状の氷が加えられる.氷水を加えることによってカッティング時の温度上昇を抑え,タンパク質

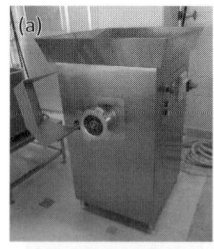

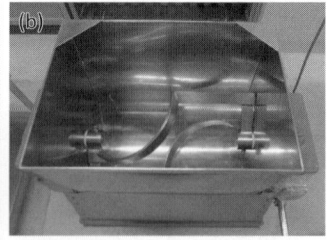

図7.6 肉挽機(ミートチョッパー)(a),ミキサー(b),サイレントカッター(c, d)

ミキサーでは,容器内の原材料が回転羽根によって攪拌混和される.サイレントカッターでは,原材料を入れたボールが回転するとともにカッター刃が高速で回転してボール内の原材料が細切混和される.

変性が防止される．カッティングが終わった状態のものをソーセージミート（練り肉，ソーセージバター batter，あるいはソーセージドウ dough という呼称も使われる）という．カッティング時での気泡の混入を防ぐために減圧状態でカッティングができる真空（バキューム）カッターも使われている．

カッティングによって肉組織と脂肪は細切されて，肉組織から溶解したタンパク質が脂肪粒の表面を覆い，このような脂肪粒がタンパク質マトリックスに分散したいわゆるミートエマルジョンとなる．しかし，ミートエマルジョンは分散質と分散媒が液体ではないとうことで，厳密な意味でのエマルジョンではない．ミートエマルジョンは加熱によって，可溶化したタンパク質（主にミオシンやアクトミオシン）や断片化した筋肉組織が脂肪や水を保持した状態でゲル化していく．このようにして，エマルジョンタイプソーセージの結着性や保水性が発現する．

過度なカッティングを行うと，脂肪粒が小さくなって表面積が大幅に増加することになるので，脂肪粒の表面を覆うタンパク質が不足することになり，エマルジョン形成が不十分となる．その結果，脂肪の流出を招いて脂肪が分離した製品に仕上がることになるので，適切なカッティングが必要となる．また，原料肉の赤肉の割合が少なくて結合組織由来のコラーゲンが多い場合，コラーゲンによって覆われる脂肪粒が形成される．コラーゲンは加熱によって収縮し，さらにゼラチンへと変化し，脂肪の流出を招くとともに冷却後には分離したゼラチンのゲルが形成されることになる[7]．このようにして作られたソーセージミートはプレスハムでの小肉塊を接着させる肉糊としても使われる．

粗挽きソーセージの製造ではカッティング工程を行わず，塩漬された肉を挽肉とし，これに氷水，脂肪，リン酸塩，香辛料，調味料などとともにミキサーに入れて攪拌し練り肉を調製する．

7.1.3 充填・結紮

カッティングやミキシング後のソーセージやプレスハム用練り肉はスタッファー（充填機）を用いてケーシングに充填され，さらに結紮される（図7.7）．

ケーシングには天然腸や人工ケーシングが用いられる．天然腸で一般的に用いられるのは羊腸や豚腸であり，前者はウインナー用，後者はフランクフルト用として使われている．天然腸は通気性や伸縮性が優れ，肉との密着が良好で強度が

あるため，噛んだ時の弾ける歯ごたえが好まれている．

人工ケーシングには，不可食ケーシングと可食ケーシングとがある．不可食ケーシングはさらに通気性のあるものとないものがあり，前者は塩化ビニリデンフィルムから作られ，主に魚肉ソーセージやプレスハムなどの充填に用いられている．プレスハムの充填では一定の大きさに

図7.7 油圧式スタッファー（a）と結紮機（b）

仕上げるためにリテ（イ）ナー（retainer，円筒状や柱状の金属製の型枠）が用いられることもある．通気性のないケーシングはくん煙成分を透過させないため，ミキシング時にくん液を混合する（liquid smoke）ことによってくん煙の風味をつけることになる．

通気性のある不可食ケーシングには，ファイブラスケーシングやセルロースケーシングがあり，前者は強度があって主に大型の肉製品の充填に用いられる．後者はフランクフルトやウィンナーソーセージのような比較的小型のソーセージに用いられ，最終的にはピーラーによってケーシングを除去し，皮なしソーセージとして製品化される．

可食性ケーシングはコラーゲンを原料として作られている．天然腸と比べて，サイズや強度を一定に保つことができ生産性が高い．一方，強度を保つために天然腸よりは厚さがあり，口に入れて噛んだ際の食感に劣ることが短所である．

1980年代にヨーロッパでコエクストルージョン（co-extrusion）と呼ばれる充填法が開発され実用化されている．この方法では，スタッファーから肉パティを押し出す際に二重ノズルが使われ，外側のノズルからケーシングとなるコラーゲンのドウを練り肉の外側を囲むように押出して食塩や塩化カルシウムを含んだブラインに浸漬して不溶化させ，さらにくん液に浸漬することによってくん液中のアルデヒドによって架橋形成を起こさせ，加熱によってケーシングが仕上がる．

7.1.4 乾燥とくん煙

乾燥・くん煙は肉製品特有のくん煙香や保存性を付与する目的で行われる．また，煙の色が製品表面に付着することによって嗜好性を高める効果もある．

乾燥はドライハムやドライソーセージでは主要な工程となるが，このような乾燥製品以外でのくん煙に先立っての乾燥は，製品表面の水分を除去してくん煙成分が内部に浸透させやすくすることや，水分活性を低下させるなどの効果をもつ．

くん煙時の温度によって，冷くん法（外気温と同程度の温度），温くん法（30～50℃），熱くん法（50～90℃），焙くん法（90～120℃）に分類されるが，温度範囲は必ずしも厳密に定義されているわけではない．ハムやソーセージのくん煙は一般的には熱くん法での温度域で行われ，また，ベーコンでのくん煙は冷くん法や温くん法で時間をかけて行われることが多い．

大規模な工場ではくん煙工程での諸条件を制御できるスモークハウス（図7.8）が設置され，この中で乾燥・くん煙，さらにその後の工程である加熱（蒸気による）が行われる．このような自動式スモークハウスではくん煙を発生させる装置はくん煙室とは別に設置され，ダクトによって煙がくん煙室に導入される．一方，直下式と呼ばれるくん煙室内で直接煙を発生させるくん煙も行われる．この場合，温度や煙の発生量の調節をこまめに行う必要がある．

くん煙剤として用いられる木材は，種類によってくん煙香に違いがあるが，我が国で一般的なのはサクラ，ナラ，カシなどのいわゆる硬木で，欧米ではヒッコリーが好まれている．マツやスギなどの樹脂

図7.8 スモークハウス

の多い木は煤煙の発生があって不適切とされる．くん煙剤となる木材は，鋸屑やチップとして使われるか，あるいは木材から摩擦熱によって煙を発生させる装置も使われている．

手作り肉製品の製造や小規模生産では，粉状にした木材を植物性樹脂で棒状に成型したスモークウッドというくん煙材も利用される．くん煙成分には，フェノール類，有機酸類，ケトン類，アルデヒド類，アルコール類，炭化水素などがあ

り，これらが製品表面に付着するばかりでなく内部に浸透する．このような成分のもつ抗菌作用によって製品の保存性が増すばかりでなく，特有の香りや色が製品に与えられることになる．

7.1.5 加 熱

加熱食肉製品の場合，食品衛生法では63℃で30分間以上あるいはこれと同等の効果をもつ加熱を行うことが規定されている．この目的は食品衛生上問題となる有害微生物や寄生虫を死滅させることにあるとともに，筋肉タンパク質のゲル形成，結着性・保水性の発現にも極めて重要である（7.1.1c参照）．

加熱処理の方法として一般的に行われているのは，70～75℃程度の湯に浸漬する方法（湯煮）と，くん煙室内での蒸気による加熱（蒸煮）である．いずれの加熱方法も製品の大きさや脂肪の付着の程度や含有量などによって深部への熱伝導に要する時間が異なるので，製品ごとの適切な加熱時間が必要となる．加熱は肉の内部温度が65～70℃程度になるように行われ，これより高温になると，とくにソーセージの場合はゲル形成が適切に行われないために離水が生じたりエマルジョンの破壊による脂肪の分離あるいはゼラチンの分離を招く恐れがある．

加熱を終えた製品は二次汚染を防ぐためにも速やかに冷却しなければならない．

7.1.6 包 装

冷却された製品は販売目的に合わせてスライスして包装したり，あるいはブロック状のまま包装される．とくにスライスする場合は微生物による二次汚染に注意を払わなければならない．スペインでは真空包装したスライス製品を高水圧処理することによって細菌を死滅させ二次汚染を防止する方法が実用化されている．

食肉製品の包装形態としては，真空包装とガス置換包装がある．ウィンナーソーセージのような小型の食肉製品にはガス置換包装を用いることが多い．

❖ 7.2 食肉の加工法 ❖

7.2.1 原料肉

ハムという言葉が「豚のモモ肉」を意味しているように，肉製品製造の原料肉

は豚肉が主体となっている．豚肉に次ぐ原料肉は牛肉であり，さらに羊肉，馬肉，鶏肉なども用いられる．日本農林規格（JAS）では，原料肉として豚と牛以外の動物の肉を一括して畜肉と称しており，ソーセージやプレスハムの原料として豚肉や牛肉以外の畜肉あるいは家禽肉を用いた場合は，製品の等級が低くなる．

原料肉は新鮮なものが望ましいが，大量生産の工場では冷凍された肉を原料とする場合が多い．冷凍肉は流水で解凍される場合が多いが，その他に自然解凍，電磁波解凍，ミスト解凍などが行われている．いずれの場合も，原料肉は衛生的に扱わなければならない．

豚の枝肉は図2.13に示すように大きく4つの部位に分割される．ロース肉はロースハム，ラックスハム，ロースベーコンの原料として使われる．なお，「ロース」という語はロースト roast に由来すると言われており，英語では背肉をロイン loin という．ばら肉はベーコン，かた肉はショルダーハム，ラックスハム，ショルダーベーコンとして，もも肉は骨付きハム，ボンレスハム，ラックスハムなどの原料として使われる．また，かた肉やもも肉，ならびに整形によって生じた切り出し肉やロース肉の整形時に切り取られた背脂肪などはソーセージ原料として用いられる．

7.2.2 食肉製品の種類

世界には様々な種類の食肉製品があるが，近代の食肉製品の多くはヨーロッパ諸国で発達してきた．ヨーロッパでも地域によって気候が異なり，地中海沿岸のような温暖で乾燥する地域ではドライハムやドライソーセージのような乾燥肉製品が発達し，一方，ドイツのような北部ヨーロッパは冷涼湿潤な気候で，このような地域ではくん煙・加熱タイプあるいはセミドライ製品が発達してきた．

英語の sausage という語は北部フランスの古語である *saussiche* から派生したものであり，この語は塩漬けや塩漬けされた保存肉を意味するラテン語の "*salsus*" に由来している．ソース sauce という語の語源も同じと言われる．また，雌豚を意味する sow（ドイツ語では Sau）と香辛料のセージ sage を組み合わせた語という説もある．ローマ帝国の時代にはすでに様々な種類のソーセージが作られていた．ソーセージの製造はやがてヨーロッパ全土に広まり，各地方でその土地に固有のソーセージが作られるようになり，都市の名前が冠せられた名称をもつソー

7. 食肉の加工

表 7.1 日本農林規格（JAS）による食肉製品の分類（要約）

分類	品名	等級	水分(%)	でん粉または赤肉中の粗タンパク質(%)	肉種（部位）
ベーコン類	ベーコン	特級	—	粗タンパク質 18.0 以上	豚ばら肉
		上級	—	粗タンパク質 16.5 以上	
		標準	—	粗タンパク質 16.5 以上, 結着材料使用のものは 17.0 以上	
	ロースベーコン		—	—	豚ロース肉
	ショルダーベーコン		—	—	豚かた肉
ハム類	骨付きハム ラックスハム		—	粗タンパク質 16.5 以上	豚もも肉 豚ロース肉, 豚かた肉, 豚もも肉
	ボンレスハム	特級	—	粗タンパク質 18.0 以上	ボンレス：豚もも肉
	ロースハム	上級	—	粗タンパク質 16.5 以上	ロース：豚ロース肉
	ショルダーハム	標準	—	粗タンパク質 16.5 以上, 結着材料使用のものは 17.0 以上	ショルダー・豚型かた肉
プレスハム	プレスハム	特級	60 以上 72 以下	でん粉 3 以下	豚肉塊含有率 90% 以上
		上級	60 以上 75 以下		肉塊は 90% 以上で、かつ豚肉が 50% 以上
		標準			肉塊は 85% 以上で、畜肉と家きん肉
ソーセージ	ボロニアソーセージ フランクフルトソーセージ ウインナーソーセージ	特級	65 以下	でん粉含有不可	豚肉, 牛肉
	ボロニアソーセージ フランクフルトソーセージ ウインナーソーセージ リオナソーセージ セミドライソーセージ ドライソーセージ	上級 標準	65 以下 (セミドライ 55 以下, ドライ 35 以下)	でん粉 3 以下	
	レバーソーセージ		50 以下	でん粉 5 以下	畜畜, 家きん肉, および家兎の肝臓および豚肉
	加圧加熱ソーセージ 無塩漬せきソーセージ		65 以下	でん粉 5 以下	家畜, 家きん肉および家兎肉
熟成製品	熟成ボンレスハム 熟成ロースハム 熟成ショルダーハム		—	粗タンパク質 18.0 以上	豚もも 豚ロース肉 豚かた肉
	熟成ボロニアソーセージ 熟成フランクフルトソーセージ 熟成ウインナーソーセージ		65 以下	—	豚肉, 牛肉
	熟成ロースベーコン 熟成ショルダーベーコン		—	粗タンパク質 18.0 以上	豚ばら肉 豚ロース肉 豚かた肉

・この他に、等級によって品位（官能）や添加物の種類や使用量が規定されている．

（平成 26 年 8 月 14 日現在）

セージが今に伝えられている．たとえば，ドイツ・フランクフルトのフランクフルトソーセージ，イタリア・ボロニアのボロニアソーセージ，イタリア・ジェノバのジェノバサラミ，ドイツ・ベルリンのベルリーナ，ドイツ・チューリンゲンのチューリンガー，フランス・リヨンのリヨンソーセージ等々枚挙にいとまがない．ハンバーガーは，ドイツのハンブルグで発達したと言われているが，実際はアメリカ人が考案したものである[9]．また，サラミソーセージは地中海にあるキプロス島の東海岸にあった古代ギリシャ時代のSalamisという町の一帯が発祥の地と言われている．

我が国でも多種多様な食肉製品が作られているが，日本農林規格（JAS規格）によって，名称，原料，製法等が規定されており，以下のように分類されている（表7.1）．

(1) ベーコン類，(2) ハム類，(3) プレスハム，(4) ソーセージ，(5) 混合ソ

表7.2 熟成肉製品の規格

種類	熟成ハム類	熟成ソーセージ類	熟成ベーコン類
品名	熟成ボンレスハム 熟成ロースハム 熟成ショルダーハム	熟成ボロニア 熟成フランクフルト 熟成ウインナー	熟成ベーコン 熟成ロースベーコン 熟成ショルダーベーコン
塩せき温度	低温（0℃以上10℃以下）		
塩せき期間	7日間以上	3日間以上	5日間以上
塩漬液注入割合 （原料肉重量に対し）	15％以下	—	10％以下

表7.3 各種食肉製品の製造基準と保存基準

分類	製造基準	保存基準	該当製品名
加熱食肉製品	中心部を63℃で30分間または同等以上の加熱するもの	10℃以下または常温	ロースハム ソーセージ等
特定加熱食肉製品	中心部を60℃で12分間または同等以上の加熱するもの	4℃以下または10℃以下	ローストビーフ等
非加熱食肉製品	低温で乾燥・くん煙するもの	4℃以下または10℃以下，または常温	ラックスハム 生ハム セミドライソーセージ等
乾燥食肉製品	水分活性0.87未満となるまで乾燥するもの	常温	ドライソーセージ ビーフジャーキー等

ーセージ，(6) ハンバーガーパティ，(7) チルドハンバーグステーキ，(8) チルドミートボール，(9) 熟成ベーコン，(10) 熟成ハム類，(11) 熟成ソーセージ類．

熟成ベーコン，熟成ハム類，熟成ソーセージ類の規格は，特別な製造方法や特色ある原材料で作られた食品の規格である特定JASマークとして1995年に制定されたもので，ここで使われている「熟成」の意味は，牛肉などの生肉の熟成とは異なり，「原料肉を一定期間塩せきすることにより，原料肉中の色素を固定し，特有の風味を醸成させること」と定義されている．熟成ベーコンでは5日以上，熟成ハム類では7日以上，熟成ソーセージ類では3日以上の熟成（塩せき）が必要とされ，塩せき時の温度は0℃～10℃に保持しなければならない．さらにインジェクションによる塩せき液の注入の量も規定されており，熟成ハム類では肉重量の15%以下，熟成ベーコン類では10%以下となっている（表7.2）．

また，食品衛生法によって製品の種類による製造基準（加熱温度あるいは水分活性）ならびに保存基準（保存温度）が定められている（表7.3）．

7.2.3 食肉製品の製造法

a. ハム類

ハムは本来，豚のもも肉を原料として作られる製品であるが，我が国ではロース肉を原料としたロースハムの生産量がハム類の中では70%以上を占めて圧倒的に多くなっている．

ハムはもともと保存食として発展してきたので，世界的には長期熟成させる非加熱の生ハムが多く作られている．地中海沿岸のイタリアのパルマハムやコッパ，スペインのハモン・セラーノ，あるいは中国の金華ハムなどは代表的な乾塩せき生ハム（dry-cured ham）である．これらの生ハムは乾塩せき（パルマハムでは発色剤を含まない海塩が使われる）を行い，温湿度管理の下で長期間（半年から長いものでは2年程度）にわたって熟成される．この間に特有の風味が醸成されていく．

我が国では加熱ハムが一般的であるが，非加熱ハムとしてJASでは骨付きハム（加熱製品もある）とラックスハムが掲げられている．ラックスハムはドイツのLachsschinkenに相当する製品で，Lachsとは鮭を意味し，製品の断面の色調が鮭の身の色に似ていることからこのような名称が付けられた．ラックスハムは長

期熟成を行わないドイツタイプの生ハムである．

ハム類は以下のような製造工程を経て作られる．

1) **原料肉の整形**　原料肉の過剰な脂肪や残存する軟骨や骨の断片，体毛，検印などを除去し，最終製品の形状に合わせて肉塊を整形する．

2) **塩せき**　乾塩法あるいは湿塩法によって塩せきを行う．湿塩法ではピックルインジェクションならびにタンブリング等の塩せき促進法が併用される．

3) **充填**　骨付きハムを除いて，それ以外のハム類はケーシングに充填する．ハム類のケーシングにはファイブラスのような強度のある通気性の人工ケーシングを用いることが一般的である．また，手作り製品ではケーシングの代わりにセロファンや綿布などで包んで凧糸で巻き締めることも行われる．

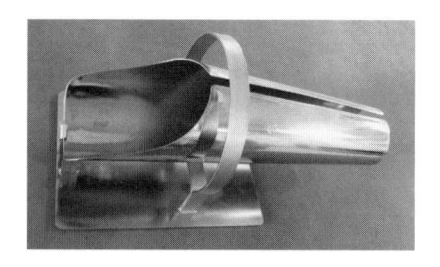

図 7.9 ロースハム用充填機
右側のノズルの先にケーシングを被せ，左側のノズル部から肉をケーシングに押し出す．

4) **乾燥・くん煙**　骨付きハムやラックスハムのような非加熱製品では乾燥が製造の主工程となる．これらの製品では乾燥ならびにその後の比較的低温での長時間にわたるくん煙工程によって水分含量が低下して肉組織に締まりがでるとともに，水分活性の低下により保存性が増すことにもなる．乾燥を主目的とする場合，

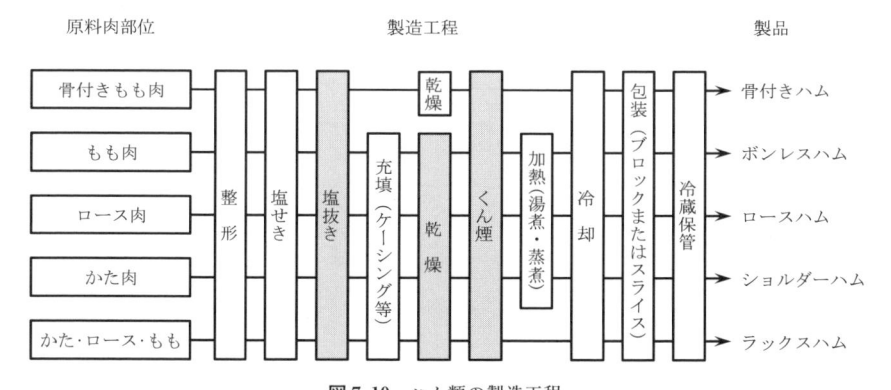

図 7.10 ハム類の製造工程
■は任意工程で必須ではない．

初期に高い温度で乾燥・くん煙を行うと製品表面に皮膜が形成されて肉組織内部の水分が抜けにくくなるので，適切な温湿度管理が肝要である．

加熱ハムでの乾燥は製品表面の水分を除去してくん煙成分の付着や浸透を起こしやすくすることが目的である．乾燥・くん煙は温くんあるいは熱くん法で行うことが一般的である．

5) **加熱** くん煙に引き続いて加熱を行うが，加熱は 70〜75℃の湯に浸漬する（湯煮）かスモークハウス内に蒸気を導入する（蒸煮）ことによって行われる．食品衛生法によって 63℃で 30 分またはそれと同等以上の殺菌効果をもつ温度での加熱ということが規定されているが，高温での加熱は筋肉タンパク質のゲル形成や結着性などを低下させる原因ともなり，避けなければならない．いずれの加熱法も肉の内部温度が 70℃程度になれば加熱を終える．加熱終了後は速やかに冷却して過度の加熱を抑えるとともに，細菌による二次汚染を避けるようにする．

6) **包装** 冷却後の製品は販売目的に合わせて，スライスあるいはブロックの状態で包装する．包装工程は二次汚染を招かないよう十分に管理された衛生的な環境下で行わなくてはならない．

b. **ベーコン類**

ベーコンは豚のばら肉を原料として製造するものが一般的であるが，ロース肉から作られるロースベーコン（欧米ではカナディアンベーコンあるいはバックベーコンと呼ばれる），かた肉を原料とするショルダーベーコン，ロース肉とバラ肉

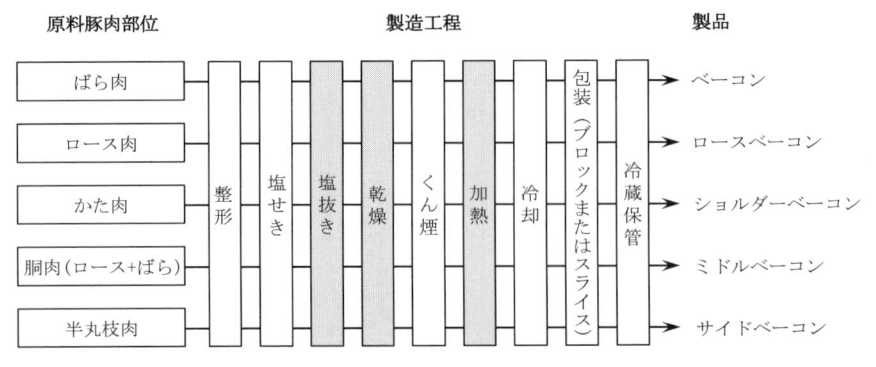

図7.11 ベーコン類の製造工程

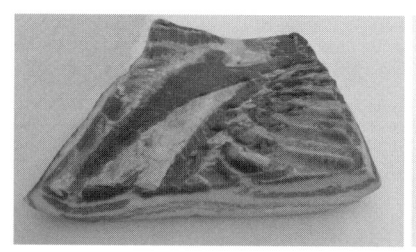

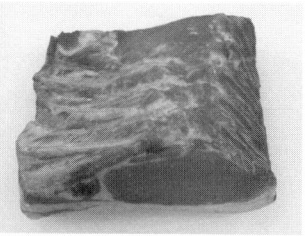

図7.12 ベーコン（左）とロースベーコン（右）

とを切り離さない状態の胴肉を用いたミドルベーコン，豚半丸枝肉を用いるサイドベーコンなどがあり，原料肉は骨付きのままで使われることもある．いずれの種類のベーコンも製造工程は同じである．

原料としてのばら肉は三枚肉とも呼ばれるように，肉と脂肪の層が適度な厚みで重なり合っていることが望ましい．脂肪層が厚く肉の部分が薄いものは消費者に敬遠されがちである．商業的に大規模生産されるベーコンは塩せきにおいてピックルインジェクションと塩せき促進法が用いられ，熱くん法でくん煙されるが，本来は乾塩せきし，30～50℃程度の温度でじっくりと乾燥くん煙を行うことで肉組織の締まった風味豊かな製品に仕上げることができる．

ヨーロッパでは塩せきしたばら肉をロール状に巻いて乾燥（くん煙）を行うパンチェッタという製品も作られている．

c. ソーセージ類

ソーセージは，基本的には挽肉あるいは小肉塊に脂肪，香辛料，調味料などを混ぜ合わせてケーシングに充填し，乾燥・くん煙，加熱（あるいは非加熱）して作られる製品である．原料肉の種類や配合，カッティングの程度，香辛料や調味料の種類，ケーシングサイズなどの違いで極めて多種多様な製品がある．

製造工程に基づいて大きく分類すると，加熱または非加熱，エマルジョンタイプまたはミキシングタイプというように分けられる．さらにドイツでKochwurstと呼ばれるブラッドソーセージやレバーソーセージのような加熱した材料を使うものもある．非加熱製品はドライソーセージのように長期間にわたって熟成を行うものと，欧米ではフレッシュソーセージというソーセージミートをケーシングに充填しただけで，消費者が購入して自ら調理するというような製品も広く作ら

れている.

1) エマルジョンタイプソーセージの製造工程　ウインナーソーセージやフランクフルトソーセージのような我が国で一般的なエマルジョンタイプの加熱工程を経て製造されるソーセージの基本的工程は以下のとおりである.

ⅰ) 原料肉:　豚肉が基本となり，牛肉やその他の家畜肉も使われる．ソーセージ原料となる肉として，ハムやベーコンの整形時に出た切り出し肉や，かた肉，もも肉等が利用される．これらの肉から余分な脂肪や腱や膜等の結合組織などを取り除き，小肉塊とする．

ⅱ) 塩せき:　小肉塊に塩せき剤を混ぜ合わせて冷蔵庫で3，4日間保管する．このような塩せきを行わずに，カッティング時に塩せき剤を添加するエマルジョンキュアリングという方法も採用されることがある．また，背脂肪を肉とは別に塩せき（発色剤は不要）する．塩せき剤は肉重量に対して，食塩2%程度，亜硝酸ナトリウム0.01%程度とし，さらに発色助剤としてアスコルビン酸ナトリウムが加えられることもある．

ⅲ) 肉挽き:　挽肉機を使って塩せきが終わった肉と脂肪を挽く．挽肉機のプレートの目のサイズを目的の製品に合わせて選択する．エマルジョンタイプのソーセージでは3mm程度の目（穴）のプレートを用いる．挽肉機の刃の切れ味が悪いとプレートとの間で摩擦熱が生じて温度が上昇するとともに肉が練られた状態となり，タンパク質の変性を招いてしまうので注意が必要である．

表7.4　ソーセージ原材料の配合例

原料肉（%）	氷水	リン酸塩	調味料 (いずれも対原料%)	香辛料	
豚赤肉　70 豚背脂肪　30	25	0.1	砂糖　1.0	コショー セージ オールスパイス	0.3 0.1 0.05

ⅳ) カッティング:　エマルジョンタイプのソーセージではカッティング工程が必須である．サイレントカッターの皿に挽肉を入れ，氷水あるいは砕氷，さらに結着補強剤（リン酸塩）を添加してカッティングを始める．カッティングによって肉が細切されるとともに添加された水ならびにリン酸の効果で筋肉タンパク質が部分的に溶解してくる．さらに，香辛料，調味料，脂肪を加えてカッティン

グを行い，各々の材料が十分混和されたことを確認する．発色助剤としてアスコルビン酸ナトリウムを0.05～0.1％程度添加することもある．カッティングによって粘りのあるソーセージミートができる．カッティング時の温度上昇はタンパク質の変性を招くので避けなければならない．このためには，あらかじめ皿を冷却したり，カッター刃の切れ味にも注意を払わなければならない．

サイレントカッターに代わって大規模な生産工場ではコロイドミル（エマルジョンミル）がソーセージミート製造に使われることも多い．コロイドミルはホッパーへ原材料を投入することにより連続的な生産が可能で大量生産に向いている．

　v) ミキシング： いわゆる荒挽ソーセージの製造ではカッティングを行わずに，ミキサーによる原材料の混和を行う．挽肉をミキサーに入れ，氷水や雪氷ならびに結着補強剤（リン酸塩）を添加して混和し，さらに香辛料，調味料，脂肪を加え，これらを十分に分散させる．

　vi) 充填： カッティングあるいはミキシングを終えたソーセージミートをスタッファーに投入し，ケーシングに充填する．ウインナーソーセージでは羊腸に，フランクフルトソーセージでは豚腸に充填する．また，それらと同等のサイズの人工ケーシングも用いられる．ウインナーやフランクフルトソーセージではケーシングをひねって適当な長さにする．

JASの規格ではウインナーソーセージは太さが20 mm未満，フランクフルトソーセージは20 mm以上36 mm未満，ボロニアソーセージは36 mm以上と規定されている．

　vii) 乾燥・くん煙： ソーセージの乾燥・くん煙は60～70℃程度の熱くん法で行う．乾燥によってあらかじめ表面の水分を蒸散させた後，くん煙に移る．

　viii) 加熱・冷却・包装： これらの工程は，ハムの製造の場合と同様に行う．

2) ドライソーセージの製造工程 ドライソーセージは乾燥によって水分含量を低下させた保存性の高いソーセージでヨーロッパでは多様な製品が作られている．製品によって，くん煙の有無，発酵の有無，加熱の有無などに違いがある．JASの規定では，ドライソーセージが乾燥のみで水分含量が35％以下，セミドライソーセージは加熱工程が任意となっており水分含量が55％となっている．

ドライソーセージの原料肉には豚肉とともに牛肉が用いられる．また，豚背脂肪は組織が硬く締まったものを使う．ドライソーセージでは肉の小塊と脂肪が適

切に分散した状態が好ましいので，原料肉は軽く冷凍し（−5℃程度），脂肪は薄切りにして−30℃で冷凍して，冷凍状態でカッティングを行う．これによって肉と脂肪とがうまく分散した状態で混和される．あるいは粗く挽いた肉をあらかじめ冷やしたカッターで脂肪と混和することも行われる．カッティング時に香辛料や調味料を添加する．また，発酵タイプの製品であれば，スターターとともに発酵を促すためにグルコースのような糖を加える．スターターとして *Lactobacillus* や *Leuconostoc*, *Pediococcus* などの乳酸菌が使われ，中でも *Pediococcus cerevisae* は広く使われている．発酵タイプのドライソーセージは乳酸由来の酸味と特有のフレーバーをもっており，乳酸発酵によって肉のpHは4.6〜5.2程度に低下する．このようなpHの低下は乾燥すなわち水の蒸散にも効果的である．すなわち，このpH域にはミオシン（pI 5.0-5.3）やアクチン（pI 4.8）の等電点が含まれており，これら筋原線維の主要タンパク質の水との結合が弱くなって，水分を逃しやすくなる[7]．

充填するケーシングは肉との密着性の高いものが求められる．密着性が低いとケーシングが内容物から剥離して空隙が生じたり，また，練り肉中に気泡があると汚染や腐敗の原因となる．気泡の混入を防ぐには，真空カッターを用いたカッティングが有効であり，またスターファーへの投入時にドウを強く叩き付けるように投げ込むことで気泡を逃がすことができる．

温度と湿度のコントロールができる熟成室があると乾燥工程を一定の条件で行うことができる．乾燥工程の初期に湿度が低いと表面の乾燥が進んで皮膜状となり，内部からの水分の蒸散が進行しなくなってしまう．水分の蒸散が一定に進むように，乾燥は，温度20〜22℃，湿度90〜95％というような条件で始め，その後段階的に低下させ，最終的に温度15〜18℃，湿度75〜80％程度で乾燥・熟成を行う．この間，表面にカビが生えてくることがあるが，カビの付着を目的としない製品の場合は拭き取る．製品によっては，くん煙を

表7.5 ドライソーセージの原材料配合例

原材料	％
原料肉（％）	
牛赤肉	40
豚赤肉	30
豚背脂肪	30
塩せき剤	
食塩	2.5〜3.0
亜硝酸ナトリウム	0.01〜0.02
発酵用添加剤	
スターターカルチャー	0.01
グルコース	0.3
香辛料・調味料	
コショー	0.3
ガーリック，オニオン等	0.05〜0.1

行う場合があるが，ドライソーセージのくん煙は熱を加えない冷くん法で行われる．

セミドライソーセージでは発酵終了後（26〜28℃で2〜3日）にくん煙を兼ねて加熱（製品内部温度が60〜68℃）することがある．仕上がった製品の水分含量は50％程度となる．アメリカのサマーソーセージ（summer sausage）はセミドライタイプの製品で，冬期につくって夏に消費されることからこのような名前で呼ばれている．

ドライソーセージでの乾燥による重量損失は25〜40％程度（製品の水分含量は35％以下）となる．目的の乾燥度合いに達したならば乾燥を終え，製品として包装を行う．

d. プレスハム

プレスハムは日本で考案された肉製品であり，ソーセージミートを糊として小肉塊をつなぎ合わせた製品である．原料肉としては種々の畜肉が用いられるが，馬肉や羊肉のような色の濃い肉は水晒ししてミオグロビンをある程度取り除いて用いる．

塩せきした小肉塊をミキサーに入れて撹拌を始め，香辛料ならびに調味料やデンプン，さらにつなぎとしてソーセージミートを加えて撹拌し，十分に混和した後，ケーシングに充填する．プレスハムの充填ではリテナー（金属製の型枠）を用いることがある．下級品ではくん煙を行わずに混和時にくん液を添加してくん煙の風味を出すことが多く，このような製品では非透過性フィルムのケーシングが使われる．加熱以降の工程は他の製品と同様である．

プレスハムは昭和50年代まで安価な原料肉を用いて大量に製造されていたが，最近は多様な製品が出回り，消費者の嗜好の変化もあって生産量は低下傾向にある．

e. 缶詰・びん詰類

缶詰やびん詰製品は常温での長期保存を目的とした製品であるが，缶詰やびん詰製造での加熱はレトルト釜を用いて110〜120℃という高温で行われるので，通常の加熱による製品とは異なった特有のテクスチャーやフレーバーをもつようになる．

食肉の缶詰あるいはびん詰製品の代表的なものにソーセージならびにコーンビ

ーフ製品があり，これらについてはJASによる規格が制定されている．食肉製品のびん詰製品は缶詰製品に比べて生産量が圧倒的に少ない．

ソーセージの缶詰には通常の方法で製造した製品を缶の深さに揃えてカットして詰めたものと，カッティング終了後のソーセージミートを缶に詰めて加熱殺菌を行うランチョンミートという製品がある．ランチョンミートはアメリカで開発された製品で第二次世界大戦での軍隊用保存食として各国に広まった．沖縄県では米軍の駐留によってこの製品がもち込まれて接する機会が多かったため，現在もこの製品の消費量が他県にくらべて圧倒的に多くなっている．

コーンビーフは本来塩漬けした牛肉（corned beef）のことであるが，我が国ではもっぱら缶詰製品として流通している．コーンビーフは塩漬した牛肉を加熱した後にただちにミキサー等で肉繊維をほぐし，調味料や牛脂等を加えて混和し，缶に詰めて加熱殺菌して作られる．

これらの製品の他に，大和煮のような味付けした肉類の缶詰や水煮缶詰も作られているが生産量は限られている．

7.2.4 新しい加工技術
a. 高静水圧による加工

高静水圧を食品の加工に利用しようとする研究が1980年代から我が国において活発に行われるようになり，ジャムやジュース等の農産加工品が実用化された．この技術は新たな加工・殺菌技術として欧米にも広がり，多様な加工食品が生まれつつある．

圧力によってタンパク質分子は内部の空隙が潰されることによって立体構造が変化し，その結果，凝集体やゲルが形成される．加熱の場合同様に，ミオシンも低塩濃度下でフィラメント状になっている場合は加圧によってゲル化することが明らかとなっている[10]．実際に魚肉すり身や練り肉を加圧するとゲルが形成されるが，これを実際の製品として市販する段階には至っていない．形成されるゲルは加熱によるゲルのテクスチャーとは異なり，弾力性の高いものとなる．加圧は加熱と同様にタンパク質の変性を起こさせる手段ではあるが，フレーバー成分の変化は極めて少なく，このことは農産加工品では有利な点であるが，一方，食肉加工品では生肉のフレーバーが残ることになって逆にデメリットとなってしまう．

7.2 食肉の加工法

殺菌効果についても多くの微生物に対して有効な効果を示すが，我が国の食品衛生法では静水圧での加圧による殺菌が未だ認められてはいない．現状では加圧加工による食肉製品の販売までにはまだまだ乗り越えなくてはならないハードルがあるが，加熱と加圧の併用など，様々な試みが行われている．

通常の食肉製品の加熱は湯煮あるいは蒸煮によって行われるが，いずれも表面から内部への熱の伝搬に時間がかかり，大型の製品では2時間を超えることもある．しかし，圧力の伝搬は熱の伝搬とは異なり瞬時である（パスカルの原理）．このように，圧力による処理は短時間で済むと同時に，圧力の保持にはエネルギーを要しないので省エネでもある．このような圧力の性質は冷凍肉の解凍にも効果的である．加圧によって水は氷点降下を起こし，200 MPa での圧力下での氷点は約 $-20℃$ である．すなわち，$-20℃$ の冷凍肉に 200 MPa の圧力をかけると肉組織内部の氷がただちに水へと変化する（解凍される）ことになる．

加圧は酵素反応の促進にも有効で，圧力酵素分解法と呼ばれる食材を軟化あるいはペースト化する技術が実用化されている．この方法では，50～100 MPa で 40～50℃ の温度条件を保持することによって，イワシのような魚は自己消化によって 24 時間程度でペースト状になる．また，プロテアーゼをもともと多く含まないような食材も酵素を添加して加圧加温状態を保持することでペースト化される．食肉もこの手法によってペースト化あるいは軟化させることが可能で，新たな食品素材として今後の開発が期待される．

世界的にみて食肉製品に加圧処理が実用化されているのは，真空包装したスライスハムの二次殺菌を目的としたもので，スペインで行われている．二次殺菌では通常短時間の加熱処理が行われるが，付加的な加熱は製品本来のテクスチャーやフレーバーなどを変化させてしまうことがあり，加圧処理ではそのような悪影響を避けることが可能である．加圧処理は二次汚染で問題となるリステリアの殺菌にも効果を示す[11]．

図7.13 真空包装したスライスハムの二次殺菌のために用いられる加圧処理装置

b. ジュール加熱（通電加熱，オーミック加熱）

食品を電気抵抗体として通電することによって発熱させ，加熱処理を行うものである．食品自体が一様に自己発熱するので加熱に要する時間を短くすることができる．また，エネルギー効率も高い．

図7.14 ジュール加熱の原理図

かまぼこのような魚肉製品は組織が均一であり，ジュール加熱が効果的に行われ，一部で実用化されている．ジュール熱によるかまぼこの急速加熱は，いわゆる「もどり」という現象の発生防止に効果的であると言われる．食肉製品では肉や脂肪といった熱伝導率の異なる素材が分散して存在し，加熱が不均一になることが指摘されているが，有望な加熱手法として実用化が期待されている．

〔山本克博〕

文　献

1) 森田英利他（2002）．麻布大学雑誌，**5/6**，176-181.
2) 若松純一（2008）．食肉の科学，**49**，157-169.
3) Offer, G. and Trinick, J. (1983). *Meat Science*, **8**, 245-281.
4) Iwasaki, T., et al. (2006). *Food Chem.*, **95**, 474-483.
5) Okitani, A., et al. (2009). *Meat Science*, **81**, 446-450.
6) 宮口右二（2006）．食肉の科学，**47**，21-26.
7) Pearson, A. M. and Tauber, F. W. (1984). Processed Meats, 2nd edition, Avi Publishing Co., pp. 206-209.
8) Xiong, Y. L. (2007). Meat Binding: Emulsions and Batter, American Meat Science Association. pp. 1-28.
9) Rust, R. E. (1976). Sausage & Processed Meats Manufacturing, American Meat Institute, p. 1.
10) Yamamoto, K., et al. (1990). *Food Structure*, **9**, 269-277.
11) Rovere, P. (2001). "Industrial-scale high pressure processing of foods" In "Ultra High Pressure Treatments of Foods", ed., M. E. G. Hendrickx and D. Knorr, Kluwer Academic/Plenum Publishers, New York.
12) 中村豊郎他（2001）．ハム・ソーセージ図鑑．伊藤記念財団．
13) Nollet, L. M. L. and Toldrá (2006). Advanced Technologies for Meat Processing, CRC Press.
14) 吉川純夫・根岸晴夫訳（1990）．フライシャー・マイスターの専門知識（上）ドイツの食肉加工技術，食肉通信社．

8 食肉および食肉製品の保蔵

 食品保蔵の目的は,食品の劣化を防止し,安全性を保持するとともに,食味性や嗜好性,栄養的な価値を保持あるいは改善することである.食品劣化の現象は多様であるが,不可食化する場合と,香・味・色沢などの嗜好性を損なう品質低下だけに留まる場合がある.

 食肉の場合,家畜をと畜後,食肉へと変換されるまでの時間経過に伴い,種々の要因で変質する.食品に起こる変化が有益か有害かは主観的判断によることが多く,すべてが品質低下に結び付くものではないが,本章では,劣化的要素が認められるものは,その有益な面を無視して劣化要因として取り扱う.

8.1 食肉・食肉製品の劣化機構

 食肉の変質は主に,微生物などの生物学的要因による腐敗,および水(氷),pH,温度,酸素,電磁波などの物理化学的要因により進行する酸化反応や成分間反応により起こる.実際的に食肉・食肉製品の貯蔵中に,これら変質が単独で起こることは稀であり,すべてが複合的に進行する.

8.1.1 腐　敗
 食肉の貯蔵の間には,汚染微生物の代謝活動による食肉成分の分解が進行し,その代謝物(腐敗物)の生成と蓄積が起こる.これにより,食肉は外観や食感の劣化,不快臭(off odor)や不快風味(off flavor)の発生,呈味の劣化などにより食味性が低下し,その後,毒性物質の蓄積などが進むことにより最終的に不可食化する.このような一連の現象を腐敗(spoilage)と呼ぶ.

 食肉上に生息する微生物の主な汚染源は,動物の皮膚や糞便あるいは消化管内

容物である．生体では筋肉組織は無菌状態であり，と畜場で動物体が処理される過程で，器具等を介して，あるいは作業者の接触により筋肉表面の汚染が進むことが多い．食肉の微生物汚染を減少させるために，と畜場ではと体表面や枝肉を温水や希薄な塩素水，有機酸溶液により高圧水洗浄する．

食品の腐敗細菌は，その増殖温度帯によって好冷細菌（psychrophile），中温細菌（mesophile）および高温細菌（thermophile）に大別される．また，好気的な環境下で優勢に生育する細菌を好気性細菌，無酸素条件下でも生育できる細菌を嫌気性細菌と呼ぶ（表8.1）．汚染細菌の細菌叢（flora）は，食肉が保存される温度や雰囲気の酸素分圧などにより変化する．

自然界に存在する細菌の多くが中温細菌に分類され，その生育温度帯は15～45℃程度，至適温度は25～40℃である．動物やヒトに由来する病原性細菌の多くが中温細菌に分類される．病原細菌の大半は10℃以下の温度帯では生育できず，低温での増殖活性をもつ Salmonella にあっても約6℃以下では生育できない．

好冷細菌は中温細菌より低い温度帯（10～20℃）に生育至適温度をもつ細菌を指し，氷点下から10℃の温度帯において増殖活性をもつものも存在する．動物の皮膚などを汚染する細菌は土壌性細菌や水棲細菌であり，好冷細菌に属するもの

表8.1 異なる温度で貯蔵した牛肉から検出される好気性および嫌気性細菌叢*

	属 名 等	至適発育温度帯	貯蔵温度（℃）		
			10	20	30
好気性細菌	Pseudomonas spp.	低温	89	60	19
	Acinetobacter spp.	低温～中温	5	11	44
	Moraxella spp.	低温～中温	—	10	1
	Micrococcus spp.	低温	—	8	—
	Enterobacteriaceae	中温	4	5	36
	Brochothrix thermosphacta	低温	2	5	—
	その他	—	—	1	—
	総中温細菌		2	36	58
嫌気性細菌	Lactobacillus spp.	低温～中温	92	20	33
	Enterobacteriaceae	中温	1	80	5
	Brochothrix thermosphacta	低温	7	—	—
	Clostridium spp.	中温-高温	—	—	62
	総中温細菌		0	50	99

＊全菌数に対する各菌数の相対割合（％）で示した．

が多い．冷蔵肉では，好冷細菌が優勢な細菌叢を形成する．

　高温細菌は，一般には中温細菌より高い温度帯（45～60℃）で生育可能な細菌を指すが，食品保蔵の観点から，加熱殺菌後も生残する耐熱性芽胞を産生する細菌も高温細菌として取り扱う．*Bacillus* や *Clostridium* は代表的な高温細菌であり，缶詰などのレトルト食品におけるフラットサワー菌（缶詰膨張の原因菌）の多くがこれに分類される．また，代表的な食中毒細菌であるボツリヌス菌（*Cl. botulinum*）も高温細菌に属する．

　Pseudomonas などのグラム陰性の好気性好冷細菌は，硫黄臭，ネト（slime），あるいは変色の原因となる．ネトは粘性多糖類やプロテオグリカンで構成されるバイオフィルムの一種であり，枯草菌（*Bacillus subtilis*）やカビ（mold），酵母（yeast）なども産生する．ネトは乾燥状態で発生することはなく，高温多湿な環境下（湿度95％以上）において発生しやすい．

　嫌気的条件下に置いた冷蔵肉では，好気性細菌の増殖は抑制され，通性嫌気性細菌である *Lactobacillus* や *Brochothrix thermosphacta* 等が優勢菌種となり，"乳製品臭"あるいは"チーズ臭"と呼ばれる不快臭や不快風味を生じるようになる．これらの嫌気性の腐敗細菌は，デアミナーゼやリアーゼの作用によりアミノ酸を分解し，アンモニア，炭酸ガス，揮発性アミン類，硫化水素，メルカプタン類，インドール，スカトール，遊離脂肪酸，オキシ酸などを生成し，腐敗臭（putrid odor）や酸臭（sour odor）の発生に関与する．また，ヒスチジンの脱炭酸反応で生成するヒスタミンはアレルギー様食中毒の原因物質であり，他の腐敗性アミン類も向神経作用や血圧に対する作用など，生体に有害な影響を与える場合がある．また，常温保存などの特定な条件下では，腸内細菌科菌群（Enterobacteriaceae，ブドウ糖発酵性かつオキシダーゼ陰性の細菌群，大腸菌，*Enterobacter*，*Proteus*，*Salmonella* などが含まれる）が，揮発性アミン類であるカダベリンやスカトールなどの悪臭物質を生成することがある．

　塩せき肉では，塩せき剤として添加される種々の抗菌性因子の影響で，グラム陽性細菌を主体とする細菌叢が形成される．これらの細菌は，ミオグロビンの酸化によるメトミオグロビンの生成，硫化水素による硫化ミオグロビンの生成，過酸化水素による黄色あるいは緑色胆汁色素の生成に関与する．また，ソーセージでは，*Lactobacillus viridescence* や *Leuconostoc* による緑色コア形成や，他のグ

ラム陽性細菌による製品表面の緑色，青色および銀色蛍光物質の形成などが観察される．その他，微生物が関与する変色には，*Pseudomonas* による加塩肉製品の黒変や赤変，カビによる羽毛状ヒゲ（*Thamnidium, Mucor, Rhizopus*），黒斑点（*Cladosporium*），青緑斑点（*Penicillium*）および白斑点（*Sporotricium*）の形成，あるいは酵母（*Candida, Torulopsis, Rhodotorula*）による脂肪表面の褐色斑点の形成などがある．

食肉・食肉製品の初期腐敗は官能検査，一般生菌数（好気性菌数），揮発性塩基窒素（volatile basic nitrogen, VBN），pH などで判定できる．食肉・食肉製品の期限設定のためのガイドラインでは，一般生菌数（10^8 個/g 以下），VBN（30 mg%以下）あるいは官能検査（色沢，臭い，外観，ドリップ量など）のいずれかの項目において1つでも異常が認められた場合に不可食とする，という判定基準が設けられている[2]．

8.1.2 酸 化

食肉脂質の酸化劣化は，酸敗臭（rancid flavor）の発生や色調の劣化と密接に関連する．脂質酸化反応は加熱に伴い急速に進行するため，とくに加熱調理した食肉や加熱食肉製品で問題となる．

食肉を加熱後1〜2日間冷蔵すると，脂質の酸化劣化に起因する劣化臭が発生する．この劣化臭は warmed-over flavor（WOF）と呼ばれ，冷蔵加熱肉を再加熱した場合に，とくに顕著に感知される．WOF は，脂質酸化の指標の1つであるチオバルビツール酸反応生成物（thiobarbituric acid reactive substances, TBARS）値と正相関することが知られている．WOF に関与する揮発性物質として，ヘキサナール，ペンタナール，マロンジアルデヒド，*n*-ノナ-3,6-ジエナール，オクタン-2,3-ジオンなどが同定されている．

一方，低温での貯蔵期間中においても，反応速度は遅くなるものの，酸化反応が進行する．切断や凍結・解凍などの処理による筋肉細胞や細胞小器官の膜構造の破壊，ならびに長期間の冷蔵は脂質酸化の促進要因である．また，極低温（-60℃以下）においても，食肉表面の乾燥（焼け）の進行に伴い，酸化劣化が進むことが知られている．

食肉の脂質酸化速度は畜種により異なり，一般には，七面鳥肉＞鶏肉＞豚肉＞

馬肉＞牛肉≧羊肉であるとされている．酸化速度は，各種食肉の多価不飽和脂肪酸含量，ヘムタンパク質（ミオグロビン，ヘモグロビン）や非ヘム鉄（遊離の鉄イオンを含む）などの酸化促進物質（pro-oxidant）含量，および α-トコフェロールやカルノシンなどの抗酸化物質（anti-oxidant）含量に影響されている．また，pH は中性域より酸性域で酸化速度が大きくなる．

　食肉・食肉製品の脂質酸化は，主に脂肪中の多価不飽和脂肪酸の自動酸化（autoxidation）により進行する（図 8.1）．自動酸化は活性メチレン基からの水素離脱によりフリーラジカルが生成する初期反応，自己触媒的に進行する連鎖反応，フリーラジカル同士が化合し安定重合体を形成する停止反応に区別される．初期反応から連鎖反応に移る段階では，三重項酸素（$^3O_2$）を必要とする．連鎖反応に伴い食品に蓄積するヒドロペルオキシドがさらに酸化分解して生成するアルコールやケトン類は，WOF を含む酸敗臭や非酵素的褐変の原因物質となるほか，マロンジアルデヒドや 4-ヒドロキシ-2-ノネナールなどは変異原性物質であることが示されている．

　鉄は，Fe^{2+} から Fe^{3+} に酸化される過程でヒドロキシラジカル（・OH）やアルコキシラジカル（LO・）の生成を促進し，自動酸化の初期反応を促進する．また，Fe^{2+} と数十〜数百 ppm のアスコルビン酸が共存すると，Fe^{2+} の酸化が加速される．食塩の添加と加熱は，食肉中の非ヘム鉄（遊離鉄）の増加を通して，食肉脂

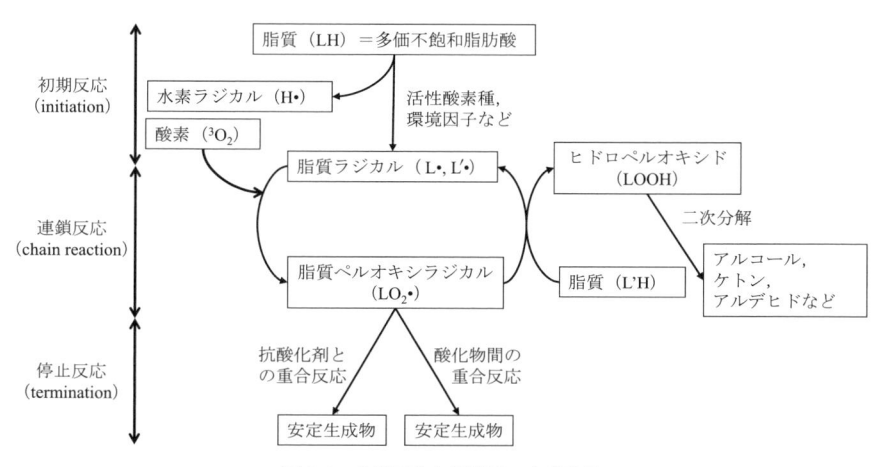

図 8.1 多価不飽和脂肪酸の自動酸化

質の酸化を促進する．その他，ミオグロビンの酸化（メト化），過酸化水素（H_2O_2）やヒドロキシラジカルなどの活性酸素種などが初期反応の促進因子として関与する．

一般に，脂質酸化は水分活性（a_w）が0.3付近で最も進行しにくく，それより高くても低くても，酸化速度が増加する．a_wが0に近付くと食肉中の結合水が減少し，食肉成分表層の結合水（bound water）による単分子層が不完全になる．その結果，結合水による成分の保護作用が低下し，脂質が分子状酸素の攻撃を受けやすくなる．一方，a_wが0.6〜0.8の場合には，触媒を含む反応性物質の移動性が増大し，脂質酸化が促進される．a_wが0.8以上になると，溶質の希釈効果により酸化の進行は遅くなる．凍結により食肉のa_wは低下し，−18℃ではa_wが0.6程度になる．加塩肉では，凍結変性（後述）などの影響によりさらに酸化が促進されるため，塩漬肉製品の冷凍貯蔵には注意が必要である．

ミオグロビンのメト化は食肉の褐色化の主な原因である．褐変した食肉は消費者から古いと判断され，その商品価値は著しく低くなる．メト化は低酸素分圧下で促進され[3]，その酸化速度は7℃で酸素分圧7.5 mmHg，0℃で6.0 mmHgにおいて最大になる（20℃における大気中の酸素分圧は160 mmHg）．酸素透過性の低い樹脂包材での真空包装は，包材と食肉の接触面が低酸素状態となり，メト化が促進される場合がある．メト化と脂質酸化は密接に関連し，相互に作用して，それぞれの酸化反応を進行させる．

飼料を介して食肉のα-トコフェロール含量を増大させると，脂質酸化が抑制され，肉の色調も安定化する．また，塩せきやくん煙を施した食肉製品では，脂質酸化はほぼ抑制される．これは，塩せき時に添加される亜硝酸塩によりミオグロビンからの鉄の遊離が抑制され，ニトロミオグロビンやS-ニトロソシステインなどの抗酸化性物質が生成すること，またくん煙により抗酸化性をもつトリヒドロキシフェノール類やジヒドロキシフェノール類などが付与されることに起因している．

ヘムタンパク質やリボフラビンなどの光増感剤に光線を照射すると，三重項酸素から一重項酸素（$^1\Delta O_2$）が生成する（光増感反応）．一重項酸素は不飽和脂肪酸の二重結合に求電子的に付加し，脂質ヒドロペルオキシドが生成する（図8.2）．そのため，自動酸化では酸化されにくいモノ不飽和脂肪酸も容易に酸化される．

一重項酸素による脂肪酸の酸化速度は，自動酸化のそれより約1,500倍速いとされ，食肉製品や調理済み食品などでは重要な酸化劣化要因の1つである．一重項酸素による脂質酸化は非ラジカル反応であ

図8.2 脂肪酸二重結合への一重項酸素の付加による脂肪酸ヒドロペルオキシドの生成

るため，水素供与体として作用する一般的な抗酸化剤では防止できず，ガス置換包装などによる分子状酸素の除去，あるいは遮光などにより抑制する必要がある．

8.1.3 凍結変性

食肉の水の大部分は筋原線維間および筋原線維のフィラメント間に自由水（free water）として存在し，全水分の4〜5％が筋原線維構成タンパク質などに水素結合した結合水として存在している．食肉の凍結点（freezing point）は約-2℃であり，最大氷結晶生成帯は-1.8〜-5℃の間である．凍結に際し，-20℃での凍結率（全水分に占める凍結水の重量比）は90％程度，-35℃では95％近く，すなわち大部分の自由水が結晶化する．凍結時には，自由水の減少に伴う溶質濃度の上昇による塩析効果で，筋原線維タンパク質および筋漿タンパク質は水への溶解性を失い，凝集・沈殿する．また，凍結後の氷結晶によるタンパク質の高次構造の物理的破壊は，食肉タンパク質の会合と凝集を促進し，食肉タンパク質の水和性を著しく低下させる．このような，一連の変化は凍結変性と呼ばれ，冷凍貯蔵した食肉や食肉製品のゲル化性や保水性を低下させる主な原因の1つである（図

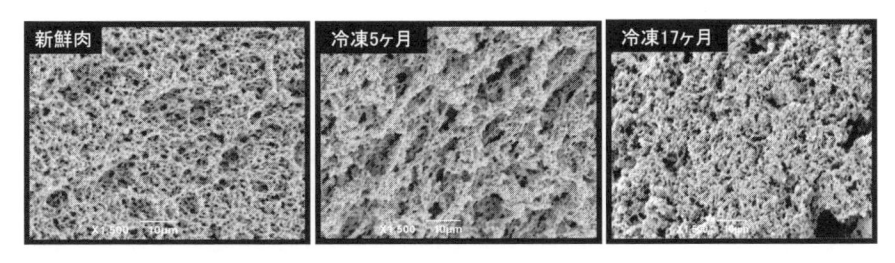

図8.3 -30℃で冷凍保存した豚肉から抽出したアクトミオシンの加熱ゲルの走査電子顕微鏡写真（倍率；1500倍）．凍結期間が延びると，凍結変性した筋原線維タンパク質が凝集体を形成し，加熱ゲルのタンパク質ネットワークが緻密になる．その結果，ゲルの保水力は大きく低下する．

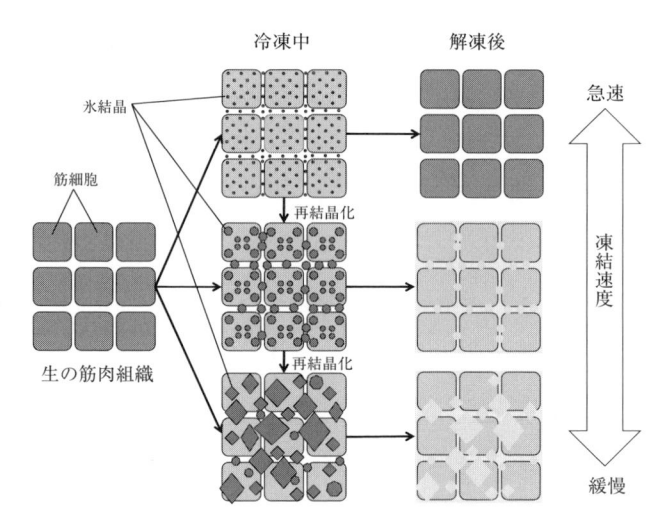

図8.4 氷結晶による筋肉組織の物理的損傷とドリップの漏出

8.3).

　凍結肉の解凍に伴う液汁（ドリップ）の大量漏出は，消費者の購買意欲を低下させる要因である．漏出したドリップは腐敗微生物の温床にもなるため，食肉・食肉製品の保存性を低下させる原因ともなる．凍結・解凍肉におけるドリップ漏出は，氷結晶による筋肉組織の細胞膜や結合組織の機械的損傷，凍結変性による筋原線維タンパク質の保水力の低下などが原因で起こる（図8.4）．緩慢な凍結により生じる巨大氷結晶は，凍結変性や肉組織の物理的損傷を促進する．また，長期に及ぶ冷凍貯蔵の間には微細氷結晶の再結晶化が起こり，結晶が肥大化するため，解凍時ドリップ量が増加する．

8.2 貯蔵法

　食肉・食肉製品の劣化には，8.1で述べたように微生物，酸化，食肉タンパク質の変性などが関与する．したがって，食肉・食肉製品の貯蔵に際しては，これらの要因から如何に食肉を守るかが重要であり，そのための貯蔵技術や加工技術が発展してきた．衛生的に採取，加工された食肉を適切な方法で保存することにより，食肉・食肉製品の貯蔵期間を延長し，貯蔵中の品質保持あるいは品質改善

を図ることができる．

8.2.1 冷却・冷蔵

食肉等を含め，食品全般で最も普及している低温貯蔵法である．一般の食肉や加熱食肉製品，非加熱食肉製品は10℃以下，生食用食肉や特定加熱食肉製品の一部は4℃以下での貯蔵が基準となっており，氷結温度である−2℃程度が下限となる．冷蔵により中温細菌や高温細菌の増殖を抑えることができるが，好冷細菌の増殖に伴い腐敗が進行するため，比較的短い期間の貯蔵に限られる（図8.5）．

死後硬直開始前のATP含量が高い筋肉を急速冷却すると，寒冷短縮（cold shortening）と呼ばれる短縮を起こし，肉が硬化する．牛や羊などで多く認められるが，豚や鶏でも発生するとされている．これは，低温による筋小胞体のCa^{2+}吸収能の低下に起因する筋肉内Ca^{2+}濃度の増加により，筋肉が収縮することにより起こる．とくに，骨の支持を失った温と体除骨肉（hot-boned carcass）では顕著な短縮が認められる．牛肉の場合，筋肉が約10℃以下の温度になると強い短縮を起こし，筋肉が硬化すると共に多量のドリップが生じる．死後硬直前の肉を急速凍結し，その肉を解凍した際に発生する解凍硬直（thaw rigor）も同様の機序で起こる．

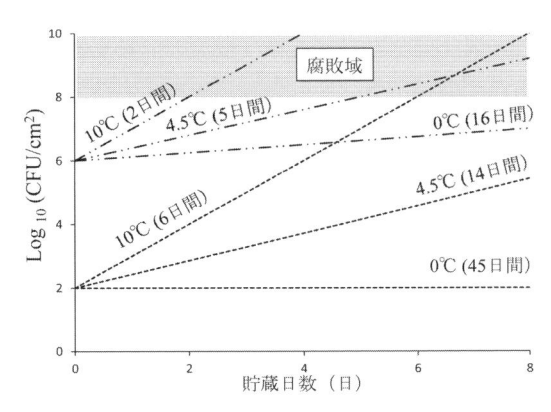

図8.5 冷蔵温度に依存したソーセージ中の腐敗微生物の増殖[4]．

樹脂製の積層フィルムを用いた包装，あるいは包装容器内の気体組成を調節するガス置換包装は，食肉の冷蔵貯蔵中に起こる変色や微生物の増殖を制御する目的で行われる．80％酸素／20％二酸化炭素の混合ガス包装した牛肉では，オキシミオグロビンによる鮮やかな赤色の色調が保持され，微生物の増殖も抑制される．100％二酸化炭素のガス包装は，容器内の好気性微生物の増殖を抑制できる．真空包装牛肉では，微生物の生育が抑制されるとともに，還元型ミオグロビンが保持

される．開封後の酸素との接触により，オキシミオグロビンが生成することで肉色が回復する．酸素や二酸化炭素などの気体や水分の透過度が異なる様々な積層フィルムが流通しており，目的に応じて適切な包材を選択する必要がある．

8.2.2 冷　凍

　低温による貯蔵のうち最も長期間にわたる食品の貯蔵ができる方法であり，適切な条件下においては1年間以上の貯蔵が可能である．食品衛生法では，すべての食肉・食肉製品について−15℃以下での貯蔵が基準となっているが，実際には−18〜−40℃の範囲で貯蔵されることが多い．冷凍条件下では，腐敗微生物の生育はほぼ完全に阻害され，多くの酵素反応も顕著に抑制される．また近年は，馬肉の住肉胞子虫を殺虫する目的で，短期間の冷凍処理を行うことが推奨されている．しかし，リパーゼやホスホリパーゼは凍結温度においてもわずかに活性を示し，脂質等の酸化反応も徐々に進むため，酸化的酸敗（oxidative rancidity）は緩やかに進行すると考えられている．

　冷凍貯蔵に際しては，食肉の凍結に要する時間が重要である．一般に，最大氷結晶生成帯を30分以内に通過する急速凍結が望ましいと考えられている．急速凍結した食品の内部に形成された氷結晶は微細で，食品組織内に均一に分散するため，凍結変性など食品へのダメージが少なく，解凍時ドリップの生成も少ない．凍結方法には種々の方法が存在するが，製品形状が大きく不均一な部分肉などでは，−30〜−50℃の冷風を強い風速で吹き付けて凍結させるエアブラスト式冷凍装置や，冷却されたブライン（NaClや$CaCl_2$などの塩溶液）やアルコールなどの液体を熱媒体とする浸漬凍結装置により急速凍結を行う．

　冷凍貯蔵温度の上昇や輸送時の温度変動は，凍結肉中の氷結晶の再結晶化を引き起こし，解凍時ドリップの増大をもたらす．再結晶化は−7℃以上の温度で急速に進行するが，−12℃以下の温度でも徐々に進行することが報告されている．冷凍貯蔵中は可能な限り温度を低く維持するとともに，貯蔵環境の温度変化を最小限にすることが品質維持には重要である．

　冷凍庫内で凍結肉を乾燥した冷気に長期間曝し続けると，肉の表面色が褐色の度合いを高め，焼けたような外観を示す．この現象を冷凍焼け（freezer burn）と呼ぶ．冷凍焼けは，水の昇華により肉表面の乾燥が進み，肉色素が濃縮されるこ

とにより起こる．また，乾燥により生じる空孔に酸素が侵入すると，食肉内部で酸化反応が進行し風味劣化の原因ともなる．冷凍焼けは，樹脂やセルロース系の適当な包材での包装，可食性フィルムによるコーティングにより防止できる．

凍結，冷凍と比べ，解凍に関しては知見が少ない．一般には，急速解凍は解凍時ドリップの増大を引き起こすといわれている．これは，解凍された肉塊表層の組織が，未解凍の中心部分の膨圧により機械的損傷を受けるためと考えられる．凍結牛肉が最大氷結晶生成帯を通過する解凍時間と解凍時ドリップ量の関係を調べると，約50分間までは解凍時間に依存してドリップ量が減少し，50分以上ではドリップ量が変化しなくなるという報告もある．実用的な解凍方法としては，次のようなものが奨励されている[5) 6)]．

(1) と体や枝肉は，風速0.2 m/秒程度で空気が循環している4〜6℃（衛生学的には5℃以下が望ましい）の低温庫内に未包装状態で懸吊し，冷気解凍する．表面の結霜を避けるため，解凍開始時は湿度を70%程度とし，解凍終了時には湿度90〜95%となるように徐々に庫内を加湿する．肉の温度が0〜−1℃のとき，解凍が終了したと見なす．牛の場合に4〜5日，豚や羊の場合には1〜3日程度を要する．

(2) パーツ肉や冷凍挽肉などは，4.4℃（40°F）以下の冷蔵庫内で冷気解凍するか，冷水を張った水浴中に気密性の高い包装を施した状態で浸漬し解凍する．冷水解凍では，水浴の水を30分ごとに換えると，解凍時間が短縮できる．1 kgの肉の解凍に必要な時間の目安は，冷気解凍（40°F）で12時間以内，冷水解凍では2時間以内である．冷水解凍した肉は衛生的な品質が低いので，解凍後はただちに調理することが望ましい．

8.2.3 加熱殺菌

腐敗を防ぐ目的において，加熱殺菌は最も有効な操作の1つである．加熱殺菌は，ハム・ソーセージの湯煮のように，常圧下で中心温度が63℃，30分間以上とするか，あるいは缶詰やレトルトパウチ食品のように，加圧下で110〜120℃，4〜100分間程度の加熱を行う．前者の処理を施した製品は10℃以下で貯蔵する必要があるのに対し，後者では室温で1年間以上の保存が可能である．*Micrococcus*, *Pseudomonas*, *Streptococcus*, 腸内細菌科菌群などの非芽胞性細菌は熱に不安定で，

表8.2 種々の微生物の耐熱性[7]

微生物種		加熱温度（℃）	D値[*1]（分）	Z値[*2]（℃）
細菌	Bacillus subtilis	90	43	9.3
	Campylobacter coli	60	0.13-0.14	5.07〜5.60
	Clostridium botulinum Type A	104	17.6	9.9
	Escherichia coli	57.2	0.8-1.5	
	Lactobacillus plantarum	65	4.7-8.1	
	Leuconostoc mesenteroides	63	0.34	
	Listeria manocytogenes	58	1.2-2.4	5.1-6.7
	Pseudomonas fluorescens	63	0.31	
	Salmonella typhimurium	62.8	0.11	5.3
	Streptococcus feacalis	68	0.34-0.46	8.08-9.0
真菌	Aspergillus niger（菌体，胞子）	60	10分で死滅	
	Saccharomyces cerevisiae	60	0.11-0.32	
	同上，子嚢胞子	60	8.2-22.2	4.5-5.5

*1 D値，一定温度での加熱により微生物数を90％減少させるために必要な加熱時間．
*2 Z値，加熱致死時間を1/10にするために必要な温度上昇．

65℃，3〜15分間の加熱により不活化される．一般に，グラム陽性細菌はグラム陰性細菌より耐熱性が強く，*Bacillus* や *Clostridium* のような芽胞性グラム陽性細菌が作る芽胞は120℃での殺菌でも死滅しないことがある．真菌は一般に熱に弱いが，菌核や子嚢胞子には85℃，4分間程度の加熱に耐えるものがある（表8.2）．

食肉タンパク質は加熱により熱変性する．筋漿タンパク質は40〜50℃，筋原線維タンパク質は50〜60℃で変性し，保水性の減少とpHの上昇を招く．また，コラーゲンは60〜65℃から徐々に可溶化し，約80〜100℃では膨潤，分解し，ゼラチン化する．この変化は食肉の結合組織に起因する硬さの低下，すなわち肉の軟化に結び付く．酵素のほとんどは79℃（175°F），数分間の加熱で失活する．また，脂質酸化は70℃以上の加熱により促進されるが，さらに高温での加熱では，アミノーカルボニル反応等により生成する抗酸化物質の作用で酸化が抑制される．

8.2.4 水分活性の調節（乾燥・脱水）

乾燥と脱水は，微生物の生育や酵素作用に必要な自由水を食品から除き，水分活性を低下させる保蔵法である．ドライソーセージなどでは20℃以下での送風乾燥，ジャーキー類では60〜80℃での熱風乾燥により，a_wが0.87未満に達するま

で乾燥する．

真空凍結乾燥（vacuum freeze-drying）では，氷結状態の水が融解，移動することなく食品から昇華する．そのため，組織が収縮することなく，氷結晶のあった場所がそのまま小孔として残った，多孔質の軽い製品が得られる．タンパク質の変性もほとんどないため，水戻り性がよい．反面，吸湿しやすく，酸化が進みやすいことが欠点である．とくに，結合水を失う程度まで乾燥すると，脂質その他の成分の酸化が著しく進行する．

中間水分肉は，乾燥や保湿剤（humectant）の添加により，a_w を 0.6〜0.85 に低下させた乾燥肉である．この水分活性においては微生物が生育しにくいため，長期保存が可能である．一方で，10〜50％ほどの水分を含んでいるので，比較的軟らかい製品となる．中間水分肉では，脂質酸化や非酵素的褐変が起こりやすく，非通気性の積層フィルム等で密封しないと短時間のうちに品質が劣化する．

8.2.5　その他の方法

高圧処理は 100 MPa（約 1000 気圧）以上の静水圧での加圧を施し，食品を加工，殺菌する技術である．食品が高圧処理されたときの体積（構造）の変化は，物理的な圧縮，相変化（リン脂質膜の相転移，ゲル化，結晶の析出），タンパク質の変性などを引き起こす．300〜400 MPa の加圧により食品を汚染する多くの生物に対する殺菌，殺虫効果が得られる．高圧処理の最大の利点は冷蔵あるいは凍結温度以下での処理が可能であることで，生肉や非加熱食肉製品の殺菌への適用が期待されている．また，加熱殺菌で問題となる栄養成分の損失，異臭の発生や変色などの品質劣化が生じにくいという利点もある．

殺菌・殺虫を目的とする食肉・食肉製品への放射線照射は，1978 年にオランダで鶏肉に対して実施されて以来，アメリカ，フランス，ベルギー，タイなどで行われている[8]．日本では，殺菌を目的とした照射は法的に認められていないが，食肉や副生物の病原性微生物による食品事故が多発していることから，生食用の食肉や肝臓への照射が検討されている．食品照射は，^{60}Co を線源とする γ 線あるいは電子加速器により発生される電子線を用いて行われる．γ 線，電子線のいずれも，食品に照射，吸収されると水分子が電離し，酸素ラジカルやヒドロキシラジカルなどの活性酸素種が生成する．この活性酸素種が汚染細菌や寄生虫に対し強

い殺菌・殺虫作用を示す．食肉を汚染するすべての微生物を完全に死滅させるには 50 kGy 程度の照射が必要であるが[9]，実用的には 10 kGy 未満の照射であっても病原性細菌の大部分は殺菌可能である．一方で，照射により生成する活性酸素種は脂質酸化を促進し，照射臭と呼ばれる酸敗臭により食肉の食味性を大きく低下させる．この点については，照射される食肉を凍結状態にすると，病原性大腸菌の殺菌効率の低下を抑えつつ，脂質酸化を抑制できることが報告されている[10]．

〔河原　聡〕

文　献

1) Gill, C. O. (1986). The control of microbial spoilage in fresh meat. In Advances in Meat Research, Volume 2 (ed. by Pearson, A.M. and Duston, T.R), pp. 49-88, AVI Publishing Company.
2) 厚生省生活衛生局乳肉衛生課 (1995)．乳製品，食肉製品等の期限表示ガイドライン集．(財)東京顕微鏡院．
3) 永田致治 (1995)．食品の変色の化学（木村　進，加藤博道，中林俊郎編著），pp. 385-407，光琳．
4) Zottola, E. A. (1972). Introduction of meat microbiology, American Meat Institution, Chicago.
5) Cano-Muñoz, G. (1991). Manual on meat cold store operation and management. Food and Agriculture organization of the United Nations, Rome.
6) Food Safety and Inspection Service (2010). The big thaw – safe defrosting methods – for consumers. United States Department of Agriculture, Washington DC.
7) Franz, C.M., von Holy, A. (1996). Thermotolerance of meat spoilage lactic acid bacteria and their inactivation in vacuum-packaged vienna sausages. *Int. J. Food Microbiol.*, 29, 59-73.
8) Kume, T., et al. (2009). *Radioisotopes*, 58, 25-35.
9) 田島　眞 (1986)．肉の科学，27, 119-127.
10) 伊藤　均 (1998)．月刊フードケミカル，6, 23-27.
11) 西尾重光 (1978)．冷凍空調技術，29, 27-38.

9 食肉および食肉製品の安全性

　食肉の安全性は「と畜場法」,「食鳥検査法（食鳥処理の事業の規制及び食鳥検査に関する法律）」,「食品衛生法」,「飼料安全法（飼料の安全性の確保及び品質の改善に関する法律）」,「医薬品医療機器等法（医薬品，医療機器等の品質，有効性および安全性の確保等に関する法律：旧，薬事法）」,「動物用医薬品の使用の規制に関する農林水産省令」などの法律・規則によって担保されている．しかしながら，BSE（牛海綿状脳症），病原性出血性大腸菌症O-157，高病原性鳥インフルエンザ，口蹄疫など，輸入畜産物からの抗菌性物質の検出や農薬残留などに対処するためには，省庁を超えた検査体制で臨む必要がある．

　つまり，生産者，生産者の指導をする家畜保健衛生所の職員，と畜の際には食肉衛生検査所のと畜検査員が，食肉となってから人々の口に入るまでは保健所などの食品衛生監視員などが食肉や食肉製品の安全性について関与することとなる．

❖ 9.1　と 畜 検 査 ❖

9.1.1　と畜検査の変遷
a.「と畜場法」制定までの歴史
　我が国は仏教伝来以来，表向きには肉食が長い期間にわたって禁止されてきたが，実際には「薬喰い」などと理屈をつけて密かに食され，江戸時代以降には「ぼたん」,「もみじ」,「さくら」などと呼んで，イノシシ，シカ，ウマは食べられていた．この間に病気や食用に不適当な肉を食して食中毒や命を落とすこともあったようである．明治政府になって，と畜やと場についての取締（屠牛取締方）が行なわれるようになった．これは，と場の場所の規定，病牛や斃死牛の販売禁止，雌牛のと殺禁止（妊娠の可能性のないものは除外）について触れている．

1887年には「屠獣場取締規則」が公布され，豚麻疹，トリヒナ，黄疸，肝蛭，結核および赤痢などが検査対象としてあげられている．

1906年に「屠場法」が制定され，1910年には屠場数は483ヶ所となった．この法律では生体検査や解体後検査が義務付けられたが，検査基準などの規定はなかった．これを受け1913年に「屠畜検査心得」なるマニュアルが制定された．そして，戦後の社会情勢に対応すべく1953年に「と畜場法」が制定され，幾多の変遷をたどり今日につながっている．

b.「と畜場法」制定以降の歴史

1996年に大阪府堺市の小学校の給食で発生した腸管出血性大腸菌 O-157 による大規模な食中毒事件では死者も出た．この時の調査では牛肉が原因食と断定はされなかったが，これを契機に1996年に「と畜場法施行規則」が大幅に改正され，衛生管理の強化が行われ，と畜場の再編整備が飛躍的に進んだ．この骨子は①体表にふんが付着している個体（ヨロイと呼ぶ）は洗浄してからと畜場に搬入すること，②と殺，解体に使用するナイフは83℃以上の温湯で消毒すること，③消化管の内容が漏れないように，牛，めん羊，山羊は食道および直腸の結紮を行うこと，④と畜場の設置者または管理者は，と畜場を衛生的に管理するために「衛生管理責任者」をおくこと，⑤と畜業者は，処理が適切に行われるように「作業衛生責任者」をおくこと，が盛り込まれている．

さらに，2001年にはわが国でBSEが牛で発生したことを契機に，食の安心・安全に対応すべく「食品安全基本法」が2003年に制定され，内閣府には「食品安全委員会」が設置された．これらを受け，と畜場法も2003年に改正され，①と畜検査は都道府県知事（保健所を設置する市は市長）が実施していたが，BSEの確認検査については厚生労働大臣が実施する，②衛生管理責任者および作業衛生責任者の設置が法律に明記，③と畜検査の対象として疾病に加え，「異常」が追加，④と畜検査の対象疾病として，家畜伝染病予防法で規定する疾病との整合性を図ること，が追加された．なお，2017年7月の時点でのと場の総数は施設・組織の改良・改変により150ヶ所を数える．

9.1.2 と畜検査とその流れ

と畜場（実際には食肉センター，食肉公社などの名称で呼ばれることが多い）

に搬入された家畜（「と畜場法」で対象となるのは牛，豚，馬，めん羊，山羊で，食鳥は食鳥検査法で規制されている）は公務員であって獣医師の資格を有した「と畜検査員」の手によって検査を受ける．合格したもののみが食肉として市場に流通されるようになる．紙面の都合上，食鳥については割愛する．

a. 検査の概要

と畜検査は生体検査，解体前検査，解体後検査が主なものである．必要に応じて，精密検査を行い，最終的に検査に合格したものに検印が押され，市場に流通することとなる．図9.1に食肉処理工程におけると畜検査とその措置について示す．

生体検査：　搬入された該当家畜は生体検査（生前検査）を受ける．豚では目視による体色や可視粘膜における熱発兆候の有無，元気，異常行動などの外貌検査，牛では検温，聴診，触診などの検査である．この段階で異常が認められると畜禁止となり，生産者などへのもち帰

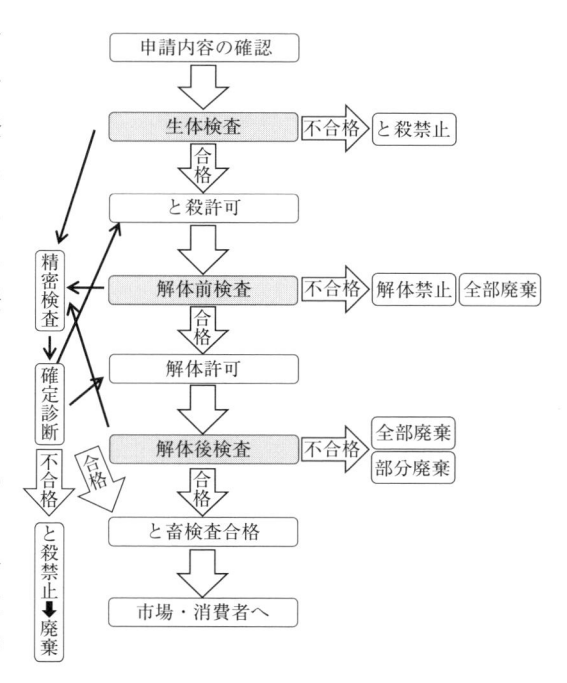

図9.1　食肉処理工程におけると畜検査とその措置

りとなる．疾病に罹患している可能性のある家畜については「病畜と室」に搬入し，詳細な生体検査を受け，合格した場合にはと畜される．表9.1に示す疾病に罹患，または異常がある場合にはと殺禁止措置がとられる．

解体前検査：　と畜された家畜は解体作業に回されるが，解体前にも検査（解体前検査）を受ける．

解体前検査では，一般外部検査を行った後，天然孔，排泄物や可視粘膜の状態について検査を行う．放血時の血液性状を観察し，異常を認めた場合にはさらに詳しい検査を行う．ここでは炭疽，牛白血病，膿毒症および黄疸について注意を払う．

表 9.1 法令によりと殺禁止となる疾病または異常（と場法施行規則別表第4による）

牛疫，牛肺疫，口蹄疫，流行性脳炎，狂犬病，水胞性口炎，リフトバレー熱，炭疽，出血性敗血症，ブルセラ病，結核病，ヨーネ病，ピロプラズマ病，
アナプラズマ病，伝達性海綿状脳症，鼻疽，馬伝染性貧血，アフリカ馬疫，豚コレラ，アフリカ豚コレラ，豚水泡病，ブルータング，アカバネ病，
悪性カタル熱，チュウザン病，ランピースキン病，牛ウイルス性下痢・粘膜病，牛伝染性鼻気管炎，牛白血病，アイノウイルス感染症，イバラキ病，
牛丘疹性口炎，牛流行熱，類鼻疽，破傷風，気腫疽，レプトスピラ症，サルモネラ症，牛カンピロバクター症，トリパノソーマ病，トリコモナス病，
ネオスポラ症，牛バエ幼虫症，ニパウイルス感染症，馬インフルエンザ，馬ウイルス性動脈炎，馬鼻肺炎，馬モルビリウイルス肺炎，馬痘，野兎病，
馬伝染性子宮炎，馬パラチフス，仮性皮疽，小反芻獣疫，伝染性膿疱性皮膚炎，ナイロビ羊病，羊痘，マエディ・ビスナ，伝染性無乳症，
流行性羊流産，トキソプラズマ病，疥癬，山羊痘，山羊関節炎・脳脊髄炎，山羊伝染性胸膜肺炎，オーエスキー病，伝染性胃腸炎，
豚エンテロウイルス性脳脊髄炎，豚繁殖・呼吸障害症候群，豚水泡疹，豚流行性下痢，萎縮性鼻炎，豚丹毒，豚赤痢，Q熱，悪性水腫，リステリア症，
瘡病，膿毒症，敗血症，尿毒症，高度の黄疸，高度の水腫，腫瘍（肉，臓器，骨またはリンパ節に多数発生しているものに限る），旋毛虫病，
全身に蔓延している有鉤嚢虫病，中毒諸症（人体に有害の恐れがあるものに限る），熱性諸症（著しい高熱を呈しているものに限る），
注射反応（生物学的製剤により著しい反応を呈しているものに限る）および潤滑油または炎性産物等による汚染（全身が汚染されたものに限る）

解体後検査： 解体後検査では頭部，内臓，枝肉の3つのパーツに大分割処理された個体について，筋肉や内臓の色調を目視検査で行い，必要に応じて検査刀を入れ，リンパ節の異常や寄生虫の存在を確認するような詳しい検査を行う．これらの結果と生体および解体前検査の結果を勘案して，枝肉，内臓などの食用適否を判断する．

表9.2に示す疾病や異常を認めた場合は「全部廃棄」，「一部廃棄」の措置を行う．また，限局性の病変などは検査刀で削除し，部分廃棄で検査合格とすることもある．

精密検査： 目視検査のみでは判断できない場合には保留処分とし，必要な検体を採材して精密検査（病理学的検査，微生物学的検査，理化学的検査）を行う．病理学的検査は白血病，各種腫瘍，寄生虫性疾患などを診断する．微生物学的検査では培養操作が必須であるが，迅速な判断が求められるので，各種同定キット，PCR法，免疫磁気ビーズ法なども取入れられている．これにより，炭疽，豚丹毒，

表9.2 法令により全部廃棄や部分廃棄となる疾病または異常（と場法施行規則別表第5による）

疾病	廃棄する部分
別表第4に掲げる疾病または異常	当該獣畜の肉，内臓その他の部分の全部
黄疸（病変が肉または臓器の一部に限局されているものに限る）	当該病変部分および血液
水腫（病変が肉または臓器の一部に限局されているものに限る）	当該病変部分および血液
腫瘍（病変が肉，臓器，骨またはリンパ節の一部に限局されているものに限る）	当該病変部分および血液
寄生虫病（旋毛虫病，有鉤嚢虫症および無鉤嚢虫症（全身に蔓延しているものに限る）を除く）	寄生虫を分離できない部分および住肉胞子虫症にあっては血液
放線菌病	当該病変部分および血液
ブドウ菌腫	当該病変部分および血液
外傷	当該病変部分
炎症	当該病変部分および炎性産物により汚染された部分ならびに多発性化膿性の炎症にあっては血液
変性	当該病変部分
萎縮	当該病変部分
奇形	著しい当該病変部分
臓器の異常な形，大きさ，硬さ，色またはにおい（臓器の一部に限局されているものに限る）	当該異常部分に係わる臓器
潤滑油または炎性産物等による汚染（全身が汚染されたものを除く）	当該汚染部分に係わる肉，臓器，骨および皮

トキソプラズマなどの人獣共通感染症，サルモネラやカンピロバクターなどの食中毒起因細菌の検査が行われる．理化学的検査は尿，ふん，血液，リンパ液などの検体を検査することにより，尿毒症，黄疸などの代謝異常疾患の診断，時によっては残留化学物質の検査も行う．

検印： すべての検査が終了した時点（牛については後述するBSEの検査終了後）で，それぞれの所定部位に合格印（検印）が押され，食肉として市場に流通されるようになる．検印は畜種ごとに形が異なり，牛は楕円形，馬は長方形，豚は円形，めん羊と山羊は正六角形で内部に都道府県名と，と畜場番号が付いている．なお用いるインクは食用色素なので安全である．

現行の法体系（「と畜場法」と「食鳥検査法」）では食肉についての検査は牛，豚，馬，めん羊，山羊および食鳥（鶏，あひる，七面鳥その他一般に食用に供す

る家きん）のみが対象となっている．しかし昨今では「イノシシ」，「シカ」，「野ウサギ」などの肉も食べることが可能となり，場合によってはE型肝炎や嚢胞虫症に感染するような事例も報告されている．これらは食肉としての検査対象外なので現行法ではカバーできず，将来的には検討しなければならない．

b. 特殊な対応と検査

BSEに対応するために，特定危険部位（SRM）が除去され，BSEの検査が行われる．検査に不合格となったものは廃棄処分が下される．2014年現在，国際獣疫事務局（OIE）によって日本は「無視できるBSEリスク」国に分類されている．

特定危険部位（SRM）の除去： BSEの原因物質である異常プリオンの99％以上が，SRMに蓄積されている．したがって，「牛海綿状脳症対策特別措置法」によってSRMをと畜・流通の段階で除去することが義務づけられている．SRMとして定められているのは30ヶ月齢超の牛の扁桃を除く頭部（舌，頬肉，皮は食用可），脊髄，脊柱が，また全月齢の牛の回腸遠位部（盲腸との接合部分から2mまでの部分）および扁桃で，これらは焼却処分される．

BSEの検査： BSE感染牛に由来する肉の流通を防ぐため，さらに検査が行われている．生後48ヶ月齢以上の牛については，「と畜場法」，「牛海綿状脳症対策特別措置法施行規則」に基づいての検査が実施されている．これは，脳の一部である延髄を材料に異常プリオンの有無をスクリーニング検査し，陰性であれば合格，陽性であれば確認検査，確定検査ののち焼却処分される．なお，BSE発生国からの牛肉輸入は2001年から禁止していたが，食品安全委員会の評価結果を踏まえて一定の輸入条件の下で輸入を再開している．輸入が再開した国からの牛肉については，条件に適合しているかどうか輸入時に検疫所において検査するとともに，適宜現地査察を実施している．

廃棄： 検査の結果，廃棄を命じられた枝肉，内臓は焼却，化製処理または適当な消毒薬を用いた消毒のいずれかの方法により処理する．

と殺禁止や全部廃棄となる頻度の高い疾病は，膿毒症，敗血症，尿毒症，高度の黄疸，高度の水腫，豚丹毒，トキソプラズマ症，白血病，全身性の腫瘍など．

c. 検査でわかる主な疾病

図9.2には牛について，図9.3には豚について，食肉衛生検査で見られる主な

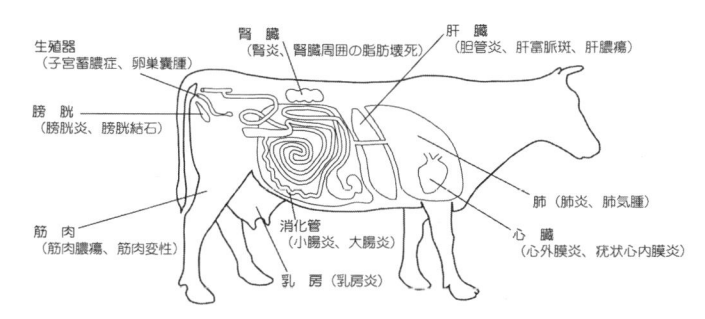

図 9.2 食肉衛生検査で見られる主な疾病（牛）

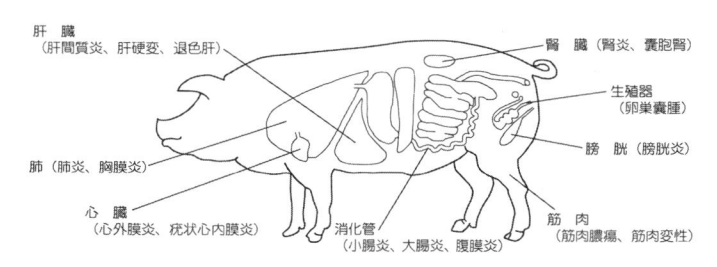

図 9.3 食肉衛生検査で見られる主な疾病（豚）

疾病を示した．

9.2 微生物に関する安全性

9.2.1 食肉および食肉製品と微生物
a. 食肉の微生物

豚や牛などの家畜は生産農場からと畜場に搬入され，と畜処理後，血液，皮，頭部，内臓などが除去され，正中線に沿って2分割され枝肉となる．通常，枝肉は冷却後，カタ，バラ，モモなどの部位に分割され，部分肉として流通する．部分肉はハム，ソーセージなどの加工原材料となり，あるいは薄切り肉やひき肉などに加工され，テーブルミートとして流通する．

一般的には健康な家畜の筋肉組織は無菌なので，微生物は存在しない．しかし，食肉処理施設から出荷される枝肉表面の細菌数は生菌数で $10^2/cm^2$ 以上のものが多く見られる．この理由として，①体表由来：解体時に体表から直接，間接的に，

あるいは作業員の手指，器材による汚染，②腸管内容物由来：解体作業中に誤って腸管などを損傷し，腸内容物の汚染，胃や肛門からの内容物の漏出による汚染，③環境由来：作業員の手指，衣服，器具機械類，作業環境の床，排水溝からの汚染，などがあげられる[2]．

冷蔵前の枝肉表面からは一般的に $10^3 \sim 10^4/g$ 程度の細菌が検出[4]される．食肉の表面には通常，多種類の微生物が付着している．カビは食肉の表面に生えるのみで，酵母も部分的であるが，細菌は表面のみならず内部にも侵入し増殖する．鶏肉では，中抜（腸の除去）し，洗浄後にいったん菌数が減少するが，その後の処理過程でまた菌数が増加する．これは毛穴にまだ存在する細菌が解体中に増殖したものと考えられる．

と畜後の牛枝肉で一般細菌数 $5.7 \times 10^4/g$，大腸菌群数 $1.7 \times 10^2/g$，乳酸菌数 $2.5 \times 10^4/g$ であったものが，5℃の冷蔵庫に2日保管した場合，生菌数 $2.7 \times 10^5/g$，大腸菌数 $4.5 \times 10^2/g$，乳酸菌数 $1.7 \times 10^5/g$ に増加したという報告[5]がある．これらは内臓の洗浄液や血液による汚染のためと思われる．

食肉の汚染微生物として，細菌では *Pseudomonas, Acromobacter, Lactobacillus, Clostridium* など，カビでは *Cladosporium, Mucor, Penicillum* など，酵母では *Candida* などの増殖が見られる．食肉を変敗させる細菌群は，食肉が保存される条件下で最も早く増殖する菌種が優勢である．冷蔵温度では，*Pseudomonas* と乳酸桿菌がそれぞれ好気条件と嫌気条件で他の菌種を抑えて増殖することができる．

はじめに食肉に存在する細菌の大部分は動物の皮由来で，中温菌が優勢である．高温で食肉を保存すると低温保存と異なった菌群が生育してくる．好気的条件下で20℃までの温度では，*Pseudomonas* が主であるが，より高い温度では部分的に *Acinetobacter* と腸内細菌科の中温菌に置き換わる．また，嫌気条件下では20℃の時，低温性の腸内細菌科の菌種が低温性の乳酸菌に置き換わるが，30℃では中温性の *Clostridium* 属の菌種が優位を占める．

流通過程において，付着する菌群は変化し，解体直後の牛枝肉は，*Acromobacter* や *Escheichia* などの腸内細菌が30％，*Micrococcus ureae, Staphylococcus epidermidis* などの球菌類が70％を占めるが，冷蔵6日後には *Acromobacter* や腸内細菌が6％，*Lactobacillus* などの乳酸菌が13％，球菌類が81％と変化する．一方，精肉店で3日間冷蔵したものは腸内細菌が44％，球菌類が31％，乳酸菌が

25％と変化し，とくに乳酸菌の増加が著しいと報告[5]されている．

b. 食肉製品の微生物

　食肉製品には各種の微生物が存在し，原料肉，香辛料，デンプンなど他の副原料，水から由来するもの，さらに製造工程や製品の保管，流通時に二次汚染されるものがある．製品を長く品質保持するために，製品の加熱処理による殺菌，工場設備の衛生，真空包装やガス包装などの処理が行われている．

　原料肉の段階で，生菌数は10^5〜10^6に達し，乳酸菌や大腸菌も存在する．くん煙，加熱工程でこれらは完全に死滅するが，耐熱性有芽胞菌の*Bacillus*などが生残する可能性がある．また食肉製品の成分規格（厚生労働省，食品衛生法1993年改正）で，特定加熱食肉製品（ローストビーフや牛肉のたたき）と包装後加熱製品では，*Clostridium*属菌は1,000個/g以下と規定されている．

　通常の食肉製品の原料肉は，輸入された凍結豚肉を用いることが多く，その生菌数，乳酸菌数，大腸菌群の数は，解凍後の処理中に増加する傾向にある．塩漬処理で，それらの数は減少し，さらにくん煙，加熱処理で激減する．ハム・ソーセージに使用される大豆タンパク質から生菌数が1gあたり$1.5×10^3$，耐熱性菌が$2.5×10^2$検出され，ピックル液から1mlあたり$4.0×10^2$の生菌数が見られたが，耐熱性菌と大腸菌は検出されなかったと報告[6]されている．また，ハム・ソーセージに使用される香辛料に付着する微生物について，一般の香辛料では，細菌，大腸菌群，耐熱性菌，カビや酵母などが検出されたが，ガス殺菌された香辛料や抽出香辛料から，細菌，カビ，酵母はほとんど検出されないとする報告[7]がある．

　塩漬工程で食塩，亜硝酸ナトリウムを原料肉に加え，低温で保持する間に，*Lactobacillus*などの乳酸菌が優勢となる．加熱殺菌は中心温度が63℃で30分以上もしくは同等以上の基準に従い，最終到達温度は，70〜75℃を多くの事業所で採用している．したがって，一般の細菌は死滅するが，芽胞形成菌など耐熱性の強い菌は生残する．加熱後の最終製品はそのままでなく，スライスされ袋詰めされるが，その時の機械，器具，人，空気などの周辺環境から二次汚染を受けやいので，衛生には細心の注意を要する．ハム製品では，*Bacillus*が最も多く，これに*Staphylococcus*，*Micrococcus*が加わり，大半を占める．長い塩漬工程を経たものには*Clostridium*が存在することもある．スライスロースハムでは，*Micrococcus*

表9.3 食肉製品の変敗とその原因菌

製品	変敗	原因菌
ハム類	酸敗	*Acromobacter, Bacillus, Pseudomonas, Lactobacillus*
	ガスポケット，退色	*Streptococcus, Clostridium*
	ネト	*Micrococcus, Microbacterium*, 酵母
ベーコン類	ネト，退色	*Streptococcus*, カビ
	酸敗	*Lactobacillus, Micrococcus, Streptococcus*
ソーセージ類	ネト	*Micrococcus*, 酵母
	ガス産生	*Lactobacillus*
	退色	*Leuconostoc, Micrococcus, Lactobacillus*
発酵ソーセージ	ネト，退色	酵母，カビ

と *Achromobacter* が多く検出された報告がある．食肉製品の変敗とその原因菌について表9.3に示す．食肉製品のネト退色には *Micrococcus, Streptococcus*, カビや酵母が関与し，酸敗には，*Achromobacter, Bacillus, Pseudomonas, Lactobacillus* が関与している．

c. 食肉製品の病原性微生物

食肉製品において，汚染微生物などの生物学危害や，化学的危害，物理的危害を制御するために，HACCP（危害分析）システムが多くの工場で導入されている．この方式で制御すべき食品衛生上の危害と原因となる物質全16項目の中で，微生物による危害として，腐敗性細菌，*Salmonella* 属菌，黄色ブドウ球菌，病原性大腸菌，*Campylobacter jejuni/coli*，*Clostridium* 属菌，セレウス菌，腸炎ビブリオ（魚介類またはその加工品を原材料とした場合に限る）があげられる．

食品において危害の可能性が大きな微生物として，*Clostridium* 属菌のボツリヌス菌（*Cl. botulinum*）がある．この菌はグラム陽性嫌気性有芽胞菌で，海，河，湖の泥土などに広く分布し，菌体外に毒素を作る典型的細菌である．この毒素にはA～Gの7タイプがあり，我が国ではE型がほとんどで，毒性が強く，胃腸症状から始まり，麻痺症状を起こす特異的な神経毒である．致命率は40～80％といわれる．ヨーロッパではソーセージ中毒，腸詰中毒とも呼ばれた．日本ではいずし，輸入キャビア，辛子レンコンなどで中毒が発生している．この菌を死滅させるには，100℃で10分間以上の加熱が必要であるが，亜硝酸塩を加えれば食

品衛生法で定められる63℃，30分の加熱で十分に殺菌可能である．また，水分活性0.94以下になると生育できず，毒素は80℃，30分の加熱で無害となる．

また近年，食肉の微生物に起因する事件として，腸管出血性大腸菌O-157による感染症がある．これはベロ毒素を産生する大腸菌によって引き起こされる．わずかな量でも感染し，産生した毒素は体内に侵入すると大腸をただれさせ，血管壁を破壊して出血を起こす．本菌は，1982年に米国オレゴン州，ミシガン州でハンバーガー食中毒事件の原因菌として発見された．米国で1982～1985年の間に報告されたO-157感染症の50%以上が牛肉，挽肉（ハンバーガー，ハンバーグ）および生乳などの牛関連食品である．わが国における本菌感染症の多くは学校，保育園，老人ホームなどの集団給食施設であったが，1996年に挽肉，生レバー，鹿肉などの食肉でも感染症が発生している．また，特定加熱食肉製品である牛肉のたたきでもO-157による事故が発生し，加熱が不十分で取り扱いが不備であったことが原因とされている．

d. 製品の欠陥に関連する微生物

ネト： ネト（slime）は食肉製品の外側に生じるネバつきで，その生成機構については，製品の湿潤な外表面に付着した水滴，結露，表面水分などに，汚染手指や器具，作業台などが接触することによる菌汚染のほか，空中浮遊微生物の落下，加熱後の残存菌の再増殖が考えられる．増殖する微生物は低・中温菌に属する細菌，酵母，糸状菌などで，これらの増殖に伴って灰白色または透明な粘液物質が生じ，いわゆるネトとなる．

ネトの発生を防止するには，加熱殺菌を十分に行い，製造の工程で低温管理を厳重にして菌の発育を阻止することが原則である．参考までにネト防止対策を表9.4[8)]に示す．また，化学的な防止法としてソルビン酸とエタノールを主体としたネト防止剤が市販されている．

緑変： 食肉の緑変は微生物に起因する場合と化学的作用に起因する場合に大別されるが，直接の原因はいずれも化学物質である．微生物による緑変は代謝産物の過酸化水素（H_2O_2）と硫化水素（H_2S）によって発生する．また，化学的作用による緑変は食肉製品の発色の目的である亜硝酸塩（$NaNO_2$）と硝酸塩（KNO_3）の添加量が不適切な場合に発生する．緑変原因菌はNivenが塩漬肉製品の緑変部分からヘテロ発酵型ラクトバチルスを分離し，1957年にこの菌を

表9.4 食肉加工施設におけるネト防止対策

対処策の項目	具体的な説明
冷却の励行	① ネト発生の最大要素は，温度条件（0〜4℃⇒1ヶ月でネト発生，26〜32℃⇒3日） ② 保管上，26℃〜6℃のような温度変化でも，高温が長期とならさなければネトの発生は遅延 ③ 1〜5℃の連続的冷却管理を励行することが，ネト抑制の第一義
結露の防止	温度変化は可能な限り避け，表面結露を防止（極端でない表面乾燥）
熱湯瞬間浸漬	ウインナーソーセージの場合，100℃で5秒浸漬し，8℃保存したものは無処理に比べてネト発生が遅延．ただし，30℃保存では効果なし
pH調製	リン酸塩，グルコノデルタラクトン，ソルビン酸などの添加により，pHを6以下にすると，ネト防止効果あり（呈味上の問題がある）． 遅延効果のみで抑制効果はない
保存料の添加	① ソルビン酸およびソルビン酸＋pH低下剤の添加はネト発生を遅延 ② ソルビン酸，リン酸塩などの添加
ガス包装	$N_2/CO_2=7/3$（ウインナーソーセージ），$N_2/CO_2=2/8$（スライスハム），$O_2/CO_2=8/2$（精肉）
放射線照射	① コバルト60ガンマ線1Mrad照射で，ネト発生を1週間抑制 ② 電子線（透過力弱く，表面殺菌に適）1mV以上の照射で8日間抑制
オゾン	オゾンに対して，短時間の暴露で表面殺菌される

（根岸ら：1990）

L. veridescens と命名したのが最初である．この菌が緑変菌として最もよく知られたものだが，その後も *L. plantarum*, *L. lasctis*, *L. burguricus* といったグラム陽性桿菌の *Lactobacillus* 属（増殖最適温度はいずれも30〜40℃），グラム陽性球菌の *Lueconostoc*（増殖最適温度は20℃），*Streptococcus*, *Pediococcus* 属，グラム陰性桿菌の *Pseudomonas* 属が緑変菌として確認されている．

緑変の原因菌には耐熱・耐塩性の強い乳酸菌が多い．いずれもカタラーゼ陰性であり，これらの菌から産出された H_2O_2 が未分解のまま蓄積し，その酸化作用によって緑変化が促進される．硫化水素産生菌である場合には，H_2S が還元型ミオグロビンに働きかけ変色を促進し，最終的にスルフミオグロビンに変化し緑変する．H_2S 産生による緑変は，pH値が6.0以上の生肉で多く発生する傾向にある．また H_2O_2 が産生された場合には，緑変色素としてコールグロビンが生成する．

腐敗： 腐敗は食肉・食肉製品の微生物変敗とされる．食品の腐敗とは，微生

物によるタンパク質の分解で硫化水素，メルカプタン，インドール，スカトール，アンモニアおよびアミンのような悪臭化合物，水素ガス，炭素ガスなどの有害物質を生成する現象を指し，腐敗を誘起し，または腐敗発生を助長する菌を腐敗菌と呼ぶ．

通常の冷蔵（-1~2℃）で豚肉は1~2週間，牛肉は1ヶ月くらいまで貯蔵可能である．肉を凍結すると微生物の繁殖はすべて止まるが，0℃付近では好冷菌が徐々に増殖する．冷蔵中に，*Acromobacter, Pseudomonas, Micrococcus* などが増殖し，これらの菌が 10^6 で匂いが変化し，10^8 になるとアンモニア臭を発生する．その他に *Lactobacillus, Bacillus subsilis, Clostridium* なども腐敗菌としてあげられる．

真空包装すると，好気性菌である *Pseudomonas* の増殖は著しく抑制される．いっぽう嫌気条件下では乳酸菌が優勢になるが，乳酸菌の増殖は *Pseudomonas* などのグラム陰性菌より遅いので，真空包装は保存性がよい．また，これらの細菌は炭酸ガス（CO_2）によって増殖が抑制されることから，ガス包装も行われている．一般に，CO_2 と O_2 を 20：80 の割合で混合し，製品パック内に充填する．

9.2.2 枝肉の微生物汚染の制御

枝肉の汚染指標としては，生菌数および大腸菌群数が一般的に用いられている．食肉の微生物汚染は処理場での枝肉汚染に大きく影響される．大きな社会問題となった腸管出血性大腸菌 O-157 は牛の消化管内に保菌されていることから，と畜，解体処理工程での汚染防止が重要であり，厚生労働省から各自治体に通達がなされた．その主旨は①生体の洗浄，②肛門および食道結紮，③1頭処理ごとに刃を消毒する，などである．その他として汚染を避ける剥皮機の設置なども導入されるようになってきた．

微生物汚染については，食肉処理場が獣畜をと殺解体する施設ではなく，食肉生産工場であるという意識改革が不可欠である．枝肉の微生物汚染防除には獣畜の搬入からと殺解体処理，枝肉の搬出，食肉カット工程，流通に至る各工程で汚染ポイントを分析し，その制御方法を確立することが必要である．これらのことから，食肉処理場にも HACCP システムを導入し，これの定着化を図ることが大切である．さらに，加工用とテーブルミートとは区別し，それぞれの目的に合致

した処理方法の検討も忘れてはならない．

9.2.3　食肉および食肉製品の衛生規格基準

　衛生規格基準はもともと肉の生食を想定せずにでき上がってきたが，生食を前提とした基準が後年になって整備されてきた．また，食肉製品は食品の冷蔵施設がなかった時代に生肉を保存させる工夫から作られたものが多い．現在も保存目的の製品が多いが，さらに豊かな食生活を満足させるように様々な形態での製造が行われている．

a.　食肉の衛生規格基準

食肉（生食用食肉を除く）の保存基準：　① 食肉は，10℃以下で保存しなければならない．ただし，細切りした食肉を凍結させたものであって容器包装に入れられたものにあっては，これを－15℃以下で保存しなければならない．② 食肉は，清潔で衛生的な有蓋の容器に収めるか，または清潔で衛生的な合成樹脂フィルム，合成樹脂加工紙，硫酸紙，パラフィン紙もしくは布で包装して，運搬しなければならない．

食肉の調理基準：　食肉の調理は，衛生的な場所で，清潔で衛生的な器具を用いて行わなければならない

b.　生食用食肉の衛生規格基準

生食用食肉の成分規格：　① 生食用食肉は，腸内細菌科菌群が陰性でなければならない．② ①に係る記録は，1年間保存しなければならない．

生食用食肉の加工基準：　① 加工は他の設備と区分され，器具および手指の洗浄および消毒に必要な専用の設備を備えた衛生的な場所で行なわなければならない．また，肉塊（食肉の単一の塊をいう．以下この項目において同じ）が接触する設備は専用のものを用い，1つの肉塊の加工ごとに洗浄および消毒を行わなければならない．② 加工に使用する器具は，清潔で衛生的かつ洗浄および消毒の容易な不浸透性の材質であって，専用のものを用いなければならない．また，その使用にあたっては，1つの肉塊の加工ごとに（病原微生物により汚染された場合は，その都度），83℃以上の温湯で洗浄および消毒をしなければならない．③ 加工は法第48条第6項第1号から第3号までのいずれかに該当する者，同項第4号に該当する者のうち食品衛生法施行令（昭和28年政令第229号）第35条第13項

に規定する食肉製品製造業（法第48条第7項に規定する製造業に限る）に従事する者または都道府県知事若しくは地域保健法（昭和22年法律第101号）第5条第1項の規定に基づく政令で定める市および特別区の長が生食用食肉を取り扱う者として適切と認める者が行わなければならない．ただし，その者の監督の下に行われる場合は，この限りでない．④ 加工は肉塊が病原微生物により汚染されないよう衛生的に行わなければならない．また，加工は，加熱殺菌をする場合を除き，肉塊の表面の温度が10℃を超えることのないようにして行わなければならない．⑤ 加工に当たっては，刃を用いてその原形を保ったまま筋および繊維を短く切断する処理，調味料に浸潤させる処理，他の食肉の断片を結着させ成形する処理その他病原微生物による汚染が内部に拡大するおそれのある処理をしてはならない．⑥ 加工に使用する肉塊は，凍結させていないものであって，衛生的に枝肉から切り出されたものでなければならない．⑦ ⑥の処理を行った肉塊は，処理後速やかに，気密性のある清潔で衛生的な容器包装に入れ，密封し，肉塊の表面から深さ1cm以上の部分までを60℃で2分間以上加熱する方法またはこれと同等以上の殺菌効果を有する方法で加熱殺菌を行った後，速やかに4℃以下に冷却しなければならない．⑧ ⑦の加熱殺菌に係る温度および時間の記録は，1年間保存しなければならない．

生食用食肉の保存基準： ① 生食用食肉は，4℃以下で保存しなければならない．ただし，生食用食肉を凍結させたものにあっては，これを−15℃以下で保存しなければならない．② 生食用食肉は，清潔で衛生的な容器包装に入れ，保存しなければならない．

生食用食肉の調理基準： ① 生食用食肉の加工基準の①から⑤までの基準は，生食用食肉の調理について準用する．② 調理に使用する肉塊は，生食用食肉の加工基準の⑥および⑦の処理を経たものでなければならない．③ 調理を行った生食用食肉は，速やかに提供しなければならない．

c. 食肉製品の衛生規格基準

食肉製品の分類には各種の方法があるが，我が国では加熱殺菌の方法および製品の水分活性によって非加熱食肉製品，特定加熱食肉製品，加熱食肉製品および乾燥食肉製品に区分されている．

規格基準の概略を表9.5に示す．
〔押田敏雄〕

表 9.5 食肉製品の衛生規格基準

項　目		加熱食肉製品		特定加熱食肉製品	非加熱食肉製品	乾燥食肉製品	衛生上の意義
		包装後加熱	加熱後包装				
成分規格	検査対象微生物	大腸菌群	陰性	—	—	—	—	加熱殺菌の指標
		E. coli	1,000/g 以下	—	100/g 以下	100/g 以下	陰性	製造時におけるふん便汚染の指標
		Clostridium 属菌	—	陰性	1,000/g 以下	—	—	加熱後の適正冷却の指標
		黄色ブドウ球菌	—	1,000/g 以下	1,000/g 以下	1,000/g 以下	—	製造時における手指および器具からの汚染の指標
		Salmonella 属菌	—	陰性	陰性	陰性	—	食肉製品中に関連の高い食中毒菌の指標
	水分活性（qw）		—	—	0.95 未満	0.95 以上	0.95 未満	0.95 以上	0.87 未満	
保存基準（保存温度）		10℃ 以下（レトルトを除く）	10℃ 以下	0.95 以上 10℃ 以下	0.95 未満 4℃ 以下	4℃ 以下		
		冷凍食品は −15℃ 以下（レトルトを除く）					
製品例		加熱後、開封されることなく販売されるプレスハム、ソーセージなど	加熱後、開封され、スライスされ、小分け包装されるロースハム、ウインナーソーセージなど	ローストビーフ、ローストポーク、スモークドビーフなど	ラックスハム、ラックスシンケンなど（国内で生産される生ハムの多くが、この分類に属する）	ドライソーセージ、ビーフジャーキーなど	

文　　献 (9.1〜9.2)

1) 押田敏雄 (2012). 意外と知らない畜産のはなし, pp. 176-179, 中央畜産会.
2) 全国食肉衛生検査所協議会・編 (2011). 新・食肉衛生検査マニュアル, 中央法規.
3) 高島郁夫・熊谷　進編 (2004). 獣医公衆衛生学, pp. 300-314, 文永堂出版.
4) 品川邦汎 (1997). 食品工業, 1997-3.30, 29-38.
5) 芳井久雄他編 (1995). 食品微生物ハンドブック, pp. 375-396, 技報堂出版.
6) 西野　甫 (1978). ジャパンフードサイエンス, 17 (6), 29.
7) 金子精一 (1977). 包装材料管理技術, pp. 1-26, 日本衛生技術研究所.
8) 根岸晴夫・吉川純男 (1990). 微生物による食肉・食肉加工品の品質低下, 明治乳業(株)中央研究所文献抄録, pp. 56-65.

❖ 9.3　有害物質に関する安全性 ❖

　農薬は，牧草等を家畜に安定して供給するために使用され，動物用医薬品は家畜の成長と健康維持のために利用される．また，肉の腐敗や品質低下を防ぐために食品添加物等が使用されている．このように，化学物質のお陰で一定の肉量と肉質が維持されている．しかし一方で，化学物質や汚染物質が食肉に残留すると，ヒトの健康を害する危険性がある．

　残留が予測される有害な化学物質は，家畜の飼料に含まれる化学物質，動物に投与した栄養剤や薬剤，食肉に添加する化学物質，加工・調理中に生成する有害物質に分類される．

9.3.1　有害物質の安全性評価
a.　食品安全基本法と食品安全委員会

　食品・食材の国際的流通，食生活を取り巻く環境の変化のなかで，食の安全・安心を求める消費者の要望に答える必要が高まり，平成15年5月23日に「食品安全基本法」が公布され，同年7月1日（法律第48号）に施行されはじめた．

　この法律は，理念として「食品の安全性の確保に関するあらゆる措置は，国民の健康の保護が最も重要であるという基本的認識」のもとに，「食品供給行程の各段階における適切な措置」，「国際的動向及び国民の意見に配慮しつつ，必要な措置が科学的知見に基づき講じられることによる国民の健康への悪影響の未然防止」を行うことを定めている．

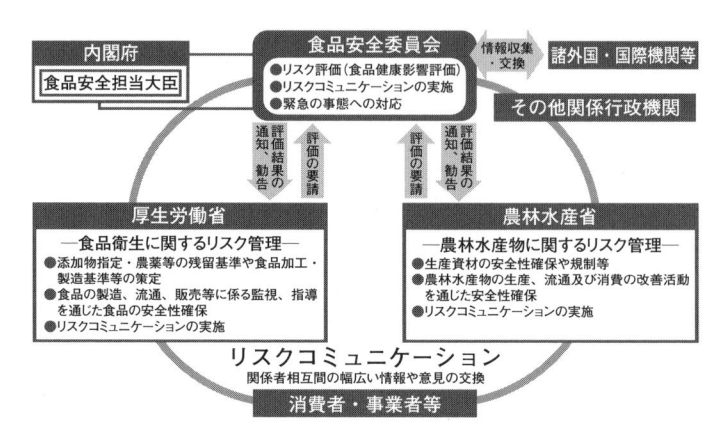

図9.4 「食品安全委員会」の安全行政

　以前の日本の食品安全行政は，科学的評価と施策策定が一体で行われていた．そのために曖昧さがあったが，食品安全基本法では，食の科学的なリスク評価とリスクに対する施策策定とは別の機関で行うこととし，リスク評価を行う機関として内閣府に「食品安全委員会」が新たに設立された（図9.4）．この法律では，食品の「絶対安全」を求めるのではなく，リスクの存在を前提としつつ「科学的知見に基づいて，リスクを制御する」とする考えに基づいている．すなわち，「絶対」ではなく，「リスク分析」という新たな考え方に立脚している．

　食品安全委員会でのリスク分析・評価は，その時点の最高の水準の科学的知見を集約することで，客観的かつ中立公正に実施すべきとされる．このリスク分析では，最終的に「食品健康影響評価」として，取りまとめられる．この評価書に基づいて，厚生労働省は，「食品衛生に関するリスク管理」を，農林水産省では「農林水産物等に関するリスク管理」を行うことで，食品の安全性の確保に関する行政的な施策の策定にあたっている（図9.4）．また，リスク評価に関する食の安全に関して，国民から広く意見を吸い上げることを基本として，「関係者相互間の情報及び意見の交換（リスクコミュニケーション）」を行うことになっている（図9.4）．

b. 食肉に残留する恐れのある農薬等の化学物質の評価方法

　平成18年5月29日からは，改訂された「食品衛生法」に基づき，食品中の農薬，動物用医薬品及び飼料添加物（以下「農薬等」）の残留については，従来の

「残留基準値が定められたものについてはこれを超えて残留する食品の流通を禁止するが，残留基準値のないものについては規制の対象としない」という「ネガティブリスト制度」から，「原則，一律基準値（0.01 ppm）を超えて残留するものの流通を禁止する．ただし，残留基準値が定められたものはこれを超えて残留する食品の流通を禁止する」という，いわゆる「ポジティブリスト制度（食品衛生法第 11 条関連）が導入された．

食品安全委員会には，「添加物」，「農薬」，「動物用医薬品」，「化学物質・汚染物質」などの各専門調査会が設置され，それぞれの専門調査会で該当する化学物質についてリスク評価が科学的に行われ，「食品健康評価」が作成される．添加物，農薬，動物用医薬品の「食品健康評価」では，毒性評価（遺伝毒性試験，短期〜長期毒性試験，発がん性試験，生殖・発生毒性試験など）の動物実験成績に基づいて，無毒性量（NOAEL；実験動物に対して毒性が現れなかった最大の投与量）が算出され，この NOAEL からヒトが一生にわたって毎日摂取し続けたとしても健康への悪影響がないと推定される量「一日摂取許容量 ADI」が設定される．このようなリスク評価に基づいて，食品中に一定の量を超えて農薬等が残留した場合には，その食品の販売・流通は原則禁止されることとなっている．

このように，ポジティブリスト制度において，残留基準が定められている農薬等は，その基準に基づき規制されるが，一方，残留基準が定められていない農薬等については，食品衛生法に基づいて「ヒトの健康を損なうおそれのない量」として，厚生労働大臣が薬事・食品衛生審議会の意見を聴いて定める量に基づき，規制することとされている．これが，いわゆる「一律基準」で，その値は 0.01 ppm とされている．ただし，分析が 0.01 ppm より高い濃度でしかできない場合は，分析可能な濃度を「一律基準」としている．残留基準が定められていない農薬等については，食肉中に「一律基準」を超えて残留していた場合，原則その食肉の販売が規制される．日本以外の主要国における一律基準はカナダ，ニュージーランドが 0.1 ppm，ドイツが 0.01 ppm，米国は定められていないが運用上 0.01〜0.1 ppm となっている．

なお，リスク評価すべき農薬等の化学物質は莫大な種類があり，これらすべての化学物質を評価するには甚大な作業と莫大な時間がかかることから，リスク評価が行われていなくても国際機関基準や諸外国の基準等を参考に暫定的な基準が

示されている．これが「農薬等の暫定基準」で，このような農薬等に関しては，厚生労働省や農林水産省から評価要請を受けて，食品安全委員会において，順次，リスク評価が審議され「食品健康評価」の作成が進められている．

c. 食品の製造中に生成する有害物質や汚染化学物質の評価

食肉中で，生成される有害物質や汚染化学物質のリスク評価では，やはり上記するような毒性評価の結果から，NOAELが算出され，このNOAELから，ヒトが摂取し続けても，健康への悪影響がないと推定される一日あたりの量「耐容一日摂取量（TDI）」が設定される．一方で，食品中の存在量（濃度）の実態調査結果と食品摂取量（国民栄養調査または食品の消費量）を用い，当該化学物質のヒトへの実際の曝露量（摂取量）が求められる．これらの成績に基づいて，最終的なリスク評価では，TDIと曝露量を比較する．TDIと曝露量の差を「曝露マージン（MOE）」といい，通常はTDI＞曝露量であるが，もしTDI＜曝露量の場合は健康被害が発生していると判断される．MOEが小さいと低減措置等の対策をとる必要が出てくる．その際には，施策として，危険な食品の摂取を控えることとなる．

明らかな発がん性物質（IARCグループ1, 2：コールタール，アクリルアミドなど）については，遺伝毒性があることから，閾値（毒性を示す下限値）の設定はできないとされている．しかし，近年では，毒性の基準となる値を推定することも検討されている．アクリルアミドやフラン（後述）は，MOEが比較的小さいため含有量の高い食品を高頻度で食べるヒトには健康リスクが高くなることから，施策として低減策（原料の選定や製造法の変更など）が推奨される．一方，MOEの大きいヘテロサイクリックアミンや多環芳香族炭化水素（後述）は，「ただちに健康に影響はない」とし，急を要しない低減対策がとられる．

9.3.2 生肉に残留する恐れのある有害物質の特性

a. 飼料添加物

人口増加，大量消費の時代となり食肉の需要が増大している．また，小規模の畜産農家が減少し，大規模経営による多頭化飼育へと飼養形態が変化している．このような背景から，家畜に与える飼料の品質低下の防止，幼齢期の家畜の損耗防止の原因である感染症の予防，そして発育の増進を目的として，飼料添加物が

使用されている．

　農林水産省が指定する飼料添加物は，平成 24 年 7 月現在では表 9.6 に示すように 157 種類となっている．飼料添加物のうち，ビタミン，アミノ酸，ミネラル等は，天然物であることから，食品のポジティブリスト制度の対象外物質として指定され，飼料中の残留は問題とならない．それ以外の飼料添加物は，「公共の安全の確保と畜産物等の生産の安定に寄与すること」を目的とした「飼料の安全性の確保及び品質の改善に関する法律（昭和 28 年 4 月 11 日法律第 35 号）のいわゆる「飼料安全法」に基づき，「飼料及び飼料添加物の製造等に関する規制」，「飼料の公定規格の設定及びこれによる検定等」を行うことにより，飼料の安全性の確保及び品質の改善が図られている．

　また，飼料添加物の安全性に関しては，「飼料及び飼料添加物の成分規格等に関する省令；昭和 51 年 7 月 24 日農林省令第 35 制定；平成 24 年 11 月 22 日農林水産省令第 57 号改訂」により定められており，たとえば，ギ酸（ギ酸カルシウム及び二ギ酸カリウム中に含まれるものを除く）の飼料（飼料を製造するための原料又は材料を除く）中の含有量は，ギ酸として 0.5% 以下でなければならない，など，細かく規定され，動物用の飼料の安全性が定められている．

　さらに，飼料には，抗菌性物質（飼料添加物として指定されたものを除く）を含んではならないとされる．この抗菌性飼料添加物については，給与できる家畜の種類，育成段階，そして添加量などが決められ，さらにその性質などから 4 種類に区別されており，同一区分の抗菌性飼料添加物を併用することが禁止されている．これは，同一作用をもつ抗生物質の使用により，家畜に悪影響が現たり，食肉への残留が懸念されるからである．

　このように，ヒトへの危険性がある飼料添加物に関しては，「飼料安全法」や「成分規格法」に基づき飼料添加物を添加してよい飼料の種類や給与してよい時期などが定められていることから，これら法が守られた飼料を動物に給与する限り，食品衛生法の基準値を超えて飼料添加物が食肉に残留することはないとされる．

b. 動物用医薬品

　動物用医薬品とは，薬事法の規定に基づき「動物用医薬品等取締規則第 1 条」に「専ら動物のために使用されることが目的とされている医薬品をいう」と定義されている．すなわち，食肉の観点からは，家畜や養殖魚などの病気の治療や予

表 9.6 飼料添加物の概要

用途	類別	飼料添加物の種類
飼料の品質低下の防止	抗酸化剤	エトキシキン，ジブチルヒドロキシトルエン，ブチルヒドロキシアニソール（3種）
	防かび剤	プロピオン酸，プロピオン酸カルシウム，プロピオン酸ナトリウム（3種）
	粘結剤	アルギン酸ナトリウム，カゼインナトリウム，プロピレングリコールなど（5種）
	乳化剤	グリセリン脂肪酸エステル，ショ糖脂肪酸エステル，ソルビタン脂肪酸エステル など（5種）
（17種）	調整剤	ギ酸（1種）
飼料の栄養成分その他の有効成分の補給	アミノ酸	アミノ酢酸，DL-アラニン，L-アルギニン，塩酸L-リジン など（13種）
	ビタミン	ビタミンA，ビタミンE，イノシトール，塩化コリン など（33種）
	ミネラル	塩化カリウム，クエン酸鉄，コハク酸クエン酸鉄ナトリウム，酸化マグネシウム など（38種）
（87種）	色素	アスタキサンチン，β-アポ-8'-カロチン酸エチルエステル，カンタキサンチ（3種）
飼料が含有している栄養成分の有効な利用の促進	合成抗菌剤	アンプロリウム・エトパベート・スルファキノキサリン，クエン酸モランテル など（6種）
	抗生物質	亜鉛バシトラシン，アビラマイシン，エフロトマイシン，エンラマイシン など（18種）
	着香料	着香料（エステル類，エーテル類，ケトン類，脂肪酸類，脂肪族高級アルコール類，脂肪族高級アルデヒド類，脂肪族高級炭化水素類，テルペン系炭化水素類，フェノールエーテル類，フェノール類，芳香族アルコール類，芳香族アルデヒド類及びラクトン類のうち，1種又は2種以上を有効成分として含有し，着香の目的で使用されるものをいう．）（1種）
	呈味料	サッカリンナトリウム（1種）
	酵素	アミラーゼ，アルカリ性プロテアーゼ，キシラナーゼ など（12種）
	生菌剤	エンテロコッカス，フェカーリス，エンテロコッカスフェジウム など（11種）
（53種）	有機酸	フマル酸，グルコン酸ナトリウム など（4種）
（合計　157種）		

░░░░░の飼料添加物は，与えてよい飼料の種類（対象家畜等）や添加してよい量が定められている．

防のために使用される医薬品のことで，食料生産上重要な化学物質である．作用別に，抗生物質，寄生虫用駆除剤，ホルモン剤等があり，薬事法（昭和35年法律第145号）による申請，承認が必要とされる．動物用医薬品は，基本的には食肉や卵などの畜産物に残留することで，食品として不適とならないように，投薬し

てから出荷するまで一定の休薬期間が設定されている．また，とくに，抗生物質や寄生虫用駆除剤は，使用対象動物，用法・容量，使用禁止期間等が規定され，さらに，食品衛生法に基づく告示「食品，添加物等の規格基準」（昭和34年厚生省告示第370号）の中で，食肉・食鳥，卵及び魚介類への化学的合成品である抗菌性物質の含有禁止が規定されている．

　このように，動物用医薬品に関しては，食品中へ残留してはならないもの，残留基準及び残留基準を担保するための出荷前の使用禁止期間などが定められており，法に基づいた適切な使用である限りにおいては，動物用医薬品がヒトの健康に及ぼす影響はほとんど問題にはならない．しかし，不適切な使用によりヒトの健康が損なわれる恐れがあることや，従前においては検査法に関し不確実性や再現性などの不備があることが指摘されており，かつ国際的なハーモナイゼーションを実施する必要性があることから，動物用医薬品についても，残留農薬と同様に，改正された食品衛生法第11条3項（平成15年5月）によりポジティブリスト制が適応されている．内閣府の食品安全委員会の「動物用医薬品専門調査会」では，そのリスク評価が実施され，ヒトへの「健康影響評価」が検討されている．設定された基準値に基づいて，畜水産食品中の動物用医薬品の残留状況が厚生労働省の検疫所や自治体によってモニタリングされており，残留してはならないものや，一定基準量を超えた動物用医薬品が検出された場合は，違反食品の回収・廃棄などの措置がとられている．

　さらに，「動物用医薬品専門調査会」では，生物学的製剤である動物用ワクチンについて，ワクチンに用いたウイルス株や細菌株の動物への病原性やヒトへの感染性がないことに加え，ワクチンに種々の目的で添加する化学物質がヒトに対して安全であるか否かの評価がなされている．それは，ワクチンに含まれる添加剤（溶液，基材，安定剤，抗酸化剤，賦形剤など）やアジュバントが動物体内に残留する恐れがあるとのリスクに基づいている．添加剤には，その生成過程で生成される不純物が毒性を発揮したり，アジュバントにはアレルギー反応を起こすものがあるとされる．

c. 残留農薬

牧草や穀物など，農作物の健常な発育目的で様々な農薬が使用されている．農薬の用途としては，①害虫（昆虫類など）を防除する殺虫剤，②有害な微生物

（細菌やカビ）を防除する殺菌剤，③作物の生育を阻害する雑草を防除する除草剤，④収穫後に農産物の品質を保持するために害虫やカビなどから飼料を守るために使用するポストハーベストと呼ばれる農薬（なお，ポストハーベストと呼ばれる農薬の使用方法は日本では行われていない），などがある．

　農作物に使用されるこのような農薬は，目的とした薬効を発揮した後，徐々に分解され消失する．しかし，異常な量が使用された場合など，収穫された農作物に農薬やその代謝物が残り，それが家畜の体内で排泄されずに畜産物に残留し，肉や乳を介してヒトに取り込まれ，ヒトに悪影響を与えることが予測される．農薬の本剤と代謝物を含めて残留農薬と呼ぶ．1994年には，オーストラリア産牛肉の一部に，基準値以上の有機塩素系農薬タロルフルアズロンが検出されたが，これは，オーストラリアが干ばつに見舞われて，えさ不足となり，牛に綿くずなどを与えたところ，綿に残留していた殺虫剤が体内に蓄積したためとされる．また，2007-2008年，中国から輸入された食品にメタミドホスやジクロルボスなどの農薬が混入し，国内でヒトの健康被害が起きたことは，新しい事例である．よって，農薬には厳しい法律規制を設定する必要性がある．

　国内で農薬を，製造，輸入，販売，使用するには，まず農薬登録を行なければならない．これは，農薬取締法（昭和23年法律第82号）に基づいて定められている．また，食品衛生法及び飼料安全法に基づいて，食品や飼料に残留する農薬は残留農薬基準値（限度量）を超えてはならないとされている．この残留農薬基準値を超えた農薬が残留する食品や飼料の販売が禁止されている．さらに，農薬の使用基準として，使用者が守るべきこととして，①定められた作物以外へは使用しないこと，②定められた使用量または濃度を超えて使用しないこと，などがある．

　我が国では，使用の多い輸入飼料原料を中心に，穀類及び牧草に使用される農薬について残留基準を設定している（平成18年5月29日施行の省令）．また，国産飼料として家畜への給与割合が増加している稲わら等に使用される農薬について，指導基準が設定されている（平成24年4月9日最終改正）．

　世界では約700種類の農薬が登録され，我が国では約300種類が使用を認められている．そのうちコーデックス委員会により国際基準が設定されている農薬は約130種類とされる．しかし，承認されている農薬は，あくまでも，家畜が接種

した飼料から肉などの畜産物に残留することで，はじめてヒトに影響が現れる危険があること，そしてヒトが直接喫食する食品で定められたポジティブリスト制度における一律基準値よりかなり高い濃度の農薬を添加した飼料を家畜に与えても畜産物には農薬はほとんど残留しない（検出されない）ことが報告されている．また，現在は，食品衛生法第11条の規定により，平成18年度から残留農薬のポジティブリスト制度が施行され，内閣府の食品安全委員会において食品中の残留農薬基準として，当該農薬の1日摂取許容量 ADI が設定されている．設定されたADIや使用される農産物の摂取量を基に，加えて各農産物の農薬残留実態を考慮の上，国際基準，諸外国の基準を参考として，当該農薬のリスク評価（安全性）が決められている．

　また，農薬では，ヒトにおける急性の影響を定めるために，急性参照用量（ARfD）が設定される．これは，主として単回経口投与試験における投与直後の臨床症状に基づいて検討される．

　d. 汚染物質（かび毒，重金属など）

　家畜用の飼料中の汚染物質としては，重金属（カドミウム，鉛，水銀，ヒ素など）とカビ毒がある．重金属やカビ毒に関しては，配合飼料や飼料原料に対する指導基準値が設定（平成24年4月9日改正）されている．

　1） カドミウム　カドミウムは，ポリ塩化ビニル（PVC）の安定剤などとして使用される以外に，土壌や鉱物など天然に広く含まれている．とくに廃鉱山に含有されているカドミウムや，鉱山の精錬所などの産業活動によって排出されたカドミウムが，大気や河川を経由して，耕作地などに蓄積する恐れがある．とくに，配合飼料や肉骨粉中のカドミウム基準値はそれぞれ1および3 ppm以下であるが，清涼飲料水にはカドミウムは検出されてはならないとの成分規格がある．

　2） 鉛　家畜の鉛中毒は，厩舎に塗られた鉛含有のペンキを舐めたりすることで発生する．同様に，散弾を小石と間違えて飲み込む水鳥にも鉛中毒がみられ，その鳥肉や散弾に被爆した野生動物の肉を肉食動物やヒトが食したりすることでも鉛中毒が広がる恐れがある．近年，鉛を使った散弾は規制されている．

　鉛は，配合飼料や肉骨粉中に，基準値としてはそれぞれ3および7 ppm以下とされている．

　3） ヒ素　ヒ素は，ガラスの製造工程での脱色剤や殺虫剤などとして利用さ

れている．

　ヒ素は微量ながら多くの食品に含有されている．配合飼料，稲わら，肉骨粉にはそれぞれ 2, 7, 7 ppm 以下と基準値が設定されている．

　4）メチル水銀　　水銀は，無機水銀あるいはメチル化されたメチル水銀（有機水銀化合物の一種）として毒性を発揮する．食品経由の水銀摂取の 8 割は魚介類からとされる．

　配合飼料と肉骨粉では，それぞれ 0.4 と 1 ppm の基準値が設定されている．

　5）カビ毒　　カビ毒とは，農産物や食品等で増殖したカビから産生される有害な化学物質（天然毒素）のことで，マイコトキシンとも呼ばれる．カビ毒は耐熱性があることから，加工・調理の段階で低減できない．よって，農作物の生産，乾燥，貯蔵などの段階で，カビの増殖やカビ毒の産生を防止することが重要となる．とくに，我が国は，湿潤・温暖であることから，カビの生育に適している．飼料中に含まれやすいカビ毒としては，アフラトキシン，ゼアラレノン，デオキシニバレノールなどがあり，家畜に与える飼料中の基準値が設定されている．また，オクラトキシン A，パツリン，フモニシン，ステリグマトシスチンなども食品等に含まれる恐れがあるカビ毒である．

　とくに，アフラトキシン類は重要（図 9.5）で，1960 年，イギリスで七面鳥のアフラトキシン中毒が発生し，強い毒性があることが知られるようになった．また，アフラトキシンは，農産物への汚染が広く，かつ天然物質の中で最も発がん性が強いことで注目されている．*Aspergillus flavus*, *A. parasiticus* 及び *A. nomius* などから産生される．

　我が国においては，ピーナッツとピーナッツ製品において，アフラトキシン B_1 の基準値が 10 ppb 以下，飼料については配合飼料中の濃度が 20 ppb 以下（飼料の種類によって異なる）となっている．

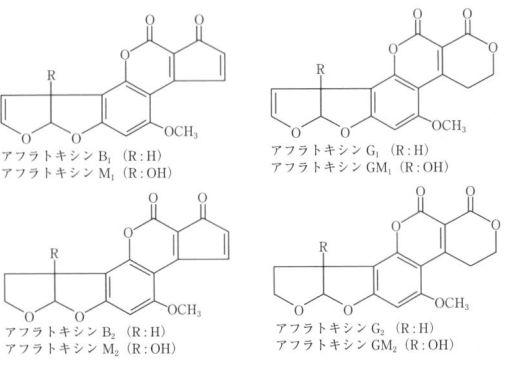

アフラトキシン B_1 （R：H）
アフラトキシン M_1 （R：OH）

アフラトキシン G_1 （R：H）
アフラトキシン GM_1 （R：OH）

アフラトキシン B_2 （R：H）
アフラトキシン M_2 （R：OH）

アフラトキシン G_2 （R：H）
アフラトキシン GM_2 （R：OH）

図 9.5　アフラトキシンの化学構造

e. 食品添加物

食品衛生法（第4条2項）では，食品添加物とは，「食品の製造の過程において，又は食品の加工もしくは保存の目的で，食品に添加，混和，浸潤その他の方法によって使用するもの」とされ，現在使われている食品添加物には，植物の実や花などから取り出した天然のものと化学的に合成されたものがある．

食品衛生法によって，添加物については，「ヒトの健康を損なう恐れのない場合」として，その安全性が確認されるまでは，製造，使用，販売等を禁止するとされている．安全性に問題がないと，薬事・食品衛生審議から答申を受けた添加物については，厚生労働大臣から「指定添加物」と指定される．平成23年9月現在，421品目が指定添加物とされている．

この他，既存添加物365品目，天然香料基原物質612品目，一般飲食物添加物72品目がある．

一方，新しく指定される食品添加物については，食品安全委員会が一日摂取許

表9.7 食肉に関する食品添加物

用途	品名	使用目的・使用基準など
発色剤	亜硝酸ナトリウム	・肉の色を固定し，美しい色調（サーモンピンク）を与える． ・微生物の増殖を抑制する．とくに食中毒の原因菌であるボツリヌス菌に対する効果が大きい． ・ハム・ソーセージ特有のフレーバーを与える．
結着補強剤	リン酸塩（Na, K）	製品の保水性，結着性を向上させる．
pH調整剤	フマル酸 グルコノデルタラクトン	pHを下げることにより，保存効果を高める．
調味料	グルタミン酸ナトリウム リボヌクレオチドナトリウム イノシン酸ナトリウム	肉のうまみを補う．
保存料	ソルビン酸	細菌やかびなどの微生物の増殖を抑え，腐敗，変敗を防止する．
乳化安定材	カゼインナトリウム	タンパク源として高い栄養価がある他に，製品の保水性，結着性を向上させる．
着色料	コチニール色素 アナトー色素	見た目の「おいしさ」を改善する．
酸化防止剤	ビタミンC	・製品の変質を防ぎ，保存中の品質を保つ． ・発色剤による発色を促し，製品の色を安定させる．

容量 ADI を設定（ポジテイブリスト方式）することで，リスク評価を行い，その結果に基づいて厚生労働省が，食品添加物として指定し，規格基準（成分規格，製造基準，保存基準，表示基準など）を設定している．一方，国際機関であるコーデックス委員会では，指定添加物に加え化学的合成品である約 200 種類についてもその安全性を評価し，基準を設けているが，国内に指定外添加物を使用した食品が輸入された場合には，食品法違反となる．

　このように，食品衛生法で規定される食品添加物は，指定されたものしか使うことはできない．食品添加物のほとんどは，そのものの純度（規格）が決められており，また添加できる食品の種類や使用量など使用基準が定められ，これらを守ることによってその安全性が保たれている．

　表 9.7 には，食肉に関連する食品添加物を示す．とくに，ハム・ソーセージをはじめとする食品を製造・加工するときに使用する風味・保存性の改善や栄養強化などのために使用されている調味料，着色料，保存料を示す．

f. 放射性物質

　食肉中の放射性物資の汚染は，2011 年 3 月 11 日に発生した東日本大震災時の東京電力福島第 1 原発発電所の事故までは，ほとんど問題にならなかった．しかし，事故後においては，社会の関心事となり食肉の喫食に関して重要な汚染物質となっている．

　放射性物質は，過剰に暴露されると，急性症状として，消化管や造血障害，さらには放射線が DNA の分子結合を切ることから遺伝毒性を示し，その結果，胎児への影響や晩発障害として白血病などのがんを誘発するとされる．福島第 1 原発発電所の事故後，厚生労働省では，食品中の放射性物質の暫定規制値を設定（2011 年 3 月 17 日）し，それを超える食品が市場に流通しないよう出荷制限などの処置をとった．肉や卵に含まれる放射性物質のレベルは，家畜に与えられる飼料や水などによって決まることから，牛，馬，豚及び家禽等の飼料に含まれる放射性物質の暫定基準規制値（牛・馬飼料 100 ベクレル/kg，豚飼料 80 ベクレル/kg，家きん飼料 160 ベクレル/kg）も定められている．このような暫定基準値を下回っていれば，食肉を介したヒトへの健康の影響はないとされる．また，食品である肉や卵についての暫定規制値は，放射性セシウムで 500 ベクレル/kg，ウランで 100 ベクレル/kg，プルトニウム及び超ウラン元素のアルファ核種で 10 ベ

クレル/kg と設定された．これは，従来から原子力安全委員会により示されていた指標が暫定規制値として採用されている．

飼料中の暫定基準規制値が設定された後，2011年7月福島県南相馬市で生産された牛肉から食品衛生法の暫定規制値の約5倍に当たる2,300ベクレルの放射性セシウムが検出された．この件は，収穫後も水田に放置された稲わらが，原発事故による放射性物質の降下によって汚染され，それが牛に給与された結果，牛肉から食品衛生法の暫定規制値を超える放射性セシウムが検出されたと考えられている．牛肉が放射性物質をどれだけ含むかには，飼料（放射性物質濃度，給与量，給与期間）のほか，水，飼養場所（屋外か，屋内か）等も影響する．

2012年4月1日，食品の安全性と安心をより一層担保するために，長期的な観点から新たな食品中の放射性物質の基準値が設定された．それは，放射性物質を含む食品からの被爆線量上限を，年間5ミリシーベルトから年間1ミリシーベルトに引き下げ，これを基に放射線セシウムの基準値が設定された．

食品としては，特別な配慮が必要な「飲料水」「乳児用食品」「牛乳」は区分し，それ以外の食品は，個人の食習慣の違いによる「影響を最小限にするために，一括として一般食品」とされている．食肉は一般食品として包括され，その基準値は100ベクレル/kgである．この新たな基準は，セシウム以外（セシウム137は除く）の半減期が1年以上のすべての放射性核種（セシウム137，ストロンチウム90，プルトニウム239，ルテウム106など）も考慮されており，すべての核種を含めても線量が年間1ミリシーベルトを超えないように設定されている．

地方自治体では，食肉を含む主要な食品や農産物などを中心に検査を行い，基準値を超えた食品が市場に出回らないように監視している．一方，健康への影響評価としては，セシウム137の半減期は30年と長く，かつ体内蓄積部位は筋肉組織とされることから，長期的な影響が心配される．

9.3.3 加工・調理中における有害物質の生成

a. トランス脂肪酸

トランス脂肪酸は，トランス型の炭素－炭素二重結合をもつ不飽和脂肪酸の総称で，牛・羊など反すう動物の肉や乳製品などに含まれているが，多くは植物油に水素を添加して硬化するマーガリンやショートニングなどに含まれている．多

量に摂取を続けた場合には，動脈硬化症などによる虚血性心疾患のリスクを高めるとされる．WHO は 2003 年,「トランス脂肪酸量は総エネルギー摂取量の 1% 未満とすべき」と勧告している．食品安全委員会は「日本人の大多数が WHO の勧告（目標）基準であるエネルギー比 1% 未満であり，また，健康への影響を評価できるレベルを下回っていることから，通常の食生活では健康への影響は小さいと考えられる」と結論づけている．

b. 生肉に添加した見栄えを良くする化学物質

食品衛生法では，生鮮食品に添加物を使用することを禁止している．しかし，生肉の変色を防ぐ目的で化学物質が違法に添加されたことがある．筋肉にはミオグロビンや血液ヘモグロビンが含まれており，これらにはヘム色素があり，このヘム色素中の鉄は還元状態では 2 価（Fe^{2+}）で紫赤色を呈するが，空気に触れると酸化し 3 価鉄（Fe^{3+}）となり，それぞれメトミオグロビン及びメトヘモグロビンが形成され，褐色から暗赤色を呈するようになる．ニコチン酸アミドを生肉に添加すると酸化を防ぎ，還元状態となることから鮮度偽装に用いられ，その結果食中毒様症状を起こした事例がある．またアスコルビン酸（ビタミン C）を牛肉に添加したり，一酸化炭素ガスを吹き掛けて酸化された鉄（Fe^{3+}）を還元鉄（Fe^{2+}）に戻すことで赤みが保持され，新鮮に見えるように偽装した事例もある．アスコルビン酸や一酸化炭素はヒトへの健康に害はないとされるが，違法事例である．

c. N-ニトロソ化合物

ニトロソ化合物（ニトロサミン）は，N−N＝O という構造をもつことから，タンパク質に由来する二級アミンまたは二級アミドと唾液中の亜硝酸や亜硝酸塩が化学反応を起こすことで生成される．このような，亜硝酸塩とアミン・アミド類からの N-ニトロソ化合物は，酸性条件下で反応することから，胃の中（pH 2〜3）で N-ニトロソ化合物が生成されやすい．我が国では，亜硝酸塩である亜硝酸ナトリウムが，食肉製品，鯨肉ベーコン，魚肉ソーセージ，魚肉ハム，いくら，すじこ，及びたらこに対する発色剤として，硝酸塩は食肉のほか発酵調整剤としてチーズ原乳や清酒酵母に添加が認められている．これらは食品添加剤であり，その添加目的は，食中毒の原因菌であるボツリヌス菌などの有害菌の生育を抑えること，肉中

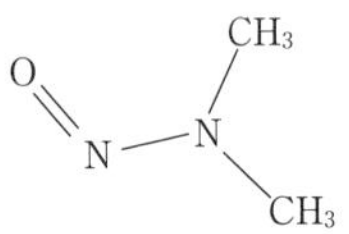

図 9.6 N-ニトロソジアミンの化学構造式

の色素タンパク質ミオグロビンと結合して安定な赤色を形成すること，製品に好ましいフレーバーを与えることなどである．また，魚・肉製品など，燻製による保存食品では，煙に含まれる窒素酸化物がニトロソ化物質として働く．さらに，野菜には硝酸塩が含まれており，野菜のピクルスなど，酢漬けや塩漬け食品では，微生物の働きによって亜硝酸塩に還元されることでも効力を発する．N-ニトロソ化合物生成に重要な一方の因子であるアミン・アミド類は，食品中に広く存在する．

このように，N-ニトロソ化合物は，自然食品からも加工食品からでも，体内で生成される化学物質である．N-ニトロソジメチルアミンは，代表的な N-ニトロソ化合物で，1950年代に肝障害と強力な発がん性があることが明らかにされた．その後，遺伝毒性，生殖発生毒性があることが報告され，さらに，動物実験で神経系，消化器，呼吸器，内分泌器，血液細胞など多数の臓器にがんを発生させることが分かった．一方，亜硝酸塩とアミンの存在下でビタミンCを投与すると，ニトロサミンの生成が阻止されることも動物実験で確かめられている．

d. ヘテロサイクリックアミン類

ヘテロサイクリックアミン類（複素環式芳香族アミン）は，タンパク質及びアミノ酸を含む主として肉類や魚類などの食品を150℃以上の温度で加熱調理したときに生成する化学物質である．肉（ハンバーガーやステーキなど）や焼き魚などの「焼け焦げ部位」に多く含まれている．

これまでに20種以上のヘテロサイクリックアミン類の存在が確認され，このうち国際がん研究機関では，10種に発がん性があるとしている．魚，肉などを加熱すると，糖（ヘキソース）とアミノ酸が反応して2-メチルピリジンあるいは2,5-ジメチルピラジンおよびアルデヒドが生成する．これらと，肉エキスに含まれる含窒素化合物の主成分であるクレアチニンとが反応して2-アミノ-3-メチルイミダゾ[4,5-f]キ

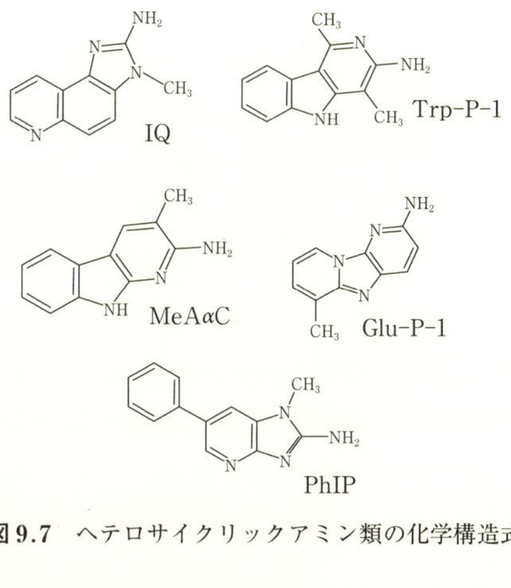

図9.7 ヘテロサイクリックアミン類の化学構造式

ノリン（IQ）タイプのヘテロサイクリックアミンが生成するとされる.

ヘテロサイクリックアミン類は，変異原性が極めて高く，ラットに，2-アミノ-1-メチル-6-フェニルイミダゾ[4,5-b]ピリジン（PhIP）と，高脂肪食や高カロリーの餌を与えると，大腸や乳腺にがんが発生しやすくなるとの報告がある．欧米では，大腸がん，前立腺がん，乳がんが，がん死亡の上位を占めており，肉を主体とする食生活がこれらのがんを引き起こしているのではないか，特にPhIPが欧米型のがんの原因ではないかと考えられている．

燻製食品や調理した食品など，含有が予想される食品を中心に発がん性が疑われている10種のヘテロサイクリックアミン類の調査が行われたが，食品中におけるヘテロサイクリックアミン類の含量は，0.1～数ng/g（ppb）と極めて低濃度であると報告されている．ヒトが日常的に食べている量は0.4～16 μg/日で微量とされている．

e. アクリルアミドとフラン

アクリルアミドは，糖類（グルコース等）とアミノ酸（アスパラギン等）を含む食品が120℃を超えるような高温で加熱された際に生じるメイラード反応により生成される．加熱加工食品のほとんどに存在するが，とくにポテトチップスは最も含有量が高いとされる．フランも同様にメイラード反応により生成される化学物質である．さらに，脂質の酸化やアスコルビン酸の分解等によっても生じるとされる．アクリルアミドとフランはそれぞれ発がん性のグループ2Aと2Bに分類される．これらの化学物質は，通常喫食する食品の加熱によって自然に生成する物質であり，人工的に合成される化学物質とは異なるため，安全性の評価には時間がかかる．ヒトへの健康影響を地道にモニタリングする必要がある．

f. 多環芳香族炭化水素

肉や魚を加熱し，焦げた部位に生成される物質に，多環芳香族炭化水素であるベンゾ[a]ピレン，ベンズ[a]アントラセン，ジベンジ[a]アントラセンがある（図9.8）．このような多環芳香族炭化水素はタバコの煙や車の排気ガス等のような有機化合物が燃焼したガスの中にも含まれる．このうち，ベンゾ[a]ピレンは発がん性分類グループ1（発がん性物質）で，他はグループ2Aまたは2Bに分類されている．多環芳香族炭化水素は，食品中の含有量が極めて低いこと，検出する食品の種類が限られていることから，広い疫学的な実態調査は行われていない．しか

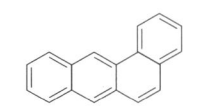

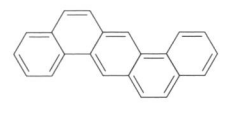

ベンゾ[a]ピレン (BaP)　　ベンズ[a]アントラセン　　ジベンゾ[a, h]アントラセン

図 9.8 ベンゾピレン，ベンズアントラセン，ジベンゾアントラセンの化学構造式

し，欧州では関心が高く（オリーブ油等に含有基準の規格がある），将来的には問題となる可能性がある．

❖ 9.4　アレルギー ❖

9.4.1　食物アレルギー

　生体が非自己（多くは外来の異物）を認識することで恒常性を維持する仕組みが免疫で，それが生体に不利に働く過敏な反応がアレルギーである．アレルギーには多様な病態があるが，ある特定の食物を喫食した際に，食物に含まれる食物抗原（アレルゲン）に対して生じる過敏反応のことを食物アレルギーと呼ぶ．多くは即時型アレルギーである．症状としては，かゆみを伴う蕁麻疹，湿しん，眼瞼や唇周囲の腫れといった皮膚症状で，この他，口・のどの粘膜の腫れ，下痢，嘔吐，腹痛などの消化器症状，鼻水，咳，呼吸困難等の呼吸器症状などが現れる．重度の症例では，急激な血圧低下，呼吸不全，意識障害などの全身症状を引き起こす．いわゆる，アナフィラキシーショックとなり，まれに死に至ることがある．一般に食物アレルギーは乳幼児で発症することが多く，その後，年齢とともに消化能力や免疫機能が発達することで，減少するとされる．

　食物アレルギーを起こしやすい食品として，卵，牛乳，小麦，大豆，そば，ピーナッツ等があり，そばやピーナッツは，アナフィラキシーを起こし，重症化しやすい．また，肉類，魚類，甲殻類（エビ，カニ等），野菜，果物等も食物アレルギーを引き起こすことがあるが，症例としては多くはない．なお，「食品衛生法第19条第1項の規定に基づく表示の基準に関する内閣府令」により，アレルギーを引き起こす可能性のある特定原材料として7品目（卵，乳，小麦，えび，かに，そば，落花生）が，特定原材料に準ずるもの18品目（あわび，いか，いくら，オ

レンジ，キウイフルーツ，牛肉，くるみ，さけ，さば，大豆，鶏肉，バナナ，豚肉，まつたけ，もも，やまいも，りんご，ゼラチン）が定められている．前者については表示が義務付けられており，後者は表示が奨励されている．

　肉類を喫食して生じる食物アレルギーを食肉アレルギーと呼ぶが，ハムやソーセージなどの食肉加工品に対してアレルギーを発症する症例の多くは，つなぎとして使用される牛乳および卵等がアレルゲンとなる．また，抗生物質が残留し，それがアレルゲンとなることがあり，肉成分による食肉アレルギーとは区別しないといけない．

9.4.2　食肉加工品に含まれる食品素材によるアレルギー

　上記したようにハムやソーセージなどの食肉製品のつなぎとして使用されている卵と牛乳のアレルギーが重要である．

a.　卵アレルギー

　卵アレルギーは，食品アレルギーでは最も多い．食物アレルギーの多くは小児に多いが，卵アレルギーは成人になってからでもみられる．卵白中のオボアルブミンやオボムコイドなどがアレルゲンとなりやすい．これらの卵白タンパクは，加熱に対して安定しており，さらにタンパク質分解酵素の影響を受けにくいとされ，そのような性質がアレルゲンになりやすいと考えられている．

b.　牛乳アレルギー

　乳には20種類以上のタンパク質が含まれているが，牛乳アレルギーは，牛乳中のタンパク質，特にカゼインとβラクトグロブリンがアレルゲンとなる症例が多い．一般に牛乳アレルギーは乳幼児期に発症し，成長するにともない減少する．牛乳中のアレルゲンは，ヒスタミンを遊離する腸管壁の肥満細胞を刺激することでアレルギー症状が誘発される．

9.4.3　食肉アレルギー

　食物アレルギーの中で，食肉アレルギーの発症率は低いとされるが，牛肉，豚肉，鶏肉などの肉類を食べてアレルギー症状が現れる例があり，商品に表示が奨励されている品目に，これらの肉類は含まれている．報告の多い順に牛肉，鶏肉，豚肉となっており，羊肉，兎肉，七面鳥肉はアレルギー性が低いとされる．血液

での抗体検査や皮膚プリックテストなどで陽性が出た場合でも，実際に症状がでる症例は少ないとされる．食肉アレルギーは，通常は色々の食物アレルギーに対してアトピー性皮膚炎などがあったヒトに生じやすいとされる．よって，食肉アレルギーは，症状としては，もともとあるアトピー性皮膚炎による皮膚症状のさらなる悪化が主体とされる．なお，すべての肉類に対してアレルギー症状を示すヒトは極めてまれである．

牛肉アレルギーは，牛の血清アルブミンとγ-グロブリンがアレルゲンであることが報告されている．60℃で加熱した場合にはアレルゲン性の低下はあまりないとされるが，100℃で加熱した場合には，アレルゲン性は著しく低下する．また，ペプシンとトリプシンで連続的に消化されることによってもこれらの牛肉成分のアレルゲン性は低下するとされる．しかし，高温で加熱してもアレルゲン性が低下しない成分に対する反応を示す症例もあるとされており，よって，肉製品の熱加工品に含まれる成分に対しても注意が必要とされる．

食肉アレルギーは，通常は即時型のアレルギーとして，食後1時間以内に症状が出現する．

〔山手丈至〕

文　　献（9.3～9.4）

1) Brown, C. A., Brown S. A. (2010). *Vet Pathol*, **47** : 45-52.
2) Wolver, S. E., Sun, D. R., Commins, S. P., Schwartz, L. B. (2012). *J. Gen. Intern. Med*. Jul 20. [Epub ahead of print]
3) Rüdiger Weißhaar and R. Perez (2010). *Eur. J. Lipid. Sci. Technol*. **112** ; 158-165.
4) 畜産用飼料の使用について．平成24年3月，農林水産省消費・安全局畜水産安全管理課．
5) 食品中でのヘテロサイクリックアミンの含有実態調査報告書．内閣府食品安全委員会平成21年度食品安全確保総合調査．平成22年3月，財団法人 日本食品分析センター．
6) 食品衛生法に基づく食品・食品添加物等の規格基準（抄）2010年度版．2011年4月日本貿易振興機構（ジェトロ）．
7) Concise International Chemical Assessment Document ; No38 N-Nitrosodimethylamine (2002). N-ニトロソジメチルアミン，IPCS UNEP//ILO//WHO，国際化学物質簡潔評価文書，世界保健機関 国際化学物質安全性計画，国立医薬品食品衛生研究所安全情報部，2008.
8) 三輪　操（1996）．化学物質に関する安全性（「肉の科学」9.2），pp. 181-190，朝倉書店．
9) 髙島郁夫・熊谷　進編（2010）．獣医公衆衛生学 第3版，文永堂出版．
10) 日本獣医病理学会編（2010）．動物病理学各論 第2版，文永堂出版．
11) 食品加工中に生成する有害化学物質〜ヘテロサイクリックアミンからアクリルアミド〜，Vol. 3 No. 23 Dec. 2010: Japan Food Research Laboratories.
12) 食品安全委員会編（2008）．食品の安全性に関する用語集（第4版）平成20年10月．
13) 伊東信行編著（1994）．最新毒性病理学，中山書店．

14) 日本毒性病理学会編（2000）．毒性病理組織学．
15) 日本トキシコロジー学会教育委員会編（2007）．トキシコロジー，朝倉書店．
16) Curts D. Klassen 編（仮家公夫他総監訳，安全性評価研究会企画：キャサレット＆ドール トキシコロジー 第6版，サイエンティスト社．
17) 食肉アレルギーに関する研究，鈴木敦士：http://www.nakashima-foundation.org/kieikai/pdf/13/31.pdf
18) ハムとソーセージのおもしろ百科，伊藤ハムホームページ：http://www.itoham.co.jp/information/omoshiro/017.html．
19) 食品中の放射性物質への対応，厚生労働省ホームページ：http://www.mhlw.go.jp/shinsai_jouhou/shokuhin.html．
20) 食品のポジティブリスト制度導入に伴う飼料の対応について．独立行政法人農林水産消費安全技術センター（FAMIC），ホームページ：http://www.famic.go.jp/index.html．
21) 内閣府食品安全委員会：「食品安全委員会とは」「リスク評価」「添加物」「農薬」「動物用医薬品」「化学物質・汚染物質」「かび毒・自然毒等」「肥料・飼料等」「放射性物質の食品健康影響評価」：ホームページ：http://www.fsc.go.jp/．
22) 厚生労働省：「食品」「東日本大震災関連情報」「食品中の放射性物質の検査結果について」「コーデックス委員会」：ホームページ：http://www.mhlw.go.jp/．
23) 食品のアレルギー表示について，厚生労働省：http://www.mhlw.go.jp/seisaku/2009/01/05.html．
24) 農林水産省：「フードコミュニュケーションプロジェクト」「食品産業」「飼料の安全関係」「農薬コーナー」「食肉・鶏卵」：ホームページ：http://www.maff.go.jp/j/shokusan/index.html．

索　引

欧　文

ACE　102
ADI　193
AMP　79, 122
ARfD　199
ATP　71, 78
ATPase　74, 75
ATP産生の促進　108
A帯　48
Aフィラメント　62, 71
BCAA　100
Brochothrix thermosphacta　83, 163
BSE　11, 12, 175, 176
　――の検査　180
cold shortening　86, 169
Cタンパク質　49
DFD肉　60, 78, 85
HACCP　29
HACCPシステム　184
IMP　65, 76, 78, 117, 121, 122, 124
I帯　48
Iフィラメント　62, 71
MOE　194
M線　62
Mタンパク質　49
n-3系脂肪酸　96
n-6系脂肪酸　96
NOAEL　193, 194
N-ニトロソ化合物　204
O-157　176
OIE　180
PSE肉　60, 85
SRM　180
SSOP　29
warmed-over flavor　114, 164
WOF　164
Z線　50, 62, 71, 73

あ　行

愛玩用種　23
褐毛和種　20
赤物　41
あく　131
アクチン　71, 110, 112, 113, 121, 122, 127, 140
アクチン分子　50
アクトミオシン　76, 110, 121, 122, 140
アクリルアミド　206
亜硝酸塩　135, 136, 204
安土・桃山時代　4
圧力鍋　114, 119, 120
アヒル　25
アフラトキシン　200
アミノ-カルボニル反応　68, 83, 116
アミノ酸　100, 108
アミノ酸スコア　91, 93
アミノペプチダーゼ　80
アンギオテンシン変換酵素　102
アンセリン　67, 82, 101, 104

硫黄化合物　70
一重項酸素　166
一日摂取許容量　193
一部廃棄　178
一価不飽和脂肪酸　96
イノシン　79
イノシン酸　65
医薬品医療機器等法　175
イリデッセンス　60

ウェットエイジング　84
ウォームドオーバーフレーバー　114
ウサギ　26
牛　19
牛枝肉取引規格　31
牛海綿状脳症対策特別措置法　180
ウズラ　26
馬　24

枝肉の汚染指標　187
エマルジョンキュアリング　141
エマルジョンタイプソーセージ　154
塩せき　134, 139

オキシミオグロビン　60, 85, 115, 136
オーブン　112, 113, 114, 118, 119, 122, 123
オーミック加熱　160
親　42
オレイン酸　95, 106
温くん法　145
温と体除骨肉　169

か　行

解硬　73
解体後検査　178
解体品　42
解体前検査　177
解凍　171
解糖　72
解凍硬直　87, 169
ガイドライン　122
可食副産物　90

ガス火　118
かた　36
かたばら　36
かたロース　36
家畜　18
ガチョウ　26
カッターキュアリング　141
カッティング　142, 143
カテプシン　75
カドミウム　199
カナディアンベーコン　152
加熱ゲル　140
加熱香気　67, 68, 82
加熱殺菌　171
加熱損失　112, 138
カビ毒　200
カルニチン　107
カルノシン　67, 82, 101, 104
カルパイン　75
カルパスタチン　75
かわ　44
皮はぎ　33
乾塩せき法　141
環境由来　182
緩衝作用　104
乾燥　145
缶詰　157
乾熱加熱　117, 122, 130
官能評価　112, 114, 123, 124
カンピロバクター　130
寒冷短縮　86, 169
危害　184
危害分析システム　184
キジ　26
機能性ペプチド　101
基本味　63
きめ　58
きも　44
キャプティブボルト　28
キュアードミートフレーバー　141
急性参照用量　199
急速凍結　170
牛肉自由化　8
牛肉熟成香　83

牛肉トレーサビリティ法　34
牛乳　126
牛乳アレルギー　208
共役リノール酸　106
極限 pH　72
筋形質　75
筋原線維　48, 61
筋周膜　51, 58, 61
筋漿　75, 140, 167, 172
筋小胞体　47
筋上膜　51, 61
筋節　48
筋線維　47, 58
筋束　58
筋内膜　51, 58, 61
筋肉内結合組織　51

薬喰い　4
クッキングロス　138
クックチルシステム　122
グリコーゲン　64, 72
グリル　112
グルタミン酸　64
クレアチン　65
クレアチニン　67
黒毛和種　20
グロビンタンパク質　101
グロビンペプチド　101
くん煙　145

ケーシング　143
血圧上昇抑制作用　102
血管系　53
結合組織　60, 76
結着性　134, 138
血中 LDL　106
血中コレステロール　101
血中中性脂肪　101
ゲル化　139
検印　179
健康影響評価　197

高圧処理　173
高温細菌　162, 169
抗ガン作用　106
抗酸化作用　102, 104

高静水圧　158
口中香　57
硬度（水の―）　131
抗疲労効果　104
好冷細菌　162, 169
コエクストルージョン　144
コエンザイム Q10　108
こく　66
国際獣疫事務局　180
骨格筋　46
コネクチン　51, 62, 71, 73
古墳時代　3
コラーゲン　61, 76, 110, 112, 113, 114, 115, 119, 120, 121, 127, 129
コラーゲンペプチド　105
コレステロール　94
コーンビーフ　158

さ 行

細胞の接着促進　105
サイレントカッター　142
酢酸　124
ささみ　44
さし　58
サルコメア　48, 110, 111
サルモネラ属菌　130
サーロイン　38
酸化還元反応の補酵素　108
三元交配　21
酸敗臭　164
残留農薬　197

次亜塩素酸ラジカル　104
シカ　25
死後硬直　71
脂質　94, 106, 114
脂質酸化　164
シスタチン　75
七面鳥　25
湿塩せき法　141
湿熱加熱　119, 122
自動酸化　165
地鶏　23
ジビエ　18, 26
脂肪細胞　58

索　引

脂肪組織　58, 61
締まり　58
霜降り肉　58, 114
熟成　70
熟成肉製品　149
ジュール加熱　160
脂溶性ビタミン　98
縄文時代　3
生類憐みの令　4
食塩　123
食鶏小売規格　41
食鶏取引規格　41
食鳥検査　31
食鳥検査員　31
食鳥検査法　175, 179
食鳥処理衛生管理者　31
食鳥処理場　30
食鳥処理法　30
食肉アレルギー　209
食肉製品の衛生規格基準　189
食肉製品の成分規格　183
食肉製品の微生物　183
食肉の安全性　175
食肉の汚染微生物　182
食肉の消費方法　10, 11, 15, 16
食肉の調理基準　188
食肉の保存基準　188
食肉類消費割合の国際比較　9
食品安全委員会　176, 191
食品安全基本法　176, 191
食品衛生法　175
食品健康影響評価　192
食品添加物　201
食物アレルギー　207
ショ糖　124
飼料安全法　175
飼料添加物　194
白物　41
心筋　54
心筋線維　54
真空調理　120
人口と食料　17

水分活性　166
水溶性ビタミン　98
すじ肉　125, 126

すじの組織構造　125
スターター　156
スタッファー　143
スチームオーブン　120
ステアリン酸　95
すなぎも　44
スープストック　131
炭　118

制限アミノ酸　91, 93
生食用食肉の加工基準　188
生食用食肉の規格基準　127
生食用食肉の成分規格　188
生食用食肉の調理基準　189
生食用食肉の保存基準　189
生前検査　177
生鮮香気　67, 68, 82
生鮮肉の購入数量　13
生鮮肉の月別購入量　14
生体検査　177
精密検査　178
赤色筋　59
殺生禁断令　3
切断強度　127
セミドライソーセージ　157
ゼラチン　119
ゼラチン化　112, 113, 120, 129
セロトニン　100
せん断値　72, 114
せん断力　113
全部廃棄　178

組織構造　126
ソーセージ　153
ソーセージバター　143
ソーセージミート　143, 157

た行

第一制限アミノ酸　91
体脂肪の減少作用　106
タイチン　51
耐容上限量　98, 99
対流伝熱　118, 119, 122
多価不飽和脂肪酸　96, 165
多環芳香族炭化水素　207
多汁性　60, 77, 114, 122, 123

ダチョウ　27
卵アレルギー　208
玉虫色　60
ターンオーバー　93
単純脂質　94
タンパク質　91
タンパク質合成　100
タンパク質消化吸収率補正アミ
　ノ酸スコア　93
タンブラー　142

地域風土　1
畜産副生物　41
中温細菌　162, 169
中間水分肉　173
治癒促進効果　105
腸管出血性大腸菌　127
腸管内容物由来　182
腸内細菌科菌群　163

通電加熱　160

低温貯蔵法　169
デオキシミオグロビン　137
テクスチャー　57
鉄欠乏性の貧血　107
手羽　44
電気刺激　60, 87
電撃　28
電子レンジ　129
デンスボディー　56
伝導伝熱　118

とうがらし　36
凍結変性　167
糖質　96
等電点　124
動物種特異臭　67
動物用医薬品　175, 195
動脈硬化抑制作用　106
トキソプラズマ　129
特定加熱食肉製品　183
特定危険部位　180
と畜検査員　177
と畜場法　175, 176, 179
と畜処理　27

214 索　引

ドライエイジング　84
ドライソーセージ　155
トランス脂肪酸　204
鳥インフルエンザ　12
トリグリセリド　94
ドリップ　117, 168
トリヒナ　129
トリプトファン　101
トレーサビリティ法　17
トロポニン　50, 72, 74
トロポミオシン　50

な 行

内臓　130
鉛　199
奈良時代　4
肉色　115
肉質等級　31, 32
肉食革命　5
肉食の地域性　14
肉食文化　2
肉食量　2, 11
肉スープ香気　67
肉様香気　70
肉用種（牛）　20
肉用種（鶏）　22
肉様の味　66
肉用若鶏　23
肉類の消費量　7
二酸化炭素　28
ニトロシルミオグロビン　115
ニトロソヘモクロム　115
日本短角種　21
乳酸　72, 78
乳用種　19
認定小規模食鳥処理業者　31

ネック　35
熱くん法　145
ネト　163
ネブリン　51, 74
年間処理頭数　19

ノロウイルス　130

は 行

焙くん法　145
廃鶏　22
焙焼香気　68
パーカッション　28
白色筋　59
曝露マージン　194
破断荷重　126
バックベーコン　152
発色剤　134
鼻先香　57
ハム　150
パラトロポミオシン　74
パルミチン酸　95
ハンバーグステーキ　130

肥育鶏　42
微生物汚染　162, 187
ヒ素　199
ビタミン　98
ピックルインジェクション　142
羊　24
必須アミノ酸　91, 100
必須脂肪酸　95
必須ミネラル　97
ビーフステーキ　128, 129
ヒポキサンチン　79
病原性微生物　173
病畜と室　177
びん詰　157

ブイヨン　131
風味　116
複合脂質　94
豚　21
豚枝肉取引規格　33
豚肉　129
太いフィラメント　49, 138
歩留等級　31, 32
腐敗　161
腐敗細菌　162
部分肉　35
不飽和脂肪酸　95
フラン　206

ブルーミング　60, 136
プレスハム　157
プロテアーゼ　74, 126
プロテアソーム　75
プロテオグリカン　77
分岐鎖アミノ酸　100

平安時代　4
平滑筋　55
平滑筋細胞　56
ベーコン　152
ヘテロサイクリックアミン類　205
ベニソン　25
ペプチド　80, 101
ヘム　135
ヘム鉄　107
ヘモグロビン　59, 128
ヘモグロビン分解物　104
変色　164
変性グロビンヘミクロム　85
変性メトミオグロビン　115

放射性物質　202
放射線照射　173
放射伝熱　118, 122
包装後加熱製品　183
飽和脂肪酸　95
ホゲット　24
ポジティブリスト制度　193
保水性　123, 124, 134, 138, 167
保水力　63, 77
細いフィラメント　50
ボツリヌス菌　135
骨付かた　38
骨付ともばら　36
骨付ばら　40
骨付まえ　35
骨付もも（牛）　38
骨付もも（豚）　40
骨付ロイン　38
骨付ロース　40
ホロホロ鳥　26

ま 行

まえずね　36

ミオグロビン　59, 84, 115, 128, 135
ミオグロビン誘導体　138
ミオシン　71, 110, 112, 113, 124, 127, 130, 139, 140
ミオシン分子　49
ミディアム　114
ミートエマルジョン　143
ミートテンダライザー　126
ミネラル　97

無塩せきソーセージ　141
無角和種　20
無機質　97
無毒性量　193
むね肉　43
室町時代　4

銘柄鶏　23
明治時代　5
メチル水銀　200
メト化　166
メトミオグロビン　84, 115, 136, 137

もも肉　43

や　行

ヤギ　25
弥生時代　3

有機酸　126
融点　115, 129
誘導脂質　94
遊離アミノ酸　80
輸入自由化　7
湯はぎ　33

ら　行

ラクトン　84
ラックスハム　147, 150
ラム　24
ランチョンミート　158
卵肉兼用種　22
卵用種　22

リスクコミュニケーション　192
リスク分析　192

リブロース　38
鱗光　60
リン酸塩　140, 154, 201
リン脂質　94

冷くん法　145
冷凍焼け　170
レバー　127, 128

ロースト肉香気　67
ロースハム　147
ロースベーコン　147, 152

わ　行

ワイン　124, 126
若どり　42
和牛　20
和牛香　83
ワーナーブラッツラーせん断力値　112

編者略歴

松石昌典
1960 年 福岡県に生まれる
1986 年 東京大学大学院農学研究科博士課程中退
現　在 日本獣医生命科学大学教授
　　　　農学博士

西邑隆徳
1958 年 滋賀県に生まれる
1983 年 北海道大学農学部卒業
現　在 北海道大学大学院農学研究院教授
　　　　博士（農学）

山本克博
1948 年 北海道に生まれる
1973 年 北海道大学大学院農学研究科修士課程修了
現　在 酪農学園大学教育センター特任教授
　　　　農学博士

食物と健康の科学シリーズ
肉の機能と科学　　　　　　　　定価はカバーに表示

2015 年 4 月 5 日　初版第 1 刷
2018 年 6 月15日　　　　第 2 刷

編　者　松　石　昌　典
　　　　西　邑　隆　徳
　　　　山　本　克　博
発行者　朝　倉　邦　造
発行所　株式会社　朝倉書店
　　　　東京都新宿区新小川町 6-29
　　　　郵便番号　162-8707
　　　　電　話　03（3260）0141
　　　　FAX　03（3260）0180
　　　　http://www.asakura.co.jp

〈検印省略〉

© 2015〈無断複写・転載を禁ず〉　　新日本印刷・渡辺製本

ISBN 978-4-254-43550-4　C 3361　　Printed in Japan

JCOPY　〈(社)出版者著作権管理機構 委託出版物〉

本書の無断複写は著作権法上での例外を除き禁じられています．複写される場合は，そのつど事前に，(社)出版者著作権管理機構（電話 03-3513-6969，FAX 03-3513-6979，e-mail: info@jcopy.or.jp）の許諾を得てください．

前鹿児島大 伊藤三郎編
食物と健康の科学シリーズ

果 実 の 機 能 と 科 学

43541-2 C3361　　　　A5判 244頁 本体4500円

高い機能性と嗜好性をあわせもつすぐれた食品である果実について、生理・生化学、栄養機能といった様々な側面から解説した最新の書。〔内容〕果実の植物学／成熟生理と生化学／栄養・食品化学／健康科学／各種果実の機能特性／他

前岩手大 小野伴忠・宮城大 下山田真・東北大 村本光二編
食物と健康の科学シリーズ

大 豆 の 機 能 と 科 学

43542-9 C3361　　　　A5判 224頁 本体4300円

高タンパク・高栄養で「畑の肉」として知られる大豆を生物学，栄養学，健康機能，食品加工といったさまざまな面から解説。〔内容〕マメ科植物と大豆の起源種／大豆のタンパク質／大豆食品の種類／大豆タンパク製品の種類と製造法／他

酢酸菌研究会編
食物と健康の科学シリーズ

酢 の 機 能 と 科 学

43543-6 C3361　　　　A5判 200頁 本体4000円

古来より身近な酸味調味料「酢」について、醸造学，栄養学，健康機能，食品加工などのさまざまな面から解説。〔内容〕酢の人文学・社会学／香気成分・呈味成分・着色成分／酢醸造の一般技術・酢酸菌の生態・分類／アスコルビン酸製造／他

森田明雄・増田修一・中村順行・角川 修・鈴木壯幸編
食物と健康の科学シリーズ

茶 の 機 能 と 科 学

43544-3 C3361　　　　A5判 208頁 本体4000円

世界で最も長い歴史を持つ飲料である「茶」について，歴史，栽培，加工科学，栄養学，健康機能などさまざまな側面から解説。〔内容〕茶の歴史／育種／植物栄養／荒茶の製造／仕上加工／香気成分／茶の抗酸化作用／生活習慣病予防効果／他

前日清製粉 長尾精一著
食物と健康の科学シリーズ

小 麦 の 機 能 と 科 学

43547-4 C3361　　　　A5判 192頁 本体3600円

人類にとって最も重要な穀物である小麦について，様々な角度から解説。〔内容〕小麦とその活用の歴史／植物としての小麦／小麦粒主要成分の科学／製粉の方法と工程／小麦粉と製粉製品／品質評価／生地の性状と機能／小麦粉の加工／他

前宇都宮大 前田安彦・東京家政大 宮尾茂雄編
食物と健康の科学シリーズ

漬 物 の 機 能 と 科 学

43545-0 C3361　　　　A5判 180頁 本体3600円

古代から人類とともにあった発酵食品「漬物」について，歴史，栄養学，健康機能などさまざまな側面から解説。〔内容〕漬物の歴史／漬物用資材／漬物の健康科学／野菜の風味主体の漬物(新漬)／調味料の風味主体の漬物(古漬)／他

千葉県水産総合研 滝口明秀・前近畿大 川﨑賢一編
食物と健康の科学シリーズ

干 物 の 機 能 と 科 学

43548-1 C3361　　　　A5判 200頁 本体3500円

水産食品を保存する最古の方法の一つであり，わが国で古くから食べられてきた「干物」について，歴史，栄養学，健康機能などさまざまな側面から解説。〔内容〕干物の歴史／干物の原料／干物の栄養学／干物の乾燥法／干物の貯蔵／干物各論／他

前東農大 並木満夫・東農大 福田靖子・千葉大 田代 亨編
食物と健康の科学シリーズ

ゴ マ の 機 能 と 科 学

43546-7 C3361　　　　A5判 224頁 本体3700円

数多くの健康機能が解明され「活力ある長寿」の鍵とされるゴマについて，歴史，栽培，栄養学，健康機能などさまざまな側面から解説。〔内容〕ゴマの起源と歴史／ゴマの遺伝資源と形態学／ゴマリグナンの科学／ゴマのおいしさの科学／他

おいしさの科学研 山野善正総編集

おいしさの科学事典 (普及版)

43116-2 C3561　　　　A5判 416頁 本体9500円

近年，食への志向が高まりおいしさへの関心も強い。本書は最新の研究データをもとにおいしさに関するすべてを網羅したハンドブック。〔内容〕おいしさの生理と心理／おいしさの知覚(味覚，嗅覚)／おいしさと味(味の様相，呈味成分と評価法，食品の味各論，先端技術)／おいしさと香り(においとおいしさ，におい成分分析，揮発性成分，においの生成，他)／おいしさとテクスチャー，咀嚼・嚥下(レオロジー，テクスチャー評価，食品各論，咀嚼・摂食と嚥下，他)／おいしさと食品の色

上記価格(税別)は2018年5月現在